信息时代数字媒体专业系列教材

数字媒体导论

Introduction to Digital Media

柳秋华　周艳霞　编著

北京邮电大学出版社
www.buptpress.com

内 容 简 介

本书是数字媒体教育的基础性教材，也是数字媒体专业学习的"启蒙"教材。

区别于其他同类教材，这本教材从传播的角度切入，结合传播学的学科知识全面审视数字媒体，通过数字媒体概述、数字媒体传播、数字媒体产业的介绍，对数字媒体进行综合、概貌的说明，并选取数字影视、网络媒体、移动媒体三类典型的数字媒体进行深入剖析，形成数字媒体的直观描绘。全书结构清晰、层次分明、案例丰富，内容反映数字媒体发展中的最新动态，能够为数字媒体专业学生全面认识数字媒体提供指南。

作为"信息时代数字媒体专业系列教材"之一，本书可作为全国各大高等院校数字媒体相关专业及培训机构的专业教材，也可供其他数字媒体初学者或爱好者使用。

图书在版编目（CIP）数据

数字媒体导论 / 柳秋华，周艳霞编著. -- 北京：北京邮电大学出版社，2015.1（2023.9重印）
ISBN 978-7-5635-4246-8

Ⅰ. ①数… Ⅱ. ①柳…②周… Ⅲ. ①数字技术－多媒体技术－教材 Ⅳ. ①TP37

中国版本图书馆 CIP 数据核字（2014）第 293811 号

书　　　名：数字媒体导论
著作责任者：柳秋华　周艳霞　编著
责 任 编 辑：何芯逸
出 版 发 行：北京邮电大学出版社
社　　　址：北京市海淀区西土城路 10 号（邮编：100876）
发　行　部：电话：010-62282185　传真：010-62283578
E-mail：publish@bupt.edu.cn
经　　　销：各地新华书店
印　　　刷：北京虎彩文化传播有限公司
开　　　本：787 mm×1 092 mm　1/16
印　　　张：12.25
字　　　数：285 千字
版　　　次：2015 年 1 月第 1 版　2023 年 9 月第 5 次印刷

ISBN 978-7-5635-4246-8　　　　　　　　　　　　　　　　　　定　价：28.00 元

前　言

伴随着科技的进步与时代的发展，"数字媒体"悄然介入我们的生活，并开始越来越深刻地影响着我们的认知、观念以及行为。数字媒体的崛起引起了教育领域的关注，全国各地高校的数字媒体类专业应运而生。

作为教育部直属高校在京举办的第一所独立学院，北京邮电大学世纪学院自建校以来就十分重视数字媒体教育，于2006年建成了艺术与传媒学院，开设传播学、数字媒体艺术、数字媒体技术三个专业，开创性的将文学、艺术学、工学三个学科类别融合到一个教学单位，旨在通过"三位一体"的教学模式，模拟媒体企业的创作机制，实现媒体策划与传播、媒体艺术设计、媒体技术实现三个环节的有效配合，完成媒体产品的创意、生产与传播。

为了实践"三位一体"的教学理念，学院在新生入学后即开设面向传播学、数字媒体艺术、数字媒体技术三个专业的三门平台课程——《数字媒体导论》、《数字媒体艺术概论》、《数字媒体技术概论》，三门课程分别从传播学、数字媒体艺术、数字媒体技术三个角度切入数字媒体领域，为学生多角度的、全面的了解数字媒体奠定了理论基础。基于教学的需要，我们编写了与三门课程同名的系列教材，《数字媒体导论》就是这系列教材中的一本。

本书是数字媒体教育中使用的基础性、导入性教材，是学生全面了解数字媒体的指南。全书分为6章。第1章对数字媒体进行概述，介绍了数字媒体的界定、数字媒体的分类、数字媒体的发展和数字媒体的特征；第2章从传播角度切入，介绍数字媒体传播的特征、模式、类型以及效果；第3章围绕数字媒体产业，阐述数字内容产业、数字媒体产业运营、数字媒体与文化创意产业等内容；第4~6章深入数字媒体领域，对数字电视、数字电影、网络媒体、移动媒体等数字媒体的传播历史、特征、典型形式等进行全面而详实地介绍。其中，第1、2、5章由柳秋华负责编写，第3、4、6章由周艳霞负责编写。

本书在编写过程中，参考、引用了国内外数字媒体研究的许多成果，在此向所有参考文献的作者致谢！另外，特别要感谢北京邮电大学世纪学院艺术与传媒学院的同事们，这本书的编写完成离不开你们的支持和帮助。

由于数字媒体发展日新月异，数字媒体领域涉及的问题颇多，加之作者研究力度和研究水平有限，本教材作为阶段性成果难免存在疏漏之处，敬请各位同行及读者批评指正！

作　者

目录
CONTENTS

第1章
数字媒体概述

著名的美国计算机科学家——尼葛洛庞帝在他的著作《数字化生存》中为我们描绘了数字科技给人们的生活、工作、教育和娱乐带来的各种冲击和影响，他预言了数字化时代的到来。在接受采访时，他曾提到自己生活中的几个细节：对电子邮件的依赖差不多100%；每天上网至少2～3个小时；出门总是带着两台计算机，一台坏了，还可以用另一台。这些生活的片段让我们看到，这个数字时代的先锋人物正是过着典型的数字化生活。

事实上，数字媒体也已经深深地介入到普通人的生活中，许多人每天工作的8小时都在计算机前度过，而工作之余的休闲活动也几乎全部围绕数字媒体展开，无论是浏览网络新闻、网上购物、观看网络视频，还是借助计算机、手机与朋友们聊天、交流，我们与数字媒体始终保持着频繁接触。据一份非官方的移动互联网使用行为调研报告数据显示：六成"90后"每天用手机上网超过3个小时，患有严重的手机依赖症；近半数的"90后"用户不到15分钟就会查看一次手机，患有严重的手机恐慌症。如此种种，都让我们看到了现代人与数字媒体之间的亲密无间，数字媒体彻底改变了我们的信息获取、人际交往、生活方式等，可以说，现代人就生活在数字媒体中。

那么，到底什么是数字媒体呢？我们可能会从体验出发，谈到很多关于数字媒体的感性认识，但作为数字媒体领域的学习者或从业者，我们则需要更多理论支持。本章内容对数字媒体进行了概述，介绍了数字媒体的界定、数字媒体的分类、数字媒体的发展和数字媒体的特征等数字媒体的基础知识。通过本章的学习，读者可以初步了解数字媒体的概貌。

1.1 数字媒体的界定

如果用拆文解字的方法理解"数字媒体"，这个概念由"数字"和"媒体"两个部分组合而成，"数字媒体"本质是"媒体"，"数字"则形容和限定了"媒体"的类别。要全面理解数字媒体，就必须了解"数字化"和"媒体"两个概念。

1.1.1 数字化

1. 数字与模拟

模拟信号与数字信号是两个对应的概念。模拟信号分布于自然界的各个角落，如声音和图像，一般用一系列连续变化的电磁波或电压信号表示；而数字信号是人为的抽象出来的在幅度取值上不连续的信号，用二进制数字表示。

1

模拟信号的分辨率精确,在理想情况下,可以对自然界物理量的真实值进行尽可能逼近的描述。模拟信号的主要缺点是容易受到随机噪声的影响,并且被多次复制或进行长距离传输后,随机噪声的影响可能会变得十分显著。

相比模拟信号,因为数字信号可以再生,能消除传输过程中引入干扰的积累,使通信质量不受通信距离的影响,所以数字信号具有更强的抗干扰能力。除此之外,数字信号还具有便于加密处理、方便存储与交换、设备易于集成化等优点。

2. 信息的数字化

人类原本生活在一个物理的、模拟的现实中,信息都以模拟信号的形式存在。由于数字信息在存储、处理、检索、传播和利用等方面都有着不可比拟的优势,为了更好地享有各种信息服务,人类开始对模拟信息进行数字化处理。信息的数字化就是将任何连续变化的输入,如图像或声音信号,转换为一串不连续的单元,在计算机中用"0"和"1"表示。

信息的数字化包括两个方面的内容:一是将模拟的信息数字化,即将模拟信号转换成数字技术和系统能够处理的数字信号,从而为数字技术引入各种信息系统提供可能性,这个过程被称为"模/数转换";二是将数字化的信息还原为模拟信号,即将数字形式的信息转换成方便人类感知的模拟信号形式,这个过程被称为"数/模转换"(见图1-1)。

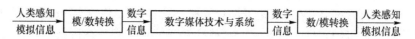

图 1-1　信息的数字化

1.1.2　媒体

1. 媒体的理解

(1) 一般定义

从传播学角度理解媒体,媒体的含义有两个层面:一是指信息传递的载体、渠道、中介物、工具或技术手段;二是指从事信息的采集、加工制作和传播的社会组织,即传媒机构。第一层面的含义强调了媒体作为信息传递的中介物的特性,通常我们称之为"媒介",如文字、声音、图形等媒介,也如电视、报纸、广播等大众传播媒介;第二层面的含义则强调了媒体作为实体的存在,如电视台、报社、广播台、新闻网站等,我们更习惯将这些传媒机构称之为"媒体"。

实际上,媒介与媒体一般是不可分离的,因此英文中采用同一个单词(单数 medium,复数 media)来代表媒介和媒体。基于此,本教材未区分媒介和媒体,而将其统称为媒体。

(2) 施拉姆的观点

施拉姆(Willbur Schramm,1907—1987 年)被称为"现代大众传播学之父",是伟大的传播学教育家,在传播理论方面,他也曾提出自己的观点。1954 年,施拉姆在《传播是怎样运行的》一文中,在奥斯古德的传播模式的基础上,提出了传播的"循环模式",后来又针对大众传播的特点,提出了大众传播过程模式。

施拉姆提出"媒介就是插入传播过程之中,用以扩大并延伸信息传送的工具"。从这里可以看出,施拉姆对媒介的认识是:媒介就是大众传播流程的渠道和工具,它起着承载、传递信息给受众的作用。

（3）麦克卢汉的观点

麦克卢汉（Marshall Mcluhan，1911—1980年）是20世纪最富有原创性和争议性的媒介理论家。他在其著名的《理解媒介：人的延伸》中阐述了他对媒介的全新认识，提出了"媒介即讯息"、"媒介是人的延伸"、"热媒介与冷媒介"、"地球村"的预言等观点。

"媒介即讯息"：麦克卢汉指出"媒介本身才是真正有意义的讯息"。在漫长的人类社会发展过程中，真正有意义、有价值的"讯息"不是各个时代的传播内容，而是这个时代所使用的传播工具的性质、它所开创的可能性以及带来的社会变革。麦克卢汉说："正是传播媒介在形式上的特性——它在多种多样的物质条件下一再重现——而不是特定的讯息内容，构成了传播媒介的历史行为功效"。

"媒介是人的延伸"：麦克卢汉指出媒介是人的感觉能力的延伸或扩展。文字和印刷媒介是人的视觉能力的延伸，广播是人的听觉能力的延伸，电视则是人的视觉、听觉和触觉能力的综合延伸。麦克卢汉的这个观点说明了传播媒介对人类感觉中枢的影响，虽然它并不是严密的科学考察的结论，但是对于我们理解媒介仍有重要的启发意义。

"热媒介与冷媒介"：这是麦克卢汉对媒介分类提出的两个概念。热媒介的特点是信息具有高清晰度和低参与度，其信息含量多而且清晰，接收者不必动用很多的感官和联想活动就能理解，如书籍、报刊、照片、无声电影等；而冷媒介则相反，它传达的信息含量少而模糊，在理解时必须以更多的感官配合和丰富的想象活动来填补其信息量的不足，如漫画、电视、有声电影等。对这两种分类标准，麦克卢汉本人并没有明确的界定，人们只能根据他的叙述进行推测。而从这种叙述中，我们可以看到，麦克卢汉的分类更多源于直觉，缺少科学依据，而且有相互矛盾之处。不过，这种分类也给我们了启示：不同媒介作用于人的方式不同，引起的心理和行为反应也各具特点，研究媒介应该把这些因素考虑在内。

"地球村"的预言：麦克卢汉把媒介作为社会发展和社会形态变化的决定因素来看待。在原始社会，口语媒介的局限性决定了人们只能生活在部落里，相互保持近距离的密切联系；文字和印刷媒介产生后，由于交往和传播不再以物理空间的接近性为前提，人类可以分散到广阔的地域，人与人的关系变得疏远，部落社会便发生解体。而电子媒介以其传播速度等方面的优势，拉近了世界的距离，人类似乎在更大的范围内重新部落化，这个世界变成了一个"地球村"。从当今世界发展的趋势来看，地球村的预言已经得到了印证。

麦克卢汉的理论被后人归为媒介技术宿命论，在媒介技术的发展引起世人瞩目的今天，他的学说对我们认识和理解媒介工具的重要性具有重要意义。

（4）英尼斯的观点

英尼斯（Harold Adams Innis，1894—1952年）是加拿大多伦多传播学派的鼻祖，也是著名媒介理论家麦克卢汉的老师。他的媒介理论将媒介技术与人类文明发展史联系起来，对麦克卢汉媒介理论产生了重要的影响。

英尼斯认为文明的兴起、衰落和占支配地位的传播媒介息息相关。英尼斯提出媒介偏倚理论，将媒介分为"有利于时间"的媒介和"有利于空间"的媒介。"有利于时间"的媒介质地较重、耐久性较强，较适于克服时间的障碍得到较长时间的保存，如黏土、石头、羊皮纸等；"有利于空间"的媒介质地较轻、容易运送，较适于克服空间的障碍，如纸草纸、白报纸等,任何传播媒介都具有其中之一的特性或两者兼具。偏倚时间的媒介是某种意义上的个人的、宗教的、商业的特权媒介,强调传播者对媒介的垄断和在传播上的权威性、等级性和神圣性,但不利于对边陲地区的控制。偏倚空间的媒介是一种大众的、政治的、文化的普通媒介,强调传播的世俗化、现代化和公平化,故它有利于帝国扩张、强化政治统治、增强权利中心对边陲的统治,也有利于传播科学文化知识。

英尼斯的媒介偏倚理论有着深厚的经济史学和政治经济学的跨学科背景,他关注的焦点是文明发展进程中媒介技术的作用,他的媒介研究具有强烈的现实关怀和人文关怀。虽然他的理论存在着某种"技术决定论"的局限,但他所提出的思考仍然给后人以极大的启迪。

(5)梅罗维茨的观点

美国传播学家梅罗维茨(Joshua Meyrowitz)的媒介情境理论将麦克卢汉的思想与美国社会学家戈夫曼的情境理论结合起来,沿袭了麦克卢汉将媒介技术视作社会变化动因的基本立场。

在20世纪80年代出版的《消失的地域:电子传播媒介对社会行为的影响》一书中,梅罗维茨指出,随着电子传播媒介的普及,由于它们的传播代码的简单性,情境形式正在发生变化。长期以来,印刷媒介的传播要求受传者具有基本的读写技巧,电子传播媒介则与此大不相同。电视的电子记号展示日常生活的"视听形象",人们不必先学会看简单的然后才能看复杂的电视节目。

梅罗维茨最后得出结论:由于电子传播媒介造成了社会情境形式的变化,人们的社会角色也在发生变化,以往界限分明的社会角色现在却都变得模糊和混淆不清了。

2. 媒体的分类

我们可以从不同的角度对媒体进行分类,如从媒体作用于人的不同感官的角度,可以分为视觉媒体、听觉媒体、触觉媒体等(当然,很多媒体不只作用于人的一种器官),从媒体介质的不同的角度,可以分为纸质媒体、电波媒体、网络媒体等。

本教材主要介绍国际电信联盟与传播学家哈特的分类方法,并且简要阐述我们常说的"五大媒体"。

(1)国际电信联盟的分类

国际电信联盟(International Telecommunication Union,ITU)是联合国中主管信息通信技术事务的专门机构,它从技术角度将媒体分为五类:感觉媒体、表示媒体、表现媒体、存储媒体和传输媒体。

感觉媒体:指的是能直接作用于人们的感觉器官,从而能使人产生直接感觉的媒体,如文字、数据、声音、图形、图像等。

表示媒体:指的是为了收集、加工、处理和传输感觉媒体而人为研究出来的媒体,借助于此种媒体,能有效地存储感觉媒体或将感觉媒体从一个地方传送到另一个地方,如语言编码、电报码、条形码等。

表现媒体:指的是用于通信中使电信号和感觉媒体之间产生转换用的媒体,如信息输入和输出的设备,包括键盘、鼠标、显示器、打印机等。

存储媒体:指的是用于存放表示媒体的媒体,是存储信息的介质,如纸张、磁带、磁盘、光盘等。

传输媒体:指的是用于传输媒体信息的物理载体,如通信电缆、光纤等。

计算机与这五种媒体的关系如图 1-2 所示。

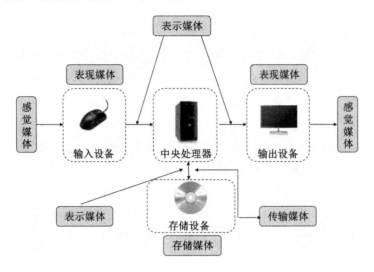

图 1-2　计算机与五种媒体的关系

(2) 哈特的分类

美国传播学家 A.哈特从人类传播媒介的发展历史角度,把有史以来的传播媒介分为三类(见图 1-3)。

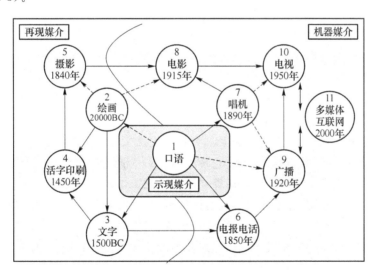

图 1-3　传播媒介的发展历史

一是示现的媒介系统,即人们面对面传递信息的媒介,它们是由人体的感官或器官本身来执行功能的媒介系统,主要指口语,也包括表情、动作、眼神等非语言符号。

二是再现的媒介系统,这一系统对信息的生产和传播者来说需要使用物质工具或机器,但对信息接收者来说则不需要,包括绘画、文字、印刷和摄影等。

三是机器媒介系统,这种系统不但传播一方需要使用机器,接收一方也必须使用机器,包括电信、电话、唱片、电影、广播、电视、计算机通信等。

这三类媒介按照先后顺序依次累积出现,在此过程中,人类传播的媒介手段日趋丰富,人体的信息功能日益向体外扩展。

(3)五大媒体

随着信息传播技术的变革,媒体的形式也不断地发生演进。媒体的演进主要有五个阶段,每个阶段都有其最具代表性的媒体,也就是我们俗称的"五大媒体"。它们分别是报刊、广播、电视、PC 互联网和移动互联网。

• 第一媒体——报刊

报刊是基于印刷技术的纸质媒体,主要包括报纸和杂志,报刊主要展现的是文字、图片为主的信息内容,主要作用于人的视觉。

报纸真正成为大众传播媒介是到了 19 世纪 30 年代"便士报"的出现。作为最早的大众媒介,报纸在进入 21 世纪后面临种种挑战。发达国家在报纸的阅读人口和占有率上居领先地位,但是多数呈下滑趋势。随着国际贸易和数字技术的发展,报业垄断更为严重,报业面临激烈的竞争,这也促使了报纸媒体的变革。

• 第二媒体——广播

随着无线电技术的出现而发展起来的广播媒体,传播的是音频内容。广播用声音媒介传递信息,主要作用于人的听觉。

广播是人类历史上第一次进入家庭的大众电子媒介。早期的广播被用于军事通信,到了 20 世纪 20 年代开始了商业广播的运营。虽然广播的声音信息具有形式单一、容易消逝、线性传播等缺陷,但是声音信息的感染力、声音传递的伴随性等特点,使广播成为口语、音乐等信息传递的重要载体,并且在移动交通媒体领域占据重要位置。

• 第三媒体——电视

随着卫星和有线视频信号传输技术的出现,以展现音、视频内容为主的电视媒体成为主流媒体。20 世纪 20 年代电视的诞生给整个社会带来轰动,理论界给予它高度的关注与评价,有学者将其称之为"人类历史上具有划时代意义的三大事件"之一,也有学者从不同角度肯定了电视的巨大影响力,包括它带给整个社会政治、经济、文化等方方面面的影响,以及对人的价值观、消费理念、性格等产生的作用。电视之所以能产生这样的影响力,与它多媒体的信息传递是分不开的。电视媒体承载音频、视频等多种媒体信息,作用于人的视觉、听觉等多种感官,带给观众强烈的现场感、震撼力。

在传统媒体时代,电视是媒体行业当之无愧的排头兵,从来没有任何一种媒介像电视那样拥有如此众多的受众和普遍的影响。随着数字化进程加速,电视也正经历着阵痛之后的变革与新生。

• 第四媒体——PC 互联网

1998 年 5 月,联合国秘书长安南在联合国新闻委员会上提出,在加强传统的文字和声像传播手段的同时,应利用最先进的第四媒体——互联网(Internet)。自此,"第四媒体"的概念正式得到使用。这里的互联网媒体,就是我们通常所说的网络媒体,主要指以计算机为终端和载体的互联网媒体。网络媒体是真正的多媒体,它集合了文字、图片、音频、视频、动画等媒体形式,给网络用户提供全方位的信息体验。

20 世纪末,伴随着信息技术的革命,互联网开始加入大众传播的行列。进入 21 世纪,互联网更是以其显著的优势成为传播领域中的佼佼者,不论是人际传播、组织传播还是大众传播中,处处都有互联网的身影。互联网渗透到了生活中的每一个角落,更彻底改变了我们的信息交流方式,促成了传播领域的革命。

- 第五媒体——移动互联网

在中国新闻文化促进会 2010 年发布的《第五媒体行业发展报告》中,将第五媒体定义为:基于无线通信技术,通过以手机为代表的移动终端,展现信息资讯内容的媒介形式。

进入 21 世纪后,无线通信技术飞速发展,以手机为代表的移动终端成为新的信息传播载体,移动互联网也跃入主流媒体行列,成为"第五媒体"。第五媒体的应用形式主要包括移动互联网门户网站、手机报、手机杂志、手机电视、手机社会网络等。移动互联网不仅沿袭了 PC 互联网的优势,而且因其具有的便携性特点,使其逐渐成为日益庞大的手机用户群的首选媒体。

《第五媒体行业发展报告》中对五大媒体发展的阶段、技术演进、受众衍变等进行了概括(见图 1-4)。

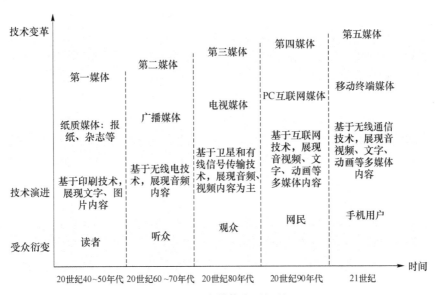

图 1-4 五大媒体发展概况

1.1.3 数字媒体

1. 数字媒体的理解

(1) 一般定义

厘清了"数字"和"媒体"的含义,"数字媒体"的概念呼之欲出。数字媒体可以界定为:采用数字化的方式产生、获取、记录、处理和传播信息的载体。这个定义中包含了"数字"、"媒体"两个关键点。

"数字"就是数字化,指采用二进制代码的数字化形式来表示信息,无论是文本、图形、图像还是音频、视频、动画等信息都是由二进制的"0"或"1"编码组成;这里每一个"0"或者"1"都是一个比特(bit)。比特是信息的最小单位。

"媒体"是指传递信息的介质、载体或者组织机构。数字媒体的诞生为信息传递带来全新的面貌,数字媒体传播过程中的传播者、受传者、媒介、讯息、反馈等要素都产生了根本性的变化。

对于数字媒体的概念,业界与研究者们仍然是众说纷纭,说法并未完全统一。很多学者都从个人的研究领域出发,对数字媒体提出了自己的观点。

（2）尼葛洛庞帝的观点

尼葛洛庞帝(Nicholas Negroponte,1943 年—)是美国麻省理工学院教授及多媒体实验室的创办人,《连线》杂志的专栏作家。因为长期以来一直在倡导利用数字化技术促进社会生活的转型,被西方媒体推崇为电脑和传播科技领域最具影响力的大师之一,1996年 7 月被《时代》周刊列为当代最重要的未来学家之一。

1995 年,尼葛洛庞帝将其在《连线》杂志中发表的 18 篇文章集结成书出版,这就是著名的《数字化生存》。谁也没料到,这个一开始只谨慎地印刷了 10 万册的书会大获成功,被译成三十多种文字在全球广泛发行。

《数字化生存》描绘了数字科技为人们的生活、工作、教育和娱乐带来的各种冲击和其中值得深思的问题,尼葛洛庞帝用超凡脱俗的勇气和洞察力,为数字化的浩大演出揭开了序幕。在《数字化生存》的前言中,尼葛洛庞帝开宗明义地写道:"计算不再只和计算机有关,它决定我们的生存。"他认为在数字世界里,媒介不再是讯息,它是讯息的化身。一条讯息可能有多个化身,从相同的数据中自然生成。将来电视台将会传送出一连串比特,让接收者以各种不同的方式加以转换,观众可以从许多视角来看同样的比特。

概括来说,尼葛洛庞帝对数字媒体的理解与麦克卢汉的"媒介即讯息"观点相对立,他指出媒介不再是讯息,而是比特。他的这一观点对新媒介研究产生了深远的影响。

（3）霍夫曼与纳瓦克的观点

范德比尔特大学(Vanderbilt University)的两位教授——霍夫曼(Donna Hoffman)与纳瓦克(Thomas Novak)提出了超媒体传播的概念。他们认为传统的大众传播媒体是一对多的传播过程,由一个媒介出发到达大量的受众(见图 1-5)。而以计算机为媒介的超媒体传播方式延伸成多人的互动沟通模式,传播者与消费者之间的信息传递是双向互动的、非线性的、多途径的过程(见图 1-6)。

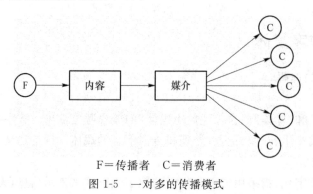

F＝传播者　C＝消费者

图 1-5　一对多的传播模式

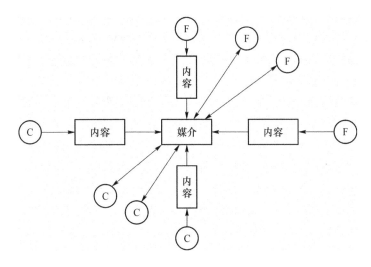

F＝传播者　C＝消费者

图 1-6　超媒体传播模式

超媒体一词是由超链接衍生而来。超链接大量应用于 Internet 的万维网中,它指在 Web 网页所显示的文件中,对有关词汇所做的索引链接能够指向另一个文件,因此使用超链接方法,可以方便地从一个文件访问另一个文件。同理,使用超链接可以将若干不同的媒体文件链接起来,形成超媒体。超媒体不仅包含文字、图形、图像,还包括声音、动画、视频等多种媒体信息,而且这些媒体之间也是用超链接组织起来的,这种链接关系错综复杂。

霍夫曼与纳瓦克的超媒体传播理论是学术界第一次从传播学的角度研究互联网等新型媒介,他们的观点引起了全球网络传播研究者的重视。

2. 数字媒体与传统媒体

(1) 两者关系

我们现在常说的传统媒体,主要是指大家已经很熟悉的三大媒体:报刊、广播、电视。传统媒体是相对于近年来兴起的网络媒体、手机媒体而言的,以传统的大众传播方式向社会公众发布信息或提供教育娱乐等的媒体。传统媒体是一个相对的概念,"传统"这个词语,本就与"时尚、现代、前卫、新潮"等代表时代发展趋势的词汇含义相反。报纸已有几百年的历史,广播诞生也近百年,电视稍晚于广播,与初出茅庐的计算机、手机等充满朝气、蓬勃发展的新生代相比,三大媒体自然算是传统的、守旧的、缺少新鲜感的。

数字媒体与传统媒体既有对立面,又有相互依赖、相互交融的一面,其关系可以概括为以下几个方面。

• 数字媒体与传统媒体是竞争对手。数字媒体打破了传统媒体的传播模式,给传统媒体带来了巨大的冲击。数字媒体全新的、多元的传播模式,推动了传播领域翻天覆地的变革。传播者、受传者、单向传播、互动匮乏,这些传统媒体时代传播中的常用词,在数字媒体时代都被重新解构,被赋予新的含义或者被彻底瓦解。用户的媒体体验也在数字媒体的洗礼下完全更新,他们在更加自由的时间、空间享受媒体带来的愉悦和享受,他们尽情地表达自己的观点,尽情畅游在信息的海洋。数字媒体的出现,让传统媒体面临空前的压力,受众的逐步流失让媒体格局发生巨变,传统媒体的地位岌岌可危。可以说,数字媒体是传统媒体的竞争对手,它的出现必然导致媒体市场重新洗牌。

• 数字媒体与传统媒体是合作伙伴。一方面,数字媒体技术给传统媒体的创新发展提供了支撑,传统媒体充分利用数字媒体技术的优势来摆脱其发展的困境。电子报刊、网络广播、数字影视、数字动画纷纷登上媒体舞台,经历数字化的改造后,传统媒体的传播模式、传播渠道、传播效果、互动策略都发生了良性的变化。从这个角度来看,数字媒体是传统媒体的发展助力,它的出现让传统媒体进入全新的发展阶段。另一方面,传统媒体也为数字媒体提供了内容来源、人才支持,推动了数字媒体的快速成长。尤其在数字媒体发展初期,传统媒体是数字媒体最主要的信息来源,新闻网站的时政资讯、视频网站的电视电影还有各类报纸的网络版本,处处都有传统媒体的身影,而早期的数字媒体领域从业人员,也大多有传统媒体的工作背景。

• 数字媒体与传统媒体相互交融。"媒体融合"是把报纸、广播、电视等传统媒体,与互联网、手机、手持智能终端等新兴媒体传播通道有效结合起来,实现资源共享、集中处理,衍生出不同形式的信息产品,然后通过不同的平台传播给受众。数字媒体时代大规模的媒体融合已经成为一种必然趋势,从下文的全媒体概念中可见一斑。

(2)"全媒体"概念

"全媒体"指媒介信息传播采用文字、声音、影像、动画、网页等多种媒体表现手段(多媒体),利用广播、电视、音像、电影、出版、报纸、杂志、网站等不同媒介形态(业务融合),通过融合的广电网络、电信网络以及互联网络进行传播(三网融合),最终实现用户以电视、电脑、手机等多种终端均可完成信息的融合接收(三屏合一),实现任何人、任何时间、任何地点、以任何终端获得任何想要的信息。"全媒体"是信息、通信及网络技术条件下各种媒介实现深度融合的结果,是媒介形态大变革中最为崭新的传播形态。

"全媒体"在英文中为"omnimedia",是前缀 omni 和单词 media 的合成词。但这个词并未在国外新闻传播学界作为一个新闻传播学术语提及,而是只以专有名词形式出现,即一个名为 Martha Stewart Living Omnimedia(玛莎-斯图尔特生活全媒体,MSO)的公司。

1999 年 10 月 19 日,玛莎-斯图尔特生活全媒体公司成立。这个公司拥有并管理多种媒体,包括杂志、书籍、报纸专栏、电视节目、广播节目、网站等。限于当时的技术条件,玛莎-斯图尔特生活全媒体公司并没有实现如今所有的媒介形态如手机电视、户外电视等,但其"全媒体"的概念却在今天深入人心。

尽管全媒体在国外新闻传播学界未被提及,但在近几年经常被我国新闻传播学者提到或研究,其中代表性的是彭兰从运营角度提出的观点。2009 年 7 月,中国人民大学新闻学院教授彭兰在《媒介融合方向下的四个关键变革》中明确提出了"全媒体"的概念。她指出,全媒体是指一种业务运作的整体模式与策略,即运用所有媒体手段和平台来构建大的报道体系。她强调,从总体上看,全媒体不再是单落点、单形态、单平台的,而是在多平台上进行多落点、多形态的传播。报纸、广播、电视与网络是这个报道体系的共同组成部分。

案例 1-1：商业网站时政新闻来源于传统媒体。

2005 年 9 月 25 日，国务院新闻办公室、信息产业部联合发布了《互联网新闻信息服务管理规定》(以下简称《规定》)，《规定》中将互联网新闻信息服务单位分为以下三类：

· 新闻单位设立的登载超出本单位已刊登播发的新闻信息、提供时政类电子公告服务、向公众发送时政类通讯信息的互联网新闻信息服务单位(如新华网、人民网、中国新闻网、国际在线等)；

· 非新闻单位设立的转载新闻信息、提供时政类电子公告服务、向公众发送时政类通讯信息的互联网新闻信息服务单位(如新浪、搜狐、腾讯、网易等)；

· 新闻单位设立的登载本单位已刊登播发的新闻信息的互联网新闻信息服务单位(如《人民日报》电子报等)。

《规定》中要求：非新闻单位设立的转载新闻信息、提供时政类电子公告服务、向公众发送时政类通讯信息的互联网新闻信息服务单位不得登载自行采编的新闻信息(时政类新闻信息)，只能转载、发送中央新闻单位或者省、自治区、直辖市直属新闻单位发布的新闻信息，并应当注明新闻信息来源，不得歪曲原新闻信息的内容。

基于这样的规定，商业新闻网站在时政新闻的报道上必须依赖于传统媒体，而不能进行原创性的报道。

3. 数字媒体与新媒体

近年来，传媒界兴起了一个热词——新媒体，那么，到底什么是新媒体呢？一般认为"新媒体"就是指继报纸、广播、电视之后，在新的技术支撑体系下出现的媒体形态，包括互联网、网络广播、网络电视、手机电视、IPTV、数字杂志、数字报纸、手机短信、移动电视、触摸媒体等。

随着新技术的发展，新媒体的表现形式也日益丰富，公交车上的移动电视、医院视频、银行视频等遍布大街小巷，网络电视、数字化报纸、多功能手机等全方位出击，新媒体无孔不入的存在彻底改变了人们获取信息的方式。

那么，我们研究的"数字媒体"与这里提及的"新媒体"之间又是什么关系呢？

（1）两者关系

数字媒体与新媒体是两个经常混淆的概念。有的人认为数字媒体是新媒体，新媒体也就是数字媒体，这种说法是不能完全成立的。理解数字媒体时，要注意它与新媒体概念的异同。

新媒体概念中的"新"是与"旧"、"传统"相对的，因此，新媒体也是相对于传统媒体而言的，是在报刊、广播、电视等传统媒体之后发展起来的新的媒体形态，是利用数字技术、网络技术、移动技术等，通过互联网、无线通信网、有线网络等渠道以及计算机、手机、数字电视机等终端，向用户提供信息和娱乐的传播形态和媒体形态。

数字媒体是在信息技术支持下发展起来的新兴媒体，属于新媒体的范畴。但是数字媒体与新媒体并非同一概念，不能将两者混为一谈。数字媒体是一个明确的概念——以数字形式传递信息的媒体，只要符合这个概念的媒体都可纳入其范围中；而新媒体则是个相对的概念，所谓"新"与"旧"是随着历史进程演变的，不是一层不变的。报纸、广播、电视在诞生之初属于那个时代的新媒体，而伴随网络媒体、手机媒体等数字媒体的出现，它们又成了"传统媒体"、"旧媒体"。在信息技术的不断更新下，相信还会出现更多其他形态的新媒体。

（2）"新新媒介"概念

美国媒介理论家保罗·莱文森（Paul Levinson，1947年—）被称为数字时代的麦克卢汉，后麦克卢汉主义第一人。早在1979年，莱文森就提出了媒介演化的"人性化趋势"理论和"补偿性媒介"理论，他的前卫媒介理论家地位得以确立。之后，《软利器：信息革命的自然历史与未来》《思想无羁》等著作进一步巩固了他的学术地位。2009年，他以一本名为《新新媒介》（New New Media）的著作进入最先锋的媒介理论家行列，引起学界瞩目。

在《新新媒介》一书中，莱文森提出了当代媒介的"三分说"，他将媒介分为三类：旧媒介、新媒介、新新媒介。

旧媒介就是互联网诞生之前的一切媒介，包括书籍、报刊、广播、电视、电影等。它们是时间和空间定位不变的媒介，其突出特征是自上而下的控制和专业人士的生产。

新媒介是指互联网的第一代媒介，发端于20世纪90年代，譬如电子邮件、报刊的网络版、留言板、聊天室等。其界定性特征是：一旦上传到互联网上，人们就可以使用、欣赏，并从中获益，而且是按照使用者方便的时间去使用，而不是按照媒介确定的时间表去使用。

新新媒介是指互联网上的第二代媒介，发端于20世纪末，兴盛于21世纪，譬如博客、优视网、推特、聚友网、维基网等。与新媒介相比，其最显著的特征是：新新媒介的用户被赋予了真正的权力，而且是充分的权力，他们可以选择生产和消费新新媒介的内容，而这些内容又是千百万其他新新媒介的消费者（同时也是生产者）提供的，也就是说，新新媒介的消费者即生产者，而且生产者多半是非专业人士，是普通的网络用户。

保罗·莱文森在著作开篇就提出"博客是新新媒介里资格最老的形式，最明显地体现了新新媒介的界定性原理"，他将这些原理总结如下：

一是每位消费者都是生产者。凡是读博客的人几乎都可以立即写自己的博客。

二是你无法冒充非专业人士。新新媒介里的博客人可以任何时候写，不分昼夜，想写就写，有事就写。

三是你能挑选适合自己的媒介。思路不清晰的人写不好博客，但如果他嗓音完美，他就适合制作播客。

四是你得到不必付钱的服务。新新媒介对消费者总是免费的，有时对生产者也是免费的。

五是新新媒介既相互竞争，又互相促进。媒介尤其是新新媒介不仅互相竞争，而且主要是互相受益。

六是新新媒介的服务功能胜过搜索引擎和电子邮件。

新新媒介的概念涵盖了目前互联网中最热门的各种新的媒介形式，那么，未来的媒介又该如何命名呢？莱文森说："未来的媒介不是'后'新新媒介，也不是'新'新新媒介，而是新新媒介的'超级版'，也就是新新媒介的'仿生版'。"

案例1-2：UGC——用户生成内容。

用户生成内容（User Generated Content，UGC）的概念最早起源于互联网领域，即用户将自己原创的内容通过互联网平台进行展示或者提供给其他用户。UGC是伴随着以提倡个性化为主要特点的 Web 2.0 概念兴起的。

在 Web 2.0 时代,网络上内容的生产来源于用户,每一个用户都可以生成自己的内容,互联网上的内容由所有用户创造,而不只是以前的某一些人,由此导致了互联网上内容的剧增。YouTube、WIKI 都是 UGC 的典型案例,社区网络、视频分享、博客、播客等都是 UGC 的主要应用形式。

UGC 主要分类和典型代表如下所示。

好友社交网络:如 Facebook、My Space、开心网、人人网等。这类网站的好友大多在现实中也互相认识。用户可以更改状态、发表日志、发布照片、分享视频等,了解好友动态。

视频分享网络:如 YouTube、优酷网、土豆网等。这类网站以视频的上传和分享为中心,它也存在好友关系,但相对于好友网络,这种关系很弱,更多的是通过共同喜好而结合。

照片分享网络:如 Flickr、又拍网、图钉网等。这类网站的特点与视频分享网站类似,只不过主体是照片、图片等。

知识分享网络:如维基百科、百度百科、百度知道等。这类网站是为了普及网友的知识和为网友解决疑问的。

社区、论坛:如百度贴吧、天涯社区等。这类网站的用户往往因共同的话题而聚集在一起。

微博:如 Twitter、新浪微博、腾讯微博等。微博可以算作 2012 年最流行的互联网应用,而手机等便携设备的普及让每一个微博用户都有可能成为第一现场的发布者。

近两年来,随着全球 3G 商用的日益推进和移动互联网业务的不断发展,移动 UGC 业务正在日渐崛起,引起了业界的广泛关注。促进移动 UGC 业务发展的因素在于:第一,电子存储设备容量不断增加而价格不断下降,同时存储制式趋向标准化,这使得手机的性能不断提升,可以和其他设备共享信息并实现升级;第二,随着手机的日益普及,人们倾向于用手机记录真实的生活,表达自己的感受;第三,移动运营商希望借助 UGC 吸引更多的用户,开辟新的业务增长点。

(3)旧媒体消亡论

莱文森提出的最重要的理论之一就是"补偿性媒介"理论。他认为,任何一种后继的媒介都是对过去的某一种媒介或某一种先天不足的功能的补救和补偿。对于媒介的演变而言,书写、印刷、电报、录音等是对稍纵即逝的口语传播的补救和补偿;摄影、电影等满足了人们留住眼前图景的愿望;广播使即时性的远距离传播成为可能;而电视,以其音画同步为广播无法看到图像的遗憾提供了一种补偿;录像机弥补了迄今为止仍不受控制的电视技术上的即时性;互联网则是"一个大写的补偿性媒介",补救了电视、书籍、报纸、教育、工作模式等的不足;手机使以前一切媒介的非移动性得到了补偿……

同时,"补偿性媒介"理论也认为:"补救性的媒介并不比最初的媒介本身更能'无噪音'地解决问题。相反,他们扮演了一个重要角色,带来的'噪音'比带走的要多——通过提供一个陷阱而不是绝对的进步。"在这里,莱文森所谓的"噪音"指的是补偿性媒介在起作用时,结果通常是一方面带来纯粹的进步,另一方面带来新的挑战;一方面解决了一些问题,另一方面必然又会产生更新的问题。例如,电视弥补了广播不能看到图像的不足,却引发了人们对留住荧光屏上一闪而过的场景的渴望;手机使人们可以移动着与他人交流,可是铃声却可能在不受欢迎的时候响起……"这再一次表现了宇宙中无处不在的噪音和它的各个方面。"对此,莱文森乐观地表示,"如果因此而产生一些纯粹的好处,那么,在其不平坦的、易犯错误的发展道路上,总会有进步产生。""有时,在最后一回合,噪音的水平可能会低到能在将来的补救中被有效地避免"。

"补偿性媒介"理论告诉我们:新媒体尽管能弥补旧媒体的某些遗憾和不足,但是自身也并非完美,甚至有时带来更多的问题。

在大众媒体发展历史上,每当一个新的媒体出现,原有的旧媒体都会深感危机,因为新媒体带着显著的优势进入媒介市场,既有的市场势必被重新分割,旧媒体的生存空间必然被压缩,这种时候,总会听到旧媒体即将消亡的言论。可事实证明,每一次新媒体的出现,都没有导致旧有媒体的消失,即使是综合了多种功能的互联网,也没能替代其他媒体。旧媒体与新媒体共同存在、一起发展,甚至由于把竞争的压力化为前进的动力,旧媒体在此过程中反而得到了长足的发展与革新。

面对 21 世纪新兴的媒体,各种传统媒体的态度更为积极。报纸、广播、电视在应对新媒体的冲击过程中,充分利用了竞争对手的优势来补足自己、借力打力,走上了媒介融合之路。电子报纸、电子杂志、网络广播、数字电视纷纷登场,旧媒体以崭新的面貌迎接数字媒体时代的挑战。

案例 1-3:二维码——电视与互联网的连接桥梁。

2005 年 3 月,《北京晚报》在其新闻报道中首次使用了清华紫光推出的二维码技术——北京优码,开启了报纸媒体试水二维码技术应用的先河,之后二维码在电视媒体中也悄然萌芽,成为电视荧屏中一幅别致的黑白图画。

二维码是按照特定规则排列在平面(二维方向)上用以记录数据信息的几何图案,在代码编制上利用构成计算机内部逻辑基础的"0"、"1"比特流的概念,使用若干个与二进制相对应的几何形体来表示文字数值信息,通过图像输入设备或光电扫描设备自动识读以实现信息自动处理(见图 1-7)。

与传统的一维码相比,二维码作为一种新的信息存储和传递技术,具有信息容量大、识别率高、稳定度好、应用范围广、附载介质多等特点,二维码的识别不再依赖于专门的条码扫描仪,手机摄像头与二维码扫描软件的合作就能完成识别功能,这为二维码的普及使用提供了便捷,也是二维码的优势所在。

二维码为电视媒体与移动互联网的融合搭建了桥梁(见图 1-8 和图 1-9),通过各种形式推动着电视媒体的变革。

作为内容延伸的窗口:电视媒体的内容在数量、深度、时效性等方面都存在局限,而二维码的引入帮助电视节目挣脱了"时空"的栅锁,打开了内容延伸的窗口。电视节目固定的播出时长中能够承载的信息量非常有限,而二维码记录的信息几乎可以是无限的,观众可通过点击链接即刻获取海量信息。

图 1-7　二维码

图 1-8　电视节目中的二维码(1)

图 1-9　电视节目中的二维码(2)

作为互动开启的钥匙:电视媒体中延时的、浅层次的、低效率低频度的"互动"已然无法适应新媒体时代的需要,而借助二维码的链接,则可利用移动互联网营造传播者与受众之间的深度互动,开启电视媒体全新的"互动"时代。

作为广告营销的利器：电视广告收费模式单一、广告播出时长有限、广告效果统计不精准、无法提供快捷的购买渠道等问题日益凸显，而二维码在电视广告中的应用为解决这些问题提供了新的思路。

作为收视提升的策略：电视观众尤其是中青年受众的大量流失，给电视媒体带来了致命的冲击，而利用二维码的优势，可以促成部分网民的回流，稳定和扩充电视媒体的收视群体。二维码是连接电视与网络的通道，它实现了电视媒体与移动互联网之间的信息连通，促成了受众在电视观众与网民两种角色间的轻松转换。

1.2　数字媒体的分类

和媒体的分类相似，数字媒体的分类也有多元的角度，以下是几种分类的方式。

1.2.1　从媒体本质属性分类

数字媒体是指数字化的媒体，既可以是经过数字化改造的传统媒体，也可以是全新的数字媒体，前者可以看作后天形成的数字媒体，后者也就是先天的数字媒体。从这个角度，我们可以把数字媒体分为两类。

1. 数字化的传统媒体

数字化改造的传统媒体（有学者称之为新型媒体）是指应用数字技术、在传统媒体基础上改造或者更新换代而来的媒体。这些数字化的传统媒体与改造前的传统媒体在理念和应用上并无本质差异。报纸从铅字、油印再到激光照排、彩印，仍是报纸；广播从调幅（AM）到调频（FM）再到数字音频广播（DAB），本质上还是广播；电视从黑白到彩色，从模拟到数字，仍然是电视。这类媒体的典型代表是数字报刊、数字广播、数字影视。

2. 全新的数字媒体

全新的数字媒体（有学者称之为新兴媒体）是指在传播理念、传播技术、传播方式和消费方式等方面发生了质的飞跃的媒体。它在形态上是前所未有的，在理念上和应用上也是全新的。最典型的数字媒体是网络媒体和移动媒体。

1.2.2　从媒体时间属性分类

按照时间属性对数字媒体分类，数字媒体可分为静止媒体（Still Media）和连续媒体（Continues Media）。

1. 静止媒体

静止媒体是指内容不会随着时间而发生变化的数字媒体，这类媒体的内容是以静态方式呈现的，如文本、图片。文本和图片在数字媒体时代仍然是最常用的信息形态，因为它们所占用的比特空间很小（尤其是文字），却可以包含很大的信息量。

2. 连续媒体

连续媒体是指内容会随着时间而变化的数字媒体，这类媒体的内容是以动态方式呈现的,如音频、视频、动画。音频、视频、动画媒体不仅因其连续变化的内容带给受众视觉、听觉多重的、不间断的刺激,而且借助数字媒体技术实现的非线性自由浏览,打破了传统媒体内容接收过程的束缚,给受众以全新的感受。

1.2.3 从媒体来源属性分类

按照来源属性对数字媒体进行分类,数字媒体可以分为自然媒体(Natural Media)和合成媒体(Synthetic Media)。

1. 自然媒体

自然媒体是指客观世界存在的景物、声音等,经过专门的设备进行数字化和编码处理之后得到的数字媒体,如用数码相机拍的照片、用数字录音设备采集的人声等。

2. 合成媒体

合成媒体指的是以计算机为工具,采用特定符号、语言或算法表示的,由计算机合成的文本、音乐、语音、图像和动画等,如用 3D 制作软件设计的动画角色、用 PS 软件绘制的图片等。

1.2.4 从媒体组成元素分类

按照媒体的组成元素,可以将数字媒体分成单一媒体(Single Media)和多媒体(Multi Media)。

1. 单一媒体

单一媒体是指单一信息载体组成的数字媒体,如数码照片、数字音乐等。

2. 多媒体

多媒体指的是以多种信息载体为表现形式的数字媒体。数字媒体的显著特征就是其多媒体性,打破了传统媒体在信息形态上的局限,可以承载文字、图片、音频、视频、动画等多种媒体信息,网站就是其中的典型代表。

1.3 数字媒体的发展

1.3.1 数字媒体发展背景

数字媒体的发展与计算机、手机等终端设备以及互联网、移动互联网等传输渠道的发展息息相关。因此,我们首先来梳理计算机与互联网、手机与移动互联网的发展历史。

1. 计算机与互联网

(1)计算机

人们通常所说的计算机,是指电子数字计算机。世界上第一台数字式电子计算机诞生于 1946 年 2 月,它是美国宾夕法尼亚大学物理学家莫克利(J. Mauchly)和工程师埃克特(J. P. Eckert)等人共同开发的电子数值积分计算机(Electronic Numerical Integrator And Calculator,ENIAC)。以 ENIAC 为代表的第一代电子计算机,标志着电子计算机进入了实用化阶段。第二次世界大战结束后,美国的 IBM 公司开始研制电子计算机,并于 1952 年推出了 IBM701。至此,计算机走出实验室,进入批量化生产。

20 世纪 60 年代,晶体管被用于计算机并大量生产,标志着第二代计算机的诞生。在此之后,集成电路的发明使电子技术进入了微电子技术的新阶段,而采用集成电路的计算机则被称为第三代计算机。

今天进入千家万户的计算机是第四代计算机,也被称为大规模集成电路计算机。第四代计算机的最显著特点是向巨型化和微型化两个方向发展。巨型机是指每秒能运算 5000 万次以上的电子计算机,如我国于 1983 年研制成功的"银河"亿次巨型机。同时,随着大规模集成电路的发展,计算机体积不断缩小,能耗进一步降低,出现了微型计算机。微型计算机发展速度很快,计算机体积越来越小,直到我们可以一手掌握。今天的计算机也越来越智能化,正如我们把 computer 翻译为"电脑",计算机开始承担起人脑的功能,甚至超越人脑。

计算机技术的发展,使人类第一次可以利用极为简单的"0"和"1"编码技术,实现对一切文字、声音、图像和数据的编码解码,各类信息的采集、处理、存储和传输实现了标准化和快捷化,大大提高了人类处理信息和交流信息的能力。计算机技术的发展,把人类带入到一个崭新的数字化时代。

计算机的发展历史如表 1-1 所示。

表 1-1　计算机发展历史

阶段	时间	逻辑器件	运算速度	应用范围
第一代	1946—1958 年	电子真空管	5 千~3 万次/秒	科学计算、军事研究
第二代	1959—1964 年	晶体管	数十万~几百万次/秒	数据处理、工程设计
第三代	1965—1970 年	集成电路	数百万~几千万次/秒	工业控制、数据处理
第四代	1971 年至今	大规模集成电路	上亿条指令/秒	工业、生活等各方面

案例 1-4:"电脑"与人脑的"人机大战"。

1997 年 5 月 11 日,当所有的人类还在深信没有任何机器计算机能够比人类聪明的时候,IBM 的一台名叫"深蓝"(Deep Blue)的计算机给了全人类沉重的打击,在一场机器和人的智力大战上,国际象棋大师卡斯帕罗夫以 25:35 的比分完败给了深蓝(见图 1-10)。

2011 年 2 月 16 日,IBM 最新的计算机系统"沃森"(Watson)在美国最受欢迎的智力竞赛节目《Jeopardy》中挑战节目里两位最成功的人类选手,并击败对手取得冠军。这场被称为史上最强的人机对决以"电脑"战胜人脑告终,这是机器的胜利,同时也是人类的胜利(见图 1-11)。

(2) 互联网

1969 年,为了能在爆发核战争时保障通信联络,美国国防部高级研究计划署 ARPA 资助建立了世界上第一个分组交换试验网 ARPANET,连接美国四个大学。ARPANET 的建成和不断发展标志着计算机网络发展的新纪元。

图 1-10　深蓝与卡斯帕罗夫对决现场

图 1-11　沃森在智力竞赛节目《Jeopardy》中挑战人类选手

　　20 世纪 70 年代末到 80 年代初,计算机网络蓬勃发展,各种各样的计算机网络应运而生,如 MILNET、USENET、BITNET、CSNET 等,网络的规模和数量都得到了很大的发展。一系列网络的建设,产生了不同网络之间互联的需求,并最终导致了 TCP/IP 协议的诞生。

　　1980 年,TCP/IP 协议研制成功。1982 年,ARPANET 开始采用 IP 协议。

　　1986 年美国国家科学基金会 NSF 资助建成了基于 TCP/IP 技术的主干网 NSF-NET,连接美国的若干超级计算中心、主要大学和研究机构,世界上第一个互联网产生,迅速连接到世界各地。1986 年,NSFNET 成为 Internet 主干网,Internet 全面取代了ARPANET。

　　仅仅是网络的互通还不能够完全说明 Internet 的最终应用效果,这一切还需要万维网(World Wide Web,WWW)的产生和发明。1989 年,在瑞士日内瓦的核物理研究协会工作的系统分析员蒂姆·伯纳斯-李(Tim Berners-Lee,1955 年—)提出 WWW 计划,推出了世界上第一个所见即所得的超文本浏览器/编辑器。1991 年 5 月,WWW 在 Internet上首次露面,立即引起轰动,获得了极大的成功并被广泛推广应用。美国著名的信息专家《数字化生存》的作者尼葛洛庞帝教授认为:1989 年是 Internet 历史上划时代的分水岭。

的确,WWW 技术给 Internet 赋予了强大的生命力,Web 浏览的方式给了互联网发展的推动力。

1991 年,欧洲粒子物理实验室(CERN)的科学家编写发表了第一个 Web 服务器程序和文本浏览器,这个成果能够通过 Internet 将位于日内瓦的 CERN 与美国伊利诺大学国家超级计算机应用中心(NCSA)连接起来,这使得网络向全球化扩展的连接成为可能。

1994 年,NCSA 编写出第一个能够支持图形的 Web 浏览器 Mosaic。之后,网景公司的 Navigator、微软公司的 Internet Explorer 等浏览器的相继出现,点燃了人们使用WWW 的热情。

1995 年以来,互联网用户数量呈指数增长趋势,平均每半年翻一番。2013 年 1 月,瑞典互联网市场研究机构 Pingdom 在其网站列出了一组详细数据,全面概括了全球互联网行业在 2012 年的发展状况。数据显示,截至 2012 年年底,全球互联网用户数为 24 亿,其中亚洲互联网用户数为 11 亿。

继传统互联网、WWW 之后,网络技术又会何去何从呢? 曾有学界人士认为,第三代互联网应用会是网格的出现,网格将为我们带来全新的信息利用方式。中国工程院院士李国杰认为,网格实际上是继传统互联网、Web 之后的第三次浪潮,可以称之为第三代互联网应用。传统的互联网实现了计算机硬件的连通,WWW 实现了网页的连通,而网格是利用互联网把地理上广泛分布的各种资源(包括计算资源、存储资源、带宽资源、软件资源、数据资源、信息资源、知识资源等)连成一个逻辑整体,就像一台超级计算机一样,为用户提供一体化信息和应用服务(计算、存储、访问等),最终实现在这个虚拟环境下进行资源共享和协同工作,彻底消除资源"孤岛",最充分地实现信息共享。时至今日,物联网、云计算以及 Web 3.0 概念的提出,让其具有突破性的技术应用前景逐渐呈现。

在我国,1987 年 9 月 20 日,钱天白教授发出内容为"越过长城,通向世界"的电子邮件,揭开了中国人使用 Internet 的序幕。

1990 年 10 月,钱天白教授代表中国正式在国际互联网络信息中心的前身 DDN-NIC 注册登记了我国的顶级域名 cn,并且从此开通了使用中国顶级域名 cn 的国际电子邮件服务。

1994 年,美国国家科学基金会同意了我国正式接入 Internet 的要求。同年 4 月 20日,连入 Internet 的 64K 国际专线开通,实现了与 Internet 的全功能连接。从此,我国被国际上正式承认为有 Internet 的国家。5 月 15 日,中国科学院高能物理研究所设立了国内第一个 WWW 服务器,推出中国第一套网页。5 月 21 日,中国科学院计算机网络信息中心完成了中国国家顶级域名服务器的设置,改变了中国的顶级域名服务器一直放在国外的历史。

1995 年 1 月,中国电信分别在北京、上海设立的通过美国 Sprint 公司接入美国的64K 专线开通,并且通过电话网、DDN 专线以及 X.25 网等方式开始向社会提供 Internet接入服务,这标志着我国互联网开始真正走向公众,进入社会普及和应用阶段。

1996 年,由中国电信筹建的中国公用计算机互联网(CHINANET)全国骨干网建成并正式开通,1997 年,它实现了与中国其他三个互联网络即中国科技网(CSTNET)、中国教育和科研计算机网(CERNET)、中国金桥信息网(CHINAGBN)的互联互通。

1998 年,第九届全国人民代表大会第一次会议批准成立信息产业部,主管全国电子信息产品制造业、通信业和软件业,推进国民经济和社会服务信息化。这一系列具有开拓性的举措大大促进了我国 Internet 事业的开展。

这 20 年里,中国的互联网发展迅猛。据 2014 年 1 月中国互联网络信息中心(CNN-IC)发布的第 33 次《中国互联网络发展状况统计报告》数据显示:截至 2013 年 12 月,中国网民规模达 6.18 亿,互联网普及率为 45.8%,中国互联网普及率逐渐饱和(见图 1-12)。互联网发展主题从"数量"向"质量"转换,具有互联网在经济社会中地位提升、与传统经济结合紧密、各类应用对网民生活影响力度加深等特点。

图 1-12　中国网民规模和互联网普及率(截至 2013 年 12 月)

2. 手机与移动互联网

(1) 手机

回顾历史,在过去短短的几十年里,手机从简单的语音通话设备发展成为人脑的智能延伸,而这一切都起源于人类最朴素的愿望:突破空间限制,及时信息交流。

我们可以从以下信息大致梳理手机的历史:

- 1973 年,美国工程技术员马丁·库帕(Martin Cooper)开发了第一台移动电话。
- 1992 年,世界上第一封短信被发出,内容是"圣诞快乐"。
- 1996 年,世界上第一台翻盖手机 Motorola StarTAC 上市。
- 1999 年,第一台黑莓手机(黑莓 850)上市。
- 2000 年,夏普通讯和 J-Phone 发布世界上第一个带摄像头的手机。
- 2003 年,诺基亚 1100 上市,成为销售量最高的手机,共售出 2.5 亿台。
- 2005 年,手机铃声带来的收入超过 20 亿美元。
- 2007 年,iPhone 一代问世。
- 2008 年,第一台 Android 手机——HTC Dream 发布。

手机主要分为智能手机(Smart Phone)和非智能手机(Feature Phone)两类,数字媒体时代中,智能手机成了重要的信息载体和工具。

1999 年年末,摩托罗拉推出的一款名为天拓 A6188 的手机成了智能手机的鼻祖。它不仅是全球第一部具有触摸屏的手机,同时也是第一部支持中文手写识别输入的手机。自此以后,智能手机走进我们的生活。

智能手机像个人计算机一样,具有独立的操作系统,它的功能强大而且实用性高。用户可以自行安装软件、游戏等第三方服务商提供的程序,通过此类程序来不断对手机的功能进行扩充,并可以通过移动通信网络来实现无线网络的接入。

智能手机除了具备手机的通话功能外,还具备了掌上计算机(Personal Digital Assistant,PDA)的大部分功能,特别是个人信息管理以及基于无线数据通信的浏览器和电子邮件功能。智能手机为用户提供了足够的屏幕尺寸和带宽,既方便随身携带,又为软件运行和内容服务提供了广阔的舞台。

案例1-5:2013年中国智能手机市场情况。

由中关村在线互联网消费调研中心提供的数据显示:2013年中国智能手机市场仍旧保持快速的增长势头,用户关注度再创新高,达到97.3%,较2012年增长近4个百分点,全民智能即将实现。从竞争形势来看,2013年屏幕尺寸、核心数、后置摄像头像素、低价等仍为各大智能手机厂商比拼的重点。

在中国智能手机市场上,三星获得22.3%的关注比例,成为最受用户关注的智能手机品牌,同时也是唯一一个关注度超两成的品牌。苹果以10.3%的关注比例排在第二位。联想、诺基亚、HTC、华为四家品牌关注度也较高,其他上榜品牌关注度则均在5%以下。整体来看,智能手机市场品牌关注度呈集中态势,前十五家品牌累计占据92.0%的关注比例(见图1-13)。

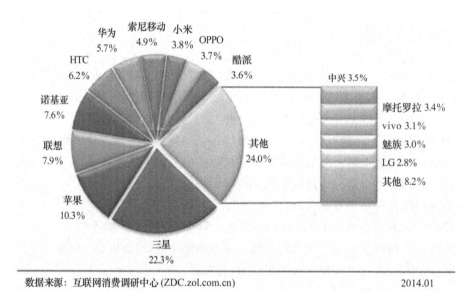

数据来源:互联网消费调研中心 (ZDC.zol.com.cn)　　　　　　　　　　2014.01

图1-13　中国智能手机市场品牌关注比例分布(2013年)

（2）移动互联网

移动互联网(Mobile Internet,MI)是将移动通信与互联网二者结合起来的产物,是一种通过智能移动终端(智能手机、平板电脑、电子书等),采用移动无线通信方式获取业务和服务的新兴业态。

2001年11月10日,中国移动通信的"移动梦网"正式开通,这是2001年中国通信、互联网业最让人瞩目的事件。当时官方的宣传称,手机用户可通过"移动梦网"享受到移动游戏、信息点播、掌上理财、旅行服务、移动办公等服务。

2004年3月16日,3G门户网上线,开创移动互联网免费模式。在此之后,搜索、音乐、阅读、游戏等领域的多种无线企业纷纷出现,但整个行业对于未来的走向与商业模式都处于摸索阶段。

2005年11月,中国移动推出一项政策,禁止SP在免费WAP上推广业务。一个月后,中国移动宣布不再向免费WAP网站提供用户的号码和终端信息。这意味着,国内最大的移动运营商对免费WAP的"动刀"大限将至。

2006年9月,工信部针对二季度电信服务投诉突出的情况,推出新的电信服务规范,并严格要求基础电信运营企业执行。新的三项规定涵盖了SP的所有违规利润来源,对国内违规SP形成封杀之势,迫使运营商们对新商业模式进行思考。

2008年央视的"3·15晚会"上,国内短信群发业务公司老大——分众无线遭重点曝光,该公司被指日发数亿条垃圾短信,手握全国5亿多手机用户中一半用户的个人信息。央视对分众无线的打击,加速了业界对于移动互联网的绝望。

2008年12月31日上午,国务院常务会议研究同意启动第三代移动通信(3G)牌照发放工作,明确工业和信息化部按照程序做好相关工作。

2009年1月7日,工业和信息化部在内部举办小型牌照发放仪式,确认国内3G牌照发放给三家运营商:中国移动、中国电信和中国联通。由此,2009年成为我国的3G元年,我国正式进入第三代移动通信时代。3G牌照的发放使中国电信业形成了新的产业竞争格局,网络融合、终端融合推动移动互联网快速发展并加速了产业边界的消失,移动通信与互联网融合进程加速,电信业与传媒业相互渗透、走向密切融合。

2010年,中国移动加快3G网络建设。当年,中国TD-SCDMA网络基站总数超过20万个,覆盖超过全国90%的城市。

2011年是移动互联网蓬勃发展的一年。2011年,以iPhone和HTC智能手机、ipad平板电脑为代表的移动终端首次超越了台式计算机和笔记本式计算机,在全世界范围内迅速占据市场,掀起了互联网革命的新浪潮。另一方面,3G用户快速增长成为推动移动互联网增长的持续推动力。从3G用户的发展趋势看,2009年是1 500万,2010年是4 000万,2011年上半年则迅速增加到8 000万,增幅显著。

2012年,中国移动TD-SCDMA网络基站总数预计超过30万个。这一年,中国移动互联网步入深化发展轨道,用户规模持续快速增长。据中国互联网络信息中心(CNNIC)发布的第31次《中国互联网络发展状况统计报告》显示,截至2012年12月底,我国手机网民规模为4.20亿,较上年年底增加约6 440万人,网民中使用手机上网的用户占比由上年年底的69.3%提升至74.5%。除此之外,移动互联网产品和应用服务类型不断丰富,众多传统互联网企业纷纷加入移动互联网战场,微软、苹果、惠普等国外高科技公司相继发布云计算产品,国内云计算产品层出不穷,三大运营商均开始云计算数据中心的建设,政府出台政策大力支持云计算的发展,预示着移动互联网云端时代的到来。

2013年移动互联网持续升温。2014年1月16日,中国互联网络信息中心(CNNIC)

在京发布第 33 次《中国互联网络发展状况统计报告》。《报告》显示,截至 2013 年 12 月,中国手机网民规模达到 5 亿,年增长率为 19.1％,继续保持上网第一大终端的地位。网民中使用手机上网的人群比例由 2012 年年底的 74.5％提升至 81.0％,远高于其他设备上网的网民比例,手机依然是中国网民增长的主要驱动力。在 3G 网络进一步普及、智能手机和无线网络持续发展的背景下,视频、音乐等高流量手机应用拥有越来越多的用户。截至 2013 年 12 月,我国手机端在线收看或下载视频的用户数为 2.47 亿,与 2012 年年底相比增长了 1.12 亿,增长率高达 83.8％,在手机类应用用户规模增长幅度统计中排名第一。用户上网设备向手机端转移、使用基础环境的改善和上网成本的下降是手机端高流量应用使用率激增的主要原因。

2013 年 12 月 4 日下午,工业和信息化部向中国移动、中国电信、中国联通正式发放了第四代移动通信业务牌照(即 4G 牌照),中国移动、中国电信、中国联通三家均获得 TD-LTE 牌照,此举标志着中国电信产业正式进入了 4G 时代。4G 时代的开启以及移动终端设备的凸显必将为移动互联网的发展注入巨大的能量,2014 年移动互联网产业必将带来前所未有的飞跃。

移动互联网各代际的情况见表 1-2。

表 1-2　移动互联网各代际对比

代际	1G	2G	2.5G	3G	4G
信号	模拟	数字	数字	数字	数字
制式		GSM CDMA	GPRS	cdma2000 WCDMA TD-SCDMA	TD -LTE FDD -LTE
主要功能	语音	语音与数据	语音与数据	低级宽带	广带
典型应用	通话	短信-彩信	WAP 网	高速上网与多媒体	高清

移动互联网与互联网成为当今世界发展最快、市场潜力最大、前景最诱人的两大业务,两者各自优、劣势对比情况见表 1-3。

表 1-3　移动互联网与互联网对比

	互联网	移动互联网
优势	■业务和内容极大丰富 ■依托计算机强大的计算能力和输入、输出能力 ■不存在电池续航问题,可以长时间上网	■用户可以随时随地的通信 ■移动用户身份保持静态且唯一 ■用户习惯于为业务的使用付费,多为前向收费模式 ■移动用户的位置信息易于获取
劣势	■用户易于隐藏真实身份 ■内容以免费为主,网站经营者多选择后向收费模式 ■用户上网需要一定条件	■业务和内容的相对匮乏 ■受限于终端的计算能力和输入、输出能力 ■电池续航能力差

移动互联网是移动通信和互联网融合的产物,它继承了移动网随时随地随身的特点和互联网分享、开放、互动的优势,是整合两者优势的"升级产物",它与移动网、互联网之

间的关系见图 1-14。

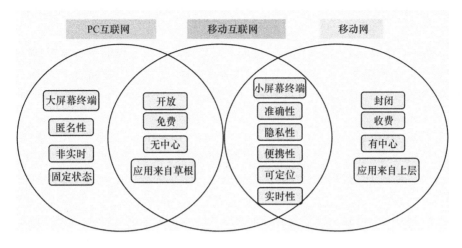

图 1-14　移动互联网与移动网、互联网的关系

案例 1-6：SoLoMo 概念的提出。

SoLoMo，即社交（Social）＋本地化（Local）＋移动（Mobile）。2011 年 2 月，IT 风险投资人约翰・杜尔（John Doerr）第一次提出这个概念——"SoLoMo"。他把最热的三个关键词整合到了一起，随后，SoLoMo 概念风靡全球，被一致认为是互联网未来发展的趋势。

如今，代表社交的"So"已经无处不在；而"Lo"所代表的以 LBS 为基础的定位和签到也开始风靡；"Mo"则涵盖了智能手机带来的各种移动互联网应用。

移动互联网与社交网络的结合，从根本上改变了以前的上网方式、交流方式、沟通方式。随着移动互联网的发展，PC 互联网时代浏览加搜索的使用方式，逐渐会更多被应用加平台或者应用加云计算所替代。

1.3.2　数字媒体发展历程

自 20 世纪 60 年代末互联网出现，40 余年的全球化高速发展，带来了全球数字化信息传播的革命。以互联网为信息互动传播载体的数字媒体已经成为继语言、文字和电子技术之后的最新的信息载体。

我国数字媒体于 1995 年开始兴起。1995 年 1 月，由教育部主办的《神州学人》杂志，经中国教育和科研计算机网（CERNET）进入互联网，向广大在外留学人员及时传递新闻和信息，成为我国第一份中文电子杂志。1995 年 10 月 20 日，《中国贸易报》正式上网，成为国内第一家进入互联网发行的日报。

1997 年 1 月，《人民日报》网络版创刊，揭开了国内媒体大批上网的序幕，中国网络媒体迅速发展。到 2003 年，中国网络媒体的影响全面形成，开始跻身主流媒体行列。

从 2004 年开始，中国网络媒体在新一代互联网技术的引领下进入 Web 2.0 时代，中国网络媒体进入一个多元发展的腾飞时期。除网站以外，搜索引擎、数字电视、数字电影、数字出版、网络游戏、数字音乐、数字动漫、网络广告、数字摄影摄像、数字虚拟现实等以互联网为核心的数字媒体都得到了迅猛发展，给互联网用户带来了全新的媒体体验。

数字媒体的另一重要分支——移动媒体也在 2004 年开始萌芽。2004 年 7 月 18 日，全国第一家手机报纸《中国妇女报·彩信版》开通。同年 10 月，中国移动推出《中国手机报》。

2005 年 1 月 1 日，由上海文广新闻传媒集团和上海移动合作的手机电视"梦视界"试播，该服务提供 6 套直播电视节目及 VOD 点播。3 月，国家广电总局给上海文广颁发全国首张 IPTV 执照，准许其开办以电视机、手持设备（手机）为接收终端的视听节目传播业务。

2005 年是中国电影诞生 100 周年。这一年的 7 月，王小帅、贾樟柯、孟京辉等 8 位导演推出手机电影《这一刻》，该片由 8 部独立的影片组成，每部 3 分钟。同年 10 月，由手机拍摄、通过手机播放的《苹果》诞生，制作者北京电影学院陈廖宇认为这是中国第一部真正的手机电影。

2005 年 11 月，小说家千夫长继去年将 4 200 字的手机小说《城外》18 万元卖给 SP 之后，又以同样的价格，出售了第二部手机小说《城内》。《城外》不到两个月时间为运营商带来 200 多万元的收益。

2004 年，百度首家推出手机搜索。2005 年 1 月，CGOO 无线搜索上线，提供各类商城搜索服务。此后新浪爱问推出具有图片、铃声、本地搜索功能的手机搜索引擎。搜索大鳄 Google 也在国内推出带有本地搜索功能的手机搜索。

到 2014 年，经历近 10 年高速发展的中国手机媒体早已脱离了早期手机报刊、手机电视、手机 WAP 网站等初级过渡形态，形成了一种以用户和分类信息为基础、以移动网络为驱动和平台、以手机用户需求为导向，为受众提供个性化、定制化信息，并且集合新闻、娱乐、生活、政务、商务等方方面面服务的多功能媒介平台。当今中国手机媒体的发展总体来说呈现了以下趋势。

• 趋势一：基于移动互联网的手机媒体正成为目前市场的主流。智能手机、平板电脑的流行以及 3G 网络的日益普及，带来的结果是中国手机媒体的飞跃式发展，大有超越网络媒体之势。

• 趋势二：手机媒体与社会生活的各个方面二次融合，手机媒体成为多功能化的"个人中枢"。各种手机应用（Application，APP）彻底改变了手机用户的生活状态，移动支付的推广又一次颠覆了我们的传统消费模式。

• 趋势三：手机媒体社交化已成趋势，手机社交媒体已覆盖生活的方方面面。社交媒体在移动互联网的沃土上蓬勃发展，社交网站、微博、微信、博客、论坛、播客等社交平台传播的信息已成为人们浏览移动互联网的重要内容。

1.4 数字媒体的特征

"文化为体，科技为媒"是数字媒体的精髓。因此，分析数字媒体的特征不仅要看到它的总体特征，还可以从艺术、技术两个角度进行更深入剖析。

1.4.1　数字媒体总体特征

1. 数字化

从信息传递形式来看,数字媒体采用二进制的形式通过计算机来处理文字、图像、动画、音频、视频等信息。这些信息不仅能够实现高精度的传递,而且能够高效、快速地到达受众,大大提高传播的效率。信息的复制十分便捷、几乎零成本,能够轻松实现大规模的信息传递。另外,信息的重复使用和二次编辑非常容易,信息利用率提升。

2. 交互性

从受众体验来看,数字媒体最显著的特性是其交互性。在技术的支持下,数字媒体给予受众最大限度的人机互动。传播过程中的受众从过去被动地接收信息,转变为主动地获取信息,从单方面地消费信息转变为既是信息的消费者,也是信息的生产者。这种深度的双向互动,彻底改变了传统媒体时代的传播格局,开创了以用户为中心的数字媒体传播新局面。

3. 多媒体性

从表现形态来看,数字媒体最直观的特性是其多媒体性。数字媒体打破了传统媒体在信息形态上的局限,文字、图片、音频、视频、动画等多种媒体信息都可以集合于一体,带给受众视、听觉等多方面的感受与体验,极大地提高了传播效果。同时,这些多媒体信息借助多种媒体渠道进行传播、扩散,计算机、手机、平板电脑等都成了数字媒体传递的载体。

4. 技艺并重性

从发展历程来看,数字媒体最鲜明的特性是技术与艺术的融合。一方面,数字媒体是伴随着科学技术的不断发展而出现的新鲜事物,数字媒体的发展与信息传播技术的革新密不可分,数字媒体的每一步发展都离不开技术的支撑。与传统媒体相比,技术在数字媒体发展中的价值和作用更加突出。另一方面,数字媒体的发展过程中,信息传播技术已经脱离了纯粹的技术范畴,它必须延续传统媒体作为人文艺术的本质特点。因此,数字媒体是信息技术与人文艺术的融合。

1.4.2　数字媒体艺术的特征

数字媒体艺术是以数字媒体技术为基础,将人的理性思维和艺术的感性思维融为一体的新艺术形式。数字媒体艺术是艺术与技术结合的产物。数字媒体艺术区别于其他艺术形式的关键一点,就是其表现形式和创作过程必须部分甚至全部使用数字技术手段。

数字媒体艺术是一门年轻的艺术,它起源于 20 世纪 60 年代中后期,根植于传统艺术,以数字技术为创作与展现的主要手段,其真正形成社会影响力并被社会大众认可是从 20 世纪 90 年代中期开始,发展至今仅 20 年历史。尽管如此,数字媒体艺术作为现代科技与艺术形式高度融合的新传播媒介形式,已经散发出其独特的艺术魅力。

数字媒体艺术的表现形式很多,包括数字影视、数字音乐、网页设计、网络游戏、电脑动画、虚拟现实等。

数字媒体艺术的特征可以概括为以下几个方面。

1. 创作工具的数字化

数字媒体艺术以数字媒体技术作为基础,传统的艺术生产工具和材料被电脑设备、数字软件和编程语言所代替。可以说数字媒体艺术和计算机技术是无法分开的,数字媒体艺术的设计若离开了计算机就好比绘画离开了纸和笔,从根本上就是无稽之谈。

2. 艺术作品的交互性

数字媒体艺术是以互动理念和互动技术为核心的新型媒体艺术类型。数字媒体艺术具有鲜明的交互性,"参与和互动"构成了数字媒体艺术独特的价值。

新媒体艺术先驱罗伊·阿斯科特(Roy Ascott)说:"新媒体艺术最鲜明的特质为连接性与互动性。"数字媒体艺术的表现形式多样,但它们的共通点是——使用者通过和作品之间的直接互动,参与改变了作品的影像、造型甚至意义。他们以不同的方式来引发作品的转化——触摸、空间移动、发声等。不论与作品之间的接口为键盘、鼠标、灯光或声音感应器,抑或其他更复杂精密、甚至是看不见的"板机",欣赏者与作品之间的关系主要还是互动。

3. 作品形式的多样性

当代数字媒体技术的发展给艺术的表现提供了越来越多样的可能性,带来了艺术设计的新思路、新手法、新形式。数字媒体从静止到运动,从单向传播到双向互动,从线性阅读到非线性阅读,作品的表现形式丰富多彩,不断刷新受众的视听体验。

4. 表现时空的虚拟性

凭借各种数字媒体技术的合力以及力学、生物工程学、人体工学、仿声学等多种学科的支持,数字媒体艺术在创作中无所不能,3D特效、非线性编辑以及多媒体技术等新的制作手段与技巧,使过去难以虚拟创建的视觉特效在数字化的编辑与整合中得以实现。

5. 媒介手段的融合性

因为数字艺术的本质是基于二进制的数字语言艺术,数字化处理可以把声音、图像、文字、动画、视频等不同的媒体信息"翻译"成为统一的"世界语"即数字语言,所以数字媒体艺术的制作和传播过程就带有媒体集成性和融合性的特点。

数字媒体艺术形态发扬了数字媒体的特性,以一种新的视听觉艺术语言来诠释和表达艺术家们的感受,丰富着我们今天的数字化生活。数字媒体艺术借助全新的表现手法重新建构数字精神世界,具有多重独特的美学特征,正日益显示出强大的生命力。

1.4.3 数字媒体技术的特征

数字媒体技术是一种新兴的、综合的技术,是指以计算机技术和网络通信技术为主,综合处理文字、声音、图形、图像等媒体信息,实现数字媒体的表示、记录、处理、存储、传输、显示、管理等各个环节,将抽象的信息变成可感知、可管理和可交互的技术总称。

数字媒体技术具有以下特征。

1. 技术基础是数字化

数字化是数字媒体技术的基础。数字化的基本过程可以理解为将许多复杂多变的信息转变为可以度量的数字、数据,再以这些数字、数据建立起适当的数字化模型,把它们转变为一系列二进制代码,引入计算机内部,进行统一处理。也可以理解为:数字化将任何连续变化的输入(如图画的线条或声音信号)转化为一串分离的单元,在计算机中用"0"和"1"表示。

数字、文字、图像、语音包括虚拟世界及现实世界的各种信息,都可以用"0"和"1"来表示,数字化以后的"0"和"1"就是各种信息最基本、最简单的表示,它可以用来描述丰富多彩的人类世界。

2. 技术手段具综合性

数字媒体技术融合了计算机技术、数字信息处理技术、数字通信、网络技术等多个技术领域,同时,各类数字媒体内容与系统都综合应用了多种数字媒体技术。

数字媒体技术中的关键技术包括数字信息的获取与输出技术、数字信息存储技术、数字信息处理技术、数字传播技术、数字信息管理与安全技术等。其他的数字媒体技术还包括在这些关键技术基础上综合的技术,如基于数字传输技术和数字压缩处理技术的广泛应用于数字媒体网络传播的流媒体技术,基于计算机图形技术的广泛应用于数字娱乐产业的计算机动画技术,以及基于人机交互、计算机图形和计算机显示等技术的广泛应用于娱乐、展示与教育等领域的虚拟现实技术等。

3. 技术应用有广泛性

数字媒体技术广泛应用于数字影视、数字游戏、数字广播、数字广告、数字出版、数字存储、虚拟现实等数字媒体领域,在文化、艺术、娱乐、商业、教育等社会的各个领域和行业中发挥积极作用。

本 章 小 结

作为教材的开篇,本章从界定、分类、发展、特征四个角度对数字媒体进行了全面地概述。数字媒体是采用数字化的方式产生、获取、记录、处理和传播信息的载体,它与传统媒体是相对的概念、与新媒体是相近的概念,在学习中需要注意区分;教材从不同角度对数字媒体进行了分类,可以帮助我们更清晰地理解数字媒体;数字媒体是基于计算机和互联网的发展而诞生的,而手机与移动互联网的出现又将数字媒体带入新的发展阶段,所以要理解数字媒体的发展状况就必须首先了解这些设备与技术;数字媒体是人文艺术与信息技术的融合,技艺并重是它显著的特征,因此,教材从数字媒体艺术、数字媒体技术两个层面对数字媒体的特征进行了更具体的说明。

本章内容是数字媒体学习中最基础的知识,我们需要认真理解这些基本概念、基本理论,为后续的学习奠定扎实的基础。

思 考 题

1. 数字媒体的概念是什么? 如何理解数字媒体与新媒体概念的区别?

2. 关于数字媒体对传统媒体的影响众说纷纭,你认为数字媒体与传统媒体的关系是如何的?

3. 互联网与移动互联网的联系与区别是什么?

4. 你如何理解数字媒体的特征?

参 考 文 献

[1] 尼葛洛庞帝.数字化生存[M].胡泳,等,译.海南:海南出版社,1997.

[2] 郭庆光.传播学教程(第二版)[M].北京:中国人民大学出版社,2011.

[3] 李辉.通信原理[M].北京:北京邮电大学出版社,2012.

[4] 曹育红,董武绍,朱姝,等.数字媒体导论[M].广州:暨南大学出版社,2010.

[5] 李海峰.数字媒体概论[M].北京:清华大学出版社,2013.

[6] 第五媒体研究中心.第五媒体行业发展报告[R].中国新闻文化促进会,2010.

[7] 冯广超.数字媒体概论[M].北京:中国人民大学出版社,2004.

[8] 百度百科.全媒体[EB/OL].[2014-4-24].http://baike.baidu.com/view/1491255.htm? fr=aladdin.

[9] [美]保罗·莱文森.新新媒介[M].何道宽,译.上海:复旦大学出版社,2013.

[10] 百度百科.UGC[EB/OL].[2014-4-28].http://baike.baidu.com/subview/713949/9961909.htm? fr=aladdin.

[11] 百度百科.数字媒体[EB/OL].[2014-4-30].http://baike.baidu.com/view/237696.htm? fr=aladdin.

[12] 中国互联网络信息中心.第33次中国互联网络发展状况统计报告[R].中国互联网络信息中心,2014.

[13] 百度百科.SoLoMo[EB/OL].[2014-5-2].http://baike.baidu.com/subview/344134/13660155.htm? fromtitle=solomo&fromid=9626891&type=syn.

[14] 中国互联网络信息中心.第31次中国互联网络发展状况统计报告[R].中国互联网络信息中心,2013.

[15] 张文俊.数字媒体技术基础[M].上海:上海大学出版社,2007.

第 2 章
数字媒体传播

2.1 数字媒体传播的界定

理解数字媒体传播,首先要理解传播。

2.1.1 传播

著名的传播学家施拉姆说:"人既不完全像上帝,也不完全像野兽,他的传播行为,证明他的确是人。"纵观人的一生,从出生时的哇哇啼哭宣告生命的开始,到弥留之际以无限留恋的眼神留下在人世最后的记忆,生命从传播开始,以传播结束。而漫长的生命长河中,传播更是如影随形。无论是工作沟通、朋友谈心,还是读书看报、独自思考,传播随时随地发生着。

那么,什么是传播呢? 西方学者、我国学者从各自的学术领域出发,提出了很多关于传播的不同理解。

1. 西方学者对传播的理解

西方传播学家对传播的理解和界定差异较大,归纳起来有以下几种代表性的观点。

(1) 共享说

传播学家亚历山大·戈德说:"传播就是变独有为共有的过程。"施拉姆也曾表示:"我们在传播的时候,是努力想同谁确立'共同'的东西,即我们努力想'共享'的信息、思想或态度。"

传播是信息共享的过程,信息和其他物质不同,一个苹果从 A 传给 B,B 有了苹果,A 就没有了。而信息从 A 传给 B,A 并没有失去信息,而是和 B 一起共享信息。

(2) 劝服说(或影响说)

美国实验心理学家霍夫兰表示:"传播就是某个人(传播者)传递刺激(通常是语言)以影响另一些人(接受者)行为的过程。"传播学者米勒说:"传播就是在大部分情况下,传者向受者传递信息旨在改变后者的行为。"

劝服说指出了现实生活中大量存在的具有功利性、目的性的传播活动,但是其缺点是把影响或劝服看作一切传播活动的本质特征。

（3）互动说

美国传播学者格伯纳说："传播就是通过讯息进行的社会的相互作用"。美国社会心理学家米德表示："互动，甚至在生物的层次上，也是一种传播；不然，共同行动就无法产生。"

互动说指出了传播者与受传者之间通过信息传播产生的相互作用、相互影响，强调了传播的双向性和交互性。

（4）符号说

美国学者贝雷尔森和塞纳认为："运用符号——词语、画片、数字、图表等传递信息、思想、感情、技术等，这种传递的行动或过程通常称作传播。"美国学者皮尔士说："直接传播某种观念的唯一手段是像。即使传播最简单的观念也必须使用像。因此，一切观点都必须包含像或像的集合，或者说是由表明意义的符号构成的。"

符号说强调了符号作为载体在传播中的重要作用，只有借助符号，精神内容才能得以传递。

2. 我国学者对传播的定义

从国内知名的传播学教材中，我们可以看到国内学者对传播概念的界定。

胡正荣教授著的《传播学总论》中关于传播的定义是：所谓传播，就是信息的流动过程。而人类社会的传播便是人的信息的流动过程，这是传播学所研究的传播。

郭庆光教授著的《传播学教程》中关于传播的定义是：传播即社会信息的传递或社会信息系统的运行。

邵培仁教授著的《传播学导论》中关于传播的定义是：传播是指人类通过符号和媒介交流信息、以期发生相应变化的活动。

虽然时至今日，我们仍然难以给传播一个统一的定义，但是以上学者的观点让我们可以从不同视角、不同学科领域更全面地理解传播。

2.1.2　数字媒体传播

数字媒体传播，顾名思义，就是以数字媒体为传播平台的传播行为的总称。

数字媒体传播从媒介使用和传播范围来看，是一种以大众传播为主体，同时也包含人际传播、群体传播、组织传播等其他传播形态的传播。由于数字媒体传播的这种特殊性，它与传统媒体传播相比，具有明显的复杂性。

2.2　数字媒体传播的特征

传播学四大奠基人之一拉斯韦尔第一个提出传播的过程模式，指出构成传播过程的五种基本要素：传播者、受传者、讯息、媒介、效果，并将它们按照一定结构顺序排列起来，形成了被称为"5W模式"或"拉斯韦尔模式"的过程模式，后来大众传播学研究的五大领域——控制研究、受众分析、内容分析、媒介分析和效果分析就是按这个思路形成的。

从这五个要素角度出发，数字媒体传播的特征可以归纳为以下几个方面。

2.2.1　传播者的特征

传播者是传播行为或活动的引发者,即以发出讯息的方式主动作用于他人的人。传播过程中的传播者可以是个人,也可以是群体或组织。

传统媒体的传播者主要是大众传媒机构,如报社、杂志社、广播台、电视台等专门从事信息的采集、选择、加工、复制和传播的专业媒介组织。这些大众传媒机构在传统媒体的传播中具有极其重要的地位,它们引发传播行为,直接作用于规模庞大的广大受众,而受众的反馈则几乎可以忽略不计;它们拥有先进的技术和设备,掌握国家稀有的公共传播资源,先天具有优越的传播条件;它们拥有从事传播工作的专业人士,这些传播者具备专业的传播技能和丰富的传播经验,能够完成信息的采集、加工与发布,发挥好"把关人"的作用。

与传统媒体传播相比,数字媒体传播的传播者更加多元化。

1. 组织与个体传播者并存

数字媒体传播中既有大众传媒机构、各类组织,还有大量个体传播者。

首先,大众传媒机构仍然是最重要的传播力量。目前,各种类型的网站成为数字媒体传播中的主力军。作为大众传媒机构的网站主要有两个分支:一类是由传统媒体兴办的新闻网站,如《人民日报》兴办的人民网,新华社兴办的新华网;另一类则是具有新闻登载资质的商业网站,如新浪、搜狐、网易、腾讯等。

其次,各类型组织机构也通过各种渠道的传播行为成为数字媒体传播中的中坚力量。这些组织机构利用官方网站、网络广告、微博、微信、各类专业论坛等多种网络平台,来实现组织的宣传、推广、营销等目标。

最后,大量普通个体成为数字媒体传播中的新生力量。数字媒体平台为受众提供了参与传播的多种渠道和方式,受众不再只是信息的消费者,而是开始扮演信息的生产者和传播者,在数字媒体传播中发挥着越来越重要的作用。

案例 2-1:自媒体。

美国新闻学会媒体中心于 2003 年 7 月出版了由谢因波曼与克里斯威理斯两位联合提出的"We Media(自媒体)"研究报告,里面对"We Media"下了一个十分严谨的定义:"We Media 是普通大众经由数字科技强化、与全球知识体系相连之后,一种开始理解普通大众如何提供与分享他们本身的事实、他们本身的新闻的途径。"简言之,即公民用以发布自己亲眼所见、亲耳所闻事件的载体。因此,自媒体也被称为公民媒体。

通俗地说,自媒体是指在网络技术发展和 Web 2.0 兴起的背景下,博客、微博、共享协作平台、社交网络等的出现,使每个人都具有了媒体的功能。这也是相对传统新闻方式的一种表述,是指具有传统媒体功能却不具有传统媒体运作架构的个人网络行为。最具代表性的自媒体包括国外的 Facebook、Twitter,国内的新浪微博、微信等(见图 2-1)。

自媒体最大的贡献就是颠覆了传统,改变了大众传播的概念,促成了传播形式的根本转变,达到了传统媒体无法企及的高度,即我们所面对的不再是"个别人对所有人的传播",而是"所有人对所有人的传播"。

图 2-1　自媒体

2. 专业与业余传播者同在

在传统媒体传播时代,报纸、广播、电视的生产不仅需要昂贵的大型仪器设备、稀缺的电波频道资源,还需要大量专业的传播工作者。他们具备新闻传播的专业知识和专业技能,通过在媒体机构中协同作业,共同完成传播任务。

与传统媒体相比,数字媒体传播的门槛是很低的,这主要体现在信息传播设备、信息传播技术和信息传播成本三个方面。数字媒体的信息生产设备是家庭和个人就可以购买使用的 DV、计算机、手机等;信息生产者不需要掌握专业的传播知识与技能,只要会上网,有一定的文化基础,就可以完成信息内容的生产和传播。对个体传播者而言,传播的成本也几乎可以忽略不计。在这种设备、技能、成本都要求极低的情况下,每个人都有可能成为数字媒体中的传播者。因此,数字媒体传播中既有专业的传播者(专业传媒机构,具有媒体领域学习、工作背景的个人等),也有大量的业余传播者(普通网民)。

业余传播者的传播行为特点主要表现在:他们主要从自己的所见所闻所感或者个人兴趣出发来进行信息传播,传播行为的频度不固定,传播质量不稳定,传播内容真实性不确定,并且大多伴随着主观的判断和倾向。业余传播者的传播活动为数字媒体平台生产出海量的信息,但其中也包含着大量的垃圾信息。

2.2.2　受传者的特征

受传者是传播活动中讯息的接收者和反应者,是传播者的作用对象。受传者不仅要接收传播者的信息,还要通过反馈反作用于传播者。传播过程中的受传者可以是个人,也可以是群体或组织。

在数字媒体新的传播格局下,传播者与受传者的概念逐渐模糊,传播者与受传者通过高频度、高效率的双向互动,使得传者、受者的角色不再固定不变。过去处于被动接受状态的受传者获得了较大的主动权,开始全方位参与到信息的生产过程、消费过程、传播过程。因此,数字媒体时代"受传者"这种含有"被动"寓意的概念在逐渐淡化,取而代之的是"网民"、"用户"等更中立的称呼。

在信息接收的过程中,数字媒体时代的用户也呈现出鲜明的特征。

1. 个性化需求明显

随着传播媒介的发展,大众传媒的传播方式也在不断地演变。从面向所有信息接收对象的大众传播,到将信息接收者进行划分的分众传播,发展到今天能够针对某个特定群体甚至个人的精确化传播,在此过程中,信息接收者的个性化信息需求越来越得到尊重和满足。

数字媒体传播过程中,信息来源广泛、信息量庞大、信息种类丰富,具备了进行精确化传播的信息基础。同时,传播技术的更新,使"一对一"传播、信息的个性化聚合都变成现实。因此,数字媒体传播中,受传者的个性化需求有了信息与技术的双重保障,数字媒体可以为个体量身定做,提供个性化服务。正如尼葛洛庞帝所说,在数字化生存的情况下,我就是"我",而不是人口统计学中的一个"子集"。个体不再只是作为受众中的一员而存在,而是具有了每一个个体的存在价值。

案例 2-2:RSS——聚合内容。

RSS(简易信息聚合或聚合内容,Really Simple Syndication)是一种描述和同步网站内容的格式,是目前使用较为广泛的资源共享应用,主要用于网上新闻频道、Blog 和 Wiki。网民使用 RSS 订阅能快捷地获取 RSS 推送的信息,无须到各网站寻找内容(见图 2-2)。网络用户可以在客户端借助于支持 RSS 的聚合工具软件,在不打开网站内容页面的情况下阅读支持 RSS 输出的网站内容。

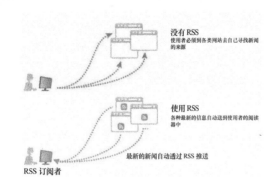

图 2-2　订阅 RSS 的好处

RSS 实质就是一种信息聚合的技术,它提供了一种更为方便、高效的互联网信息发布和共享的途径,让网民用更少的时间分享更多的信息。更为重要的是,它让个性化的信息传播轻松实现,网民可以按照个人喜好,有选择地将感兴趣的内容来源聚合到一起,获得"一站式"的信息服务。RSS 为网民提供了一种全新的互联网阅读方式,一种用户可以自己控制、自己做主的新型门户体验。

2. 自主获取成常态

数字媒体传播过程中,受传者的信息接收方式由被动接受逐渐改为主动获取。数字媒体技术使得受众根据自己的需要"拉出"信息成为可能,受众可以自主选择自己喜欢的信息或服务。不仅如此,在信息消费行为方面,他们也获得了更多自由,时间、空间上的自主性都大大加强。过去电视观众为了观看喜爱的电视节目,可能需要放弃其他社交活动,在电视机前苦苦守候,而在数字媒体时代,这样的景象基本一去不复返了。

然而,虽然自主获取信息给用户带来了自由,却也让用户在选择信息的过程中付出了不小的代价,对用户的个人信息检索能力也提出了较高要求。基于这样的原因,被动的信息接收方式仍然没有失去市场。一些网站在某些软件服务中捆绑"弹出式"信息窗口,进行信息的推送,就是为了满足部分受众"被动接收信息"的需要。也有网站为了受众主动获取信息的便捷,通过聚合阅读的方式进行了信息的选择和整合,或者通过推荐新闻的方式帮助用户获知热门新闻。

无论用户完全自主地信息选择,还是网站推介＋用户拉出的半自主信息选择,都体现出了数字媒体时代用户信息获取形式的变化。这种变化不仅改变了用户的信息消费观念,也给信息的主要生产者——数字媒体(网站等)带来挑战。

案例 2-3:网易"聚合阅读"与"荐新闻"。

网易的"聚合阅读"页面见图 2-3。

图 2-3　网易的"聚合阅读"

2012 年年底,网易推出"聚合阅读"产品,从这款产品的宣传语中,我们可以感受到它的特点:

- "聚合阅读,一屏尽览天下事",用电脑一屏的空间汇聚多样的新闻。
- "看什么新闻很重要,怎么看新闻更重要",它改变的不是新闻内容,而是如何阅读新闻,是新闻浏览的习惯。
- "聚合阅读"有鲜亮的外表:差异化色觉冲击,块状标签穿插交错。
- "聚合阅读"有聪明的头脑:响应式设计,自动匹配用户的设备终端。
- "聚合阅读"有超强的技能:自动抓取聚合,标签随机排序,内容实时更新。
- "聚合阅读"让新闻"可以五颜六色、可以随时随地、可以快马加鞭"。

从"聚合阅读"的特点中,我们看到了聚合阅读产品给我们的新闻浏览带来的全新体验,通过聚合,用户自主获取信息的过程变得快捷而充满乐趣。

网易的"荐新闻"页面见图 2-4。

互联网中生产的海量信息让我们困扰和迷失,到底哪些是当天的热点,哪些是网民都在关注的焦点呢?网易推出"荐新闻"产品,将过去由编辑推荐新闻的方式,改变为让用户推荐新闻,并根据推荐人数多少排列新闻在页面的位置。这既是与用户互动的一种新举措,也是改变用户新闻阅读习惯的新尝试。

图 2-4　网易的"荐新闻"

2.2.3　讯息的特征

讯息是传播者和受传者之间互动的介质,讯息由能够传递完整意义的符号组成。通过讯息,传受双方发生意义的交换,达到互动的目的。

"讯息"是一个与"信息"意思相近又有细微区别的概念。"信息"中包含了"讯息","讯息"是能够表达完整意义的那一类"信息"。在传播过程研究中,学者们通常使用"讯息"的概念,是为了强调传播内容及意义的完整性。在本教材中,除直接引用的传播模式外,其余处没有刻意区分"讯息"与"信息"。

随着传播媒介的进化,传的信息量快速增长,信息构成也发生了巨大变化。

1. 讯息生产海量化

媒介的发展带来了信息量的剧增。美国学者弗莱德里克曾经做过这样的推算:如果以公元元年人类掌握的信息量为单位 1,那么信息量第一次倍增,花了 1 500 年,第二次倍增,花费 250 年,而到了 20 世纪 60 年代和 70 年代,信息倍增的时间缩短为 7 年和 5 年。相信到了数字媒体迅猛发展的今天,这个数据早已被刷新。

数字媒体时代是一个信息爆炸的时代。数字媒体优越的存储条件以及广泛的信息来源带来了信息的爆炸式增长。

数字媒体的信息存储空间巨大,较少遭遇传统媒体容量不足的困扰,这为信息的海量生产与长期保存提供了条件。

数字媒体的信息生产来源广泛,Web 2.0 时代,由于无数的网民参与信息生产,导致大量的用户生产内容井喷式涌现。这些内容可能是碎片化的只言片语,可能是几幅收藏的精美图片,也有可能是网民创作的散文、小说等成形的文学作品,这些过去只存在于个人计算机、日记本、相册中的微内容,纷纷汇聚到数字媒体平台中,形成了数字媒体的信息海洋。

2. 讯息内容碎片化

数字媒体时代,以微博为代表的自媒体诞生后,用户生产的碎片化内容充斥各种媒体平台,三言两语、现场记录、晒晒心情、谈谈感慨,可以说,以微博为代表的信息碎片化传播已经潜移默化地占据着现代社会中的传播系统。手机媒体的普及更为碎片化的信息生产提供了便利。

以微博为例,内容的碎片化主要表现在:一方面,传播的内容本身只有140字左右,可能只是只言片语加上表情符号,而且文本的表达没有章法限制,意思阐释清楚即可。另一方面,内容所涉及的话题也是碎片化的。在不违反法律法规的前提下,公众可以就自己感兴趣的任何话题进行交流,这些话题可能涉及政治、经济、文化、教育等方方面面,也可能只是生活中的家长里短、日常琐碎。

信息传播的"碎片化"带来了相应的问题,信息超载现象日益严重,大量同质化信息、无用信息在网络中泛滥。例如,在迈克尔·杰克逊去世时,有无数用户在 Twitter 上对他进行悼念,由于缺乏过滤并且无法过滤,这些同质化信息以井喷状大批量涌现,关注、转发或者稍加改造上传,原始信息以这种方式"滚雪球",形成庞大的信息流,极易淹没有效信息。此外,据调查,在 Twitter 上有 40.55% 的用户发言属于毫无意义的嘀咕,如"这一觉睡醒了"、"中午吃什么饭呢",等等,个人琐事的信息占据 Twitter 传播内容的 80% 以上,而这些都属于无用信息。这些碎片化的同质信息、无用信息不仅增加了用户获取有效信息的难度,而且极易诱发现代人的信息焦虑与倦怠。

2.2.4　媒介的特征

媒介是讯息的搬运者,是传播过程中的渠道、手段或工具。媒介是讯息传递的通道,是将传播者与受传者连接起来的桥梁。

数字媒体时代,媒介呈现出全新的特征。

1. 传播手段多样化

由于媒体自身的局限,传统媒体尤其是报纸、杂志、广播的信息传播手段相对单一,而数字媒体的传播手段却多种多样。在多媒体技术支持下,数字媒体的传播真正实现了多媒体的融合与集成。多媒体技术是利用计算机对文本、图形、图像、声音、动画、视频等多种信息综合处理、建立逻辑关系和人机交互作用的技术,它包括音频技术、视频技术、图像技术、图像压缩技术等。利用多媒体技术,数字媒体可以承载文字、图片、音频、视频、动画等多媒体信息内容,给用户带来多重感官的全新体验。

2. 传播渠道交互式

传统媒体的传播单向性较强,大众传媒与受众之间缺乏有效的双向交流渠道。数字媒体先天的技术优势和全新的传播理念推动了畅通的、交互的传播渠道的形成。数字媒体传播中,信息可以在传播者、用户之间自由地流动,传播者可以快捷地将信息送达用户,而用户也可以借助多种渠道对接收到的信息做出即时反应。这种反应不仅会让传播者随时获知传播的效果,而且会作为新的信息立即分享给其他用户。传播者与用户、用户与用户在这种机制下可以高频度、高效率地进行双向、多向互动。

另外,在数字媒体的冲击和影响下,传统媒体也在尝试借助数字媒体平台建构双向交流渠道,传统媒体的单向传播问题已逐步改善。

2.2.5　效果的特征

效果是指人的行为产生的有效结果。传播效果则是指传播行为在受传者身上引起的心理、态度和行为的变化,也包括对社会所产生的一切影响和结果。

传统媒体时代传播效果的统计一般由专门的调研机构完成,收视率、收听率、发行量是考核受众规模、传播效果的主要依据。但是,这种媒体市场的调查主要采取抽样的方式完成,这样得到的数据不可能是完全精确的。而数字媒体传播中,传播效果的统计却可以做到精准、直观。

1. 效果统计精准化

数字媒体传播过程中,用户的每一次信息接收行为、信息反馈行为都可以被轻松地记录下来。无论是网络新闻的点击率、用户跟帖数,还是视频信息的点播次数、下载量,都是非常精准的数据。依据这些数据,可以判断每一次传播行为产生的结果,无论是用户的信息接收情况还是信息反馈情况,都会及时让传播者获知。

通过数字媒体渠道发布的广告再也不用担心"浪费广告费用"了,广告主可以选择根据实际接收广告的用户数量支付费用。以网络广告为例,目前最常见的网络广告定价方式为 CPM(每千人成本,Cost per mille),即广告条每显示 1000 次(印象)的费用。也就是说,有多少人看到你的广告,你就需要为这些"广告印象"买单,每一笔广告费用都花得明明白白。

2. 效果体现直观化

数字媒体传播的效果不仅可以精准量化,而且非常清晰直观。

传播学中将效果分为了三个层面:信息作用于人的知觉和记忆系统,引起知识量的增加和知识结构的变化,属于认知层面上的效果;作用于人的观念或价值体系而引起情绪或感情的变化,属于心理和态度层面上的效果;这些变化通过人的言行表现出来,即成为行动层面上的效果。从认知到态度再到行动,是一个效果的累积、深化和扩大的过程。

数字媒体传播中,传播者与受传者之间的交互频度极高,受传者对信息传播的反馈可以及时到达传播者,反馈的形式多种多样,点赞、分享、保存、收藏、评论、跟帖、推荐等,将传播活动对受众认知、态度甚至行动层面上的效果直观地体现出来。在网络广告发布过程中,广告主不仅可以通过点击量等数据掌握广告在用户认知方面发挥的效果,而且可以通过在广告中设计用户调查、购买链接等内容,直观地统计出用户在态度、行动层面的反应。

2.3　数字媒体传播的模式

在传播学中,经常会看到各种模式。所谓模式是指对客观事物的内外部机制的直观而简洁的描述,是科学研究中以图形或程式的方式阐释对象事物的一种方法。它是理论的简化形式,是人们理解事物、探讨理论的一种有效方法。

在传播学研究过程中,不少传播学家都曾尝试提出自己的传播模式,这些模式大致可归为两类,一类是表征传播过程及结构的模式,另一类是表征传播要素关系的模式,本教材主要探讨的是第一类模式。关于传播过程的研究主要经历了线性过程、控制论过程、系统过程三个阶段。我们首先梳理这三个阶段提出的一般传播模式,继而探讨数字媒体独特的传播模式。

2.3.1 一般传播模式

1. 线性传播过程模式

拉斯韦尔(Harold Dwight Lasswell,1902—1978 年)是第一位提出传播过程模式的学者。1948 年,他在一篇题为《传播在社会中的结构与功能》的论文中,首次提出了构成传播过程的五种基本要素,并根据它们之间的关系将五种要素排列起来,形成了"五 W 模式",也称为"拉斯韦尔程式"(见图 2-5)。

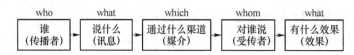

图 2-5 拉斯韦尔"五 W 模式"

这个模式将传播描绘为一个直线的过程,传播者(who)将讯息(says what)借助媒介(in which channel)传递给受传者(to whom),从而产生效果(with what effect)。

1949 年,信息论的创始人香农(Claude Elwood Shannon,1916—2001 年)及韦弗在研究信息流通的过程时,提出通信的数学原理。这个原本研究通信领域的纯技术性模式,后来被传播学借用来说明人类传播的过程,并将其称为"传播过程的数学模式"或"香农-韦弗模式"(见图 2-6)。

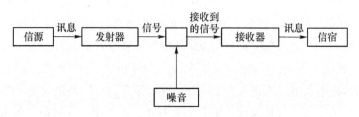

图 2-6 香农-韦弗模式

在香农-韦弗模式中,导入了噪音的概念。噪音是正常信息传递时产生的干扰,噪音可以是系统外的噪音、人为的噪音,也可以是系统内的噪音、自然的噪音。这个模式告诉我们,传播不是在封闭的真空中进行的,传播过程内外的各种障碍因素会形成对讯息的干扰,对于社会传播过程来说是不可忽视的重要因素。

以拉斯韦尔的"五 W 模式"和香农-韦弗模式为代表的线性传播模式,给传播学研究带来很大的启发,但是它也存在着一些缺陷和问题,主要体现在:线性模式将传播描绘为一个直线的过程,缺乏信息的反馈要素,无法体现传播的互动特性;模式中没有人的主观能动性的体现,也看不到外界环境的影响;模式中将传播者、受传者的角色固定化,一方只能是传播者,另一方只能是受传者,而在实际的传播过程中,传播者与受传者的角色转换是十分常见的。

2. 控制论传播过程模式

1948 年,美国应用数学家诺伯特·维纳(Norbert Wiener,1894—1964 年)发表《控制论》,宣告了这门新兴学科的诞生。控制论的基本思想是运用反馈信息来调节和控制系统行为达到预期的目的。控制论对传播学的重要贡献之一就是将"反馈"的概念引入传播过程研究,突破了传统的线性模式研究传播过程的局限,使人们认识到传播过程中受传者会以各种方式对传播者的传播行为作出回应。

美国社会学家德弗勒提出的互动过程模式(见图 2-7)是在香农—韦弗模式的基础上加入"反馈"的要素、环节和渠道,使传播过程更加符合人类传播互动的特点。另外,德弗勒还在这个模式中拓展了噪音的概念,认为噪音不仅对讯息,而且对传达和反馈过程中的任何一个环节或要素都会发生影响。

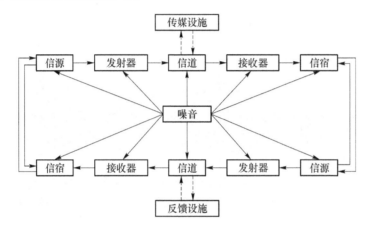

图 2-7　德弗勒的互动过程模式

1954 年,施拉姆在奥斯古德的观点基础上,提出了传播的循环模式(见图 2-8)。从循环模式图中,可直观地看到它与直线模式的差异:循环模式中没有传播者、受传者,取而代之的是体现传受双方角色功能的编码者、释码者、译码者;循环模式不再将传播描绘为一个直线的过程,而是一个不断循环的过程,讯息在传播双方之间循环流动,而不是从一点出发,到另一点结束。

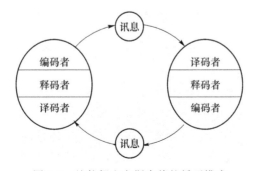

图 2-8　施拉姆和奥斯古德的循环模式

施拉姆和奥斯古德提出的这个循环模式对于人际传播尤其是面对面传播是非常适用的,但却无法体现大众传播的特点。于是,施拉姆又提出了大众传播过程模式(见图2-9)。

这个模式指出大众传播的过程为:来自各种信源的信息汇集到大众传媒组织,媒介组织通过复制信息,将大量同一的讯息送达给受众,受众又将反馈的讯息传送回媒介组织。在此过程中,媒介组织和受众作为传播的双方,在不同阶段分别扮演编码者、释码者、译码者等角色。同时,由于个体受众都会归属于不同的群体,讯息的解读和加工会受到群体的影响。

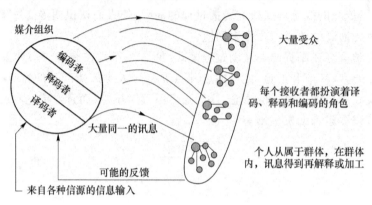

图 2-9 施拉姆的大众传播过程模式

除了德弗勒和施拉姆的模式外,1957年,美国传播学者韦斯特利和麦克莱恩也提出了一个适合于大众传播研究的模式。这个模式不仅指出了反馈的重要性,还提出大众传播过程中把关人的存在及多重把关的过程。

以上控制论传播过程模式共同的特点是都引入了"反馈"的概念和机制,传播过程不再是直线的,而是具有双向流动的通道。当然,控制论模式也有其缺陷,例如,它所描述的传播过程是一个独立的过程,没有社会环境、外在因素的介入,而实际的传播过程却必然在外界环境的影响下完成。

3. 系统传播过程模式

线性传播过程模式提出了传播过程中涉及的要素,控制论传播过程模式将反馈引入了传播过程,指出了传播过程的双向流动性。但是,这些模式都是在传播过程内部进行的探索,属于微观层面的研究,而仅仅从过程本身或过程内部去考察传播过程,还不能揭示传播的全貌。

在系统观的影响下,很多传播学家开始从更加宏观的角度去考察传播过程,提出了传播的系统模式。

1959年,美国从事社会学研究的赖利夫妇在《大众传播与社会系统》一文中,提出了一个传播系统模式(见图2-10)。

赖利夫妇的传播系统模式揭示出:任何一个传播过程都是在系统中进行的,并且不是在某一个系统中,而是处于多重系统的共同影响和作用下。从事传播活动的双方都可以被看作一个个体系统,个体系统有其内部的活动,即内在传播;两个个体系统之间的连接,形成人际传播;个体系统不是孤立存在的,而是分属不同的群体中,形成群体传播;群体系统的运行又是在更大的社会结构和总体社会系统中进行的,与社会的大环境保持着相互作用的关系。

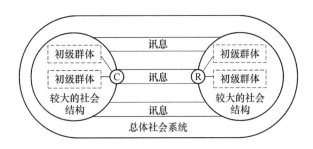

C＝传播者　　R＝受传者

图 2-10　赖利夫妇的传播系统模式

从赖利夫妇的模式中,我们看到了微观的、中观的和宏观的系统,每个系统既相对独立,又与其他系统处于相互联系和相互作用之中。每一次传播过程,都不仅会受到其内部机制的影响,还会受到各种外界环境和因素的作用。

1963 年,德国学者马莱兹克在《大众传播心理学》一书中提出了一个系统模式(见图2-11),这个模式从社会心理学角度研究大众传播,指出了影响大众传播过程的诸多因素。

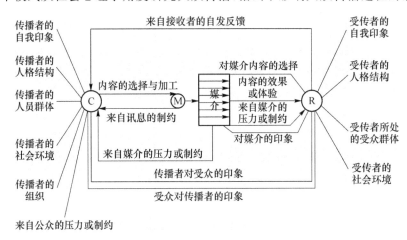

C＝传播者　　　M＝讯息　　　R＝受传者

图 2-11 马莱兹克关于大众传播过程的系统模式

从马莱兹克的系统模式中,可以看到影响传播者、受传者以及媒介与讯息的各种因素。

影响和制约传播者的因素包括:传播者的自我印象、传播者的人格结构、传播者的人员群体、传播者的社会环境、传播者所处的组织、媒介内容的公共性所产生的约束力、受众的自发反馈所产生的约束力、来自讯息本身以及媒介性质的压力或约束力等。

影响和制约受传者的因素包括:受传者的自我印象、受传者的人格结构、受传者所处的受众群体、受传者所处的社会环境、讯息内容的效果或影响、来自媒介的压力或约束力等。

影响和制约媒介与讯息的因素包括:传播者对讯息内容的选择与加工、受传者对媒介内容的选择以及受传者对媒介的印象。

除了赖利夫妇和马莱兹克的系统模式,德弗勒也先后提出了两个系统传播过程模式,包括 1966 年提出的美国大众媒介体系模式和 1976 年提出的媒介系统依赖模式。另外,日本学者田中义久在1970年提出了基于唯物史观的系统模式——"大众传播过程图示",从这个模式中可以看到"社会传播的总过程"研究的理论框架。

从以上研究成果中,我们看到,传播过程中除受到内部机制的制约外,许多外部因素和条件都会对传播过程产生影响。我们在研究传播过程时,必须充分考虑这些因素,从微观、中观、宏观等角度进行综合考察,只有这样,才能全面认识人类的社会传播。

2.3.2　数字媒体传播模式

从前文所述的一般传播模式可以看出,传统的大众传播模式基本上是从传播者到受传者的单向传播,即使有些模式中加入了反馈的环节,但仍然无法改变传统大众传播单向性强的特点。这种单向性主要体现在:传统的大众传媒组织单方面提供信息,受众只能相对被动地接收信息;由于传统大众传播中缺乏快捷有效的反馈渠道,受众很难快速、直接与传媒组织进行互动。在数字媒体传播中,这种传播模式则彻底发生了改变。

目前,对于数字媒体传播模式的研究主要集中在网络传播方面,许多国内研究者提出了相关的模式,以下是其中具有代表性的模式。

1. 刘惠芬的数字媒体传播模式

清华大学的刘惠芬在信息论的通信模式基础上,提出了数字媒体传播模式,她指出:从通信技术系统上看,由于互联网主要由计算机和网络构成,网络系统显然完全遵循着信息论的通信模式。不同的是,在数字媒体传播中,信息和数据都是数字化的,信源和信宿可以是一体的,也就是说互联网可以实现信息的平等和双向交流(见图2-12)。

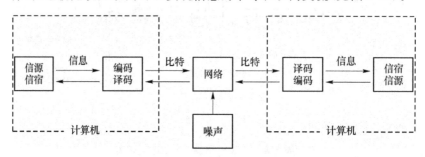

图 2-12　刘惠芬的数字媒体传播模式

在数字媒体传播模式中,无论任何媒体信息——文本、声音或者图像,都要通过编码后转换为比特,编码的过程就是将音频、视频等连续变化的模拟信息根据一定的协议或格式转换成比特流的过程。译码则是编码的反向过程,它是根据相同的协议把比特流转换成媒体信息,同时去掉传播过程中混入的噪声的过程。从传播学角度来说,编码就是把信息转换成可供传播的符号或代码,而译码则是从传播符号中提取信息。

2. 王中义的网络传播模式

王中义的观点是:网络传播以计算机网络为传播媒介,可以是一点对一点,也可以是一点对多点或者多点对多点、多点对一点,呈网状分布。而呈网状分布的网络传播是无中心的,没有边际,也就没有覆盖面的问题(见图2-13)。

在此模式中,网络传播中每个传播主体既是传播者又是受传者,同时每个传播主体又

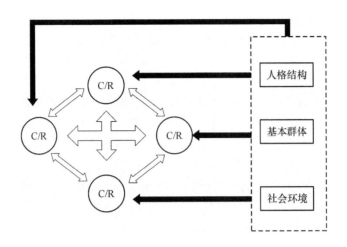

C＝传播者 R 受传者

图 2-13 王中义的网络传播模式

受到个体的人格结构、所处的基本群体和社会环境因素的制约。这一方面影响传播主体作为传播者时对媒介、内容的选择与加工；另一方面影响传播主体作为受传者时对媒介、内容的选择与接受。

3. 邵培仁的网络传播模式

（1）阳光模式

邵培仁认为，假如可以撇开传统的人际传播和大众传播的惯用形式，那么依据网络传播或互动传播的现存状况和发展趋势，用"阳光模式"（见图 2-14）来描述和反映是比较合适的。

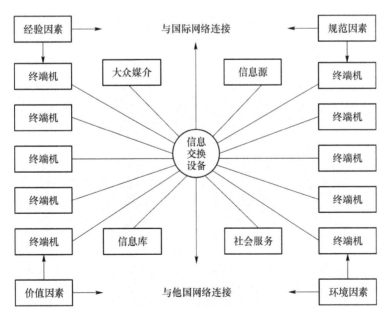

图 2-14 邵培仁的阳光模式

阳光模式是指以宏观的、整体的眼光所抽象出来的,通过信息交换中心(如电信局或网站等)连接各个信息系统进行信息创造、分享、互动的结构形式。

阳光模式包括六大要素和四项因素。六大要素为终端机、信息交换设备、信息库、大众媒介、信息源以及社会服务。终端机的理想配置应包括个人计算机、传真机、复印机、自动打印机等;信息交换设备是网络传播的枢纽,要求容量大、性能高、线路多,以便与亿万个终端机之间以及与信息库、大众媒介、信息源之间任意联通和交流;信息库包括印刷资料库、声像资料库、档案资料库和各种科研资料库;大众媒介是指计算机通过网络与各种传统媒体相结合而发展成的新型大众媒介,如网络报刊、书籍、广播、电视、视频信息等;信息源如新华社新闻信息系统、路透社经济信息系统、中国经济电讯系统等,也包括电子产品和音像制品生产、制作中心和场所;社会服务如电脑购物购票系统、社会咨询(股票行情、天气预报、健康与心理)系统等。四项因素是指网络传播中的经验因素、环境因素、价值因素和规范因素。另外,连接网络的电缆传输通道也很重要,但用无线取代光纤光缆将是一个趋势。

(2) 整体互动模式

邵培仁提出的整体互动模式(见图 2-15)不仅充分考虑本系统与外部世界的复杂联系,而且重视传播过程中各种因素共同构成的整体关系以及人类传播的全部现象。也就是说,整体互动模式的目标是再现整体,始终把各种要素有意识地归并到整体之中,努力找出传播的本质和规律,同时再进一步"认识"它、"适应"它、"支配"它;而被割断联系的、游离于整体之外的、孤立的传播因素是无法认识、把握以及支配的。

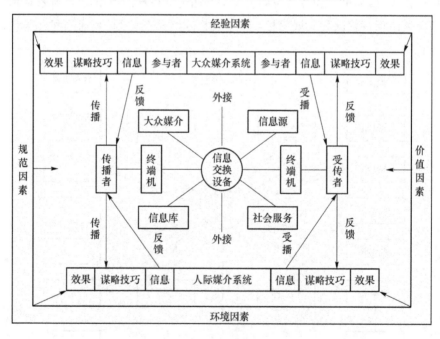

图 2-15　邵培仁的整体互动模式

整体互动模式中的认识对象既是整体的又是互动的。整体互动模式抛弃了传播的单向性和被动性,突出强调了传播的双向性和能动性,指出了传播的多向性和复杂性。在研究中,我们将整体看作是互动因素的聚合与归并,将互动当作整体形态的链条与部件,将二者的有机统一视为对人类传播活动的全面而综合的呈现,也是为传播研究寻找一个辩证分析的模式和途径。

整体互动模式包括了三个系统,即人际传播系统、大众传播系统和网络传播系统;整体互动模式还包括了构成传播活动的四大圈层因素,即核心要素、次级要素、边际因素和干扰因素。

整体互动模式具有四个特点:首先,它强调整体性和全面性。它是对人类全部传播现象的整体反映,客观地再现了各个传播要素的活动特征,真实地表现了人类传播活动的基本过程和内外联系;其次,它强调辩证性和互动性。模式中的各要素之间双向交流、多向沟通、相互作用、相互制约、相互影响,共同发挥效应;再次,它强调动态性和发展性。该模式往复循环,呈现出鲜明的动态性,并且它不是固定不变的框架,而是不断变化发展的;最后,它强调实用性和非秩序化。该模式密切关注现实,紧密联系实际,是从现实传播活动中提炼出来的,又为实际的传播活动提供指南。不过,它虽从实用的角度勾画出了传播活动的过程或步骤,但实际执行中并不需要严格按顺序完成模式中标明的所有步骤,也无须对所有步骤给予同样的重视,它可以越过一个或几个要素将信息送达特定的受传者。

4. 谢新洲的网络传播模式

北京大学的谢新洲提出的网络传播模式可以分解为"网络传播基本模式"和"相对于一个节点的传播模式"。

网络传播基本模式是对网络传播过程的一个概要式的描述(见图 2-16)。它虽然不能完全展示出网络传播的纷繁复杂,也没有明确反映出各个阶段中不同的外在因素是如何作用于传播过程,但是它通过一个简单、清晰的图例展示出网络中信息的流动,有助于我们理解网络传播的过程。

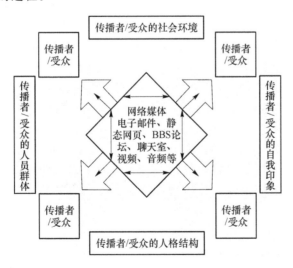

图 2-16　谢新洲的网络传播基本模式

由于网络传播的过程非常复杂,不可能对整个过程进行详细介绍,谢新洲教授在研究中特别选取了网络传播中的一部分——从一个传播者到一个节点——来构造一个具体的模型，以便人们更好地理解网络传播的过程。这个模式是网络传播基本模式的子模式，被称为"相对于一个节点的传播模式"（见图 2-17）。

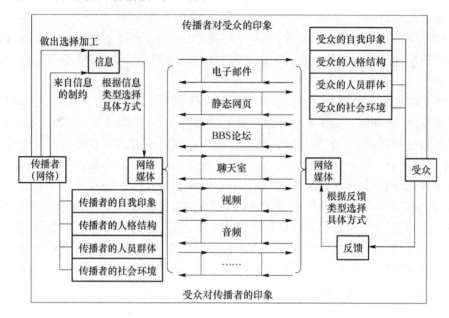

图 2-17　谢新洲的"相对于一个节点的传播模式"

从这个模式可以看到：在信息传播的过程中，不管是信息的传播者还是受众，都受到一定的自我印象、人格结构、人员群体和社会环境的影响。这些因素对传播者选择信息、受众理解信息产生巨大的作用。

这个模式中还明确指出：在网络传播中，传播者的信息传递和受众的信息反馈都是通过同一个媒介——网络来实现。而传统的大众传播模式中，传播者和受众之间的交流较少，并且很难通过同一个渠道实现互动。

"相对于一个节点的传播模式"所解释的仅仅是网络传播过程中的一部分，它描述了网络传播中信息从传播者传递到一个节点，再从这个节点获得反馈的过程。事实上，在网络传播过程中，信息到达节点后，除了产生反馈以外，还会经由一个节点发散、传递到其他的节点，实现更广泛的传播，最终形成一个循环流通的网状结构。

除了以上传播模式外，还有很多学者在数字媒体传播模式的研究方面取得了成果。如南京大学的杜骏飞教授在《网络传播概论》一书中提出了"网络泛传播模式"，刘静与陈红艳在《数字媒体传播概论》一书中提出了数字媒介传播的"全通道模式"等。这些模式虽然不尽相同，但都体现出数字媒体传播的基本特点：以计算机网络为媒介、传播过程的交互性等。

2.4　数字媒体传播的类型

传统媒体主要采用"一对多"的传播机制，即讯息从传播者出发，经由传播媒介，传达给无数受传者。这里的受传者就是传播学中所称的"受众"。

数字媒体以互联网为核心载体进行传播,延伸出"一对一"、"一对多"、"多对一"、"多对多"等多种传播形式。

* "一对一":传播者与受传者一对一进行传播,如两个个体在网络中使用 QQ、邮箱等进行点对点的交流。
* "一对多":一个传播者对多个受传者进行传播,如网站发布新闻信息,无数网民通过浏览网页获取到信息。
* "多对一":多个传播者对一个受传者进行传播,如维基百科将多人的智慧聚集在一起,每个个体都可以通过网络获得多人编辑完成的信息。
* "多对多":多个传播者对多个受传者进行传播,如 BBS 中多人进行信息生产与传播,受传者也为多个网民。

在数字媒体的这些传播形式中,人类传播的五种基本类型——人内传播、人际传播、群体传播、组织传播、大众传播都涵盖其中。由于数字媒体传播主要是以互联网为媒介进行的传播,因此本教材重点介绍各种传播类型在网络中的体现。

2.4.1　人内传播

1. 人内传播的理解

人内传播是指个人接受外部信息并在人体内部进行信息处理的活动。人内传播是其他一切传播活动的基础。任何一种其他类型的传播,都必然伴随着人内传播的环节,而人内传播的性质和结果,也必然会对其他类型的传播产生重要的影响。

2. 网络中的人内传播

个人浏览网页、欣赏数字内容的过程都伴随着人内传播。也有人提出,博客、微博等网络传播形式是人内传播的一种延伸方式。不过,从人内传播的定义来看,人内传播是在人体内部进行的传播活动,真正的传播媒介是人的神经系统,而不是互联网。所以,这里我们将人内传播作为网络中的一种传播形态,主要是基于其作为其他传播活动的基础而言的。

2.4.2　人际传播

1. 人际传播的理解

人际传播是指个人与个人之间的信息传播活动,一般指两个行为主体之间的信息活动。人际传播是一种最典型的社会传播活动,也是人与人的社会关系的直接体现。

人际传播的内容非常丰富,形式也多种多样,这些传播形式大致可分为两类:一类是面对面的传播,主要借助声波、光波等无形的媒介进行信息传递;另一类则是借助某种有形的物质媒介如信件、电话、计算机等的传播。数字媒体中的人际传播属于后者。

2. 网络中的人际传播

使用计算机、手机或其他数字媒体设备,通过网络途径完成的个人与个人之间的信息交流都属于网络中的人际传播,如两个人使用即时通信工具聊天,通过邮箱完成信件往来。

人际传播是人们在网络中最重要、最频繁的传播活动之一。网络中的人际传播不仅是人们现实人际关系的延伸，而且创造了全新的人际交往方式。无论是亲情、友情、爱情等情感的维系，还是工作中的交流沟通、生活中的买卖交易，都离不开网络渠道的人际传播。

3. 网络中的人际传播特点

(1) 传播渠道特殊

传统的人际传播的中介物是信件、电报、电话等，这些介质都不是大众传播媒介。而网络中的人际传播，则是以网络这种具有大众传媒性质的渠道为中介的。目前，网络中可以实现人际传播的方式主要包括：电子邮件、即时通信、微博、SNS、网络游戏等。

网络这个渠道的特殊性带来两个方面的影响：一方面，网络中的人际传播对网络及相关技术具有较强的依赖性。人们在网络人际传播中选择的方式、手段等并不完全取决于个人的主观意愿，而是更多基于现有的技术条件，是网络技术的进步带来了人际传播方式的多元、传播手段的丰富以及传播效果的提升。另一方面，网络中的人际传播与其他传播类型之间界限并不明晰。人际传播与其他传播类型的内容经常发生交织，人际传播对放大其他传播类型的效果也有重要作用。

(2) 传播手段多样

随着网络技术的发展，网络中人际传播的手段不断丰富，从单一的文字交流，到图片、音频、视频、动画，几乎所有多媒体手段都可以在人际传播中被调用。这样多元的交流手段让网络中人际沟通的体验与面对面的人际交流相比毫不逊色。不仅如此，网络中产生的特色化传播手段，如表情符号、网络语言等，让网络中的人际传播更加有趣、更加生动。

案例 2-4：网络语言。

网络语言是伴随着网络的发展而新起的一种有别于传统平面媒介的语言形式。它以简洁、生动、有趣、形象的形式，受到了广大网友的喜爱。

网络语言起初是网民为了提高网上聊天的效率或实现其他需求而采用的一种特别的表达方式，因为部分词汇在传播过程中逐渐成为约定俗成、普遍认可的表达，所以逐渐形成一类新的语言。网络特殊的传播环境为新词汇的诞生提供了条件，但是只有那些经得起时间考验、具有生命力的新词才能得到更广泛的认可。2011 年，中国官方的普通话权威——《新华字典》发布了第 11 版，这版字典首次收录了如房奴、晒工资、学历门等网络语言。与此同时，在中央电视台、人民日报等权威媒体中也频繁出现网络语言的身影。这些都让我们看到，网络语言已经不再局限于"网络"这个传播渠道，而是普及到人们的生活中，为人们的语言表达提供更多元的选择。

目前，网络语言逐渐为大众认可，甚至成为一种时尚，这与它在形式上、内容上的特点有较大关系。网络语言在形式上具有以下特点。

• 符号化：用简单、形象的符号传递信息、情感，人际传播中符号语言的使用十分常见。例如::-)（微笑）、;-D（大笑）、;-C（撇嘴）等。

• 数字化：运用数字及其谐音简洁地传递信息。例如:55（"呜呜"的谐音，表示哭的声音）、88（"拜拜"，英语单词 Bye-bye 的谐音）、520（"我爱你"的谐音）等。

• 字母化：使用简化的字母代替常见的中文或英文词汇，发挥表情达意的功能。例如:PLMM("漂亮妹妹"的拼音缩写)、PMP("拍马屁"的拼音缩写)、BF(英文"boy friend"的缩写)等。

网络语言在内容上具有以下特点。

- 表达通俗随意:网络语言因主要用于网络中的人际交流,在表达上倾向于口语化、通俗化。同时,为了表达方便、快捷,常采用一些简化表达,或者同音替代等较随意的表达方式,例如:酱紫("这样子"的简化)、表("不要"的简化)、杯具("悲剧"的同音替代)。
- 语法突破常规:网络语言在表达上不再拘泥于传统的语法,从表达的便捷性出发,可以混用汉字、英语、数字等,只要意思传递清晰即可,语序也不受限制,出现了诸如"……先"、"……都"、"……的说"等类似的表述。
- 旧词赋予新意:部分网络语言是在旧词的基础上,拓展出新的含义,以便形象地传情达意。如"晒工资"("晒"原意"把东西放在太阳光下使它干燥",此处含义为"展示,多指在网络上公开透露")。

（3）传播情境虚拟

网络本身具有虚拟性的特点,这使得基于网络的人际传播也同样处于一种虚拟的情境下。网络中人际交流的环境与现实世界的交流环境完全不同,它没有地理上的距离障碍,没有空间大小的局限,也不太会受到现实环境中噪音等的影响。

同时,由于传播情境的虚拟性,使得现实世界交流时传播双方的身份、地位、职业等各种影响因素,在网络渠道中有一定程度的消解,传播双方可以相对平等地进行自由的交流。

（4）传播主体匿名

网络中的人际传播可以选择匿名的方式,传播主体的真实姓名、身份背景、个人信息被隐藏起来,个体在匿名状态下的表现可能与现实生活中大相径庭。由于没有现实生活中的各种约束,网络中的人际传播过程中,个人的自我表达更加随性、无所顾忌,这一方面让人们可以敞开心扉,实现更自由的信息交流,另一方面也可能让一些不负责任的言论带来不良后果。

事实上,完全无条件的匿名是不存在的。从技术层面来说,每个网民在网络中的足迹是可以被跟踪和查询的。从人际传播实际情况来看,网络中的人际传播大部分仍是现实人际关系的延伸。因此,即使网络可以为我们戴上一个面具,但是仍然无法让我们隐身。网络中的人际交流仍然会受到现实的法律、道德、人际关系等多方面因素的影响。

（5）传播范围广泛

传统的人际传播范围是有限的,即使是社交广泛的人,也只能在一定范围内进行人际沟通,与陌生人的交往更是受限。网络将世界各地的人轻松地连接到一起,打破了地域的局限,不同地区、不同国家的人都能通过网络进行实时沟通,大大拓展了网民人际交流的范围,也让人际沟通具有了偶然性、随机性。

2.4.3 群体传播

1. 群体与群体传播

要理解群体传播,首先必须认识群体。日本社会学家岩原勉认为,所谓群体,指的是"具有特定的共同目标和共同归属感、存在着互动关系的复数个人的集合体"。群体的本质特征包括：目标取向具有共同性、具有以"我们"意识为代表的主体共同性。

群体传播就是群体所从事的信息传播活动。岩原勉认为：群体传播是将群体的共同目标和协作意愿加以连接和实现的过程。群体传播是维系群体的重要条件，是群体生存和发展的一条基本生命线。

2．网络中的群体传播

网络中的群体大致可分为两类：一类群体是由现实生活中的群体形成的，通过网络来维系成员之间的交流和沟通；另一类是通过网络途径聚集到一起形成的新群体。网络群体形成的途径很多，即时通信工具、社交网络、网络游戏、论坛等，都是容易形成群体的土壤，而这些群体的信息传播活动就是群体传播。

不过，从群体的本质特征来看，要构成群体不仅有多个人聚集在一起，而且这些人要有共同的目标，要有群体意识。因此，需要对网络中的群体加以辨别。聊天室这种形式虽然聚集了很多个体，但是人员来去自如、没有共同目标、缺乏归属感等特征决定了它不是作为一个群体存在的。而即时通信工具中则出现了众多由现实的社会关系或者共同的兴趣爱好等形成的群体，网络游戏中产生了因游戏而结缘的群体，BBS论坛形成了因共同的话题聚拢的群体等。这些网络中的群体很多是自然形成的，不具有强制性，个体加入群体、离开群体也没有太多束缚，与现实生活中的群体有较大差异，它们的传播活动也有自己鲜明的特征。

3．网络中的群体传播特点

（1）传播渠道多样化

网络中群体传播的渠道非常丰富，即时通信工具、SNS、网络游戏、BBS、网站、微博等都可以作为群体传播的渠道。同时，网络中的群体传播并非在封闭空间进行，而是与人际传播、组织传播以及大众传播等传播类型相互交融，共同发挥作用和效果。

另外需要注意的是，线上的群体传播也常常延伸到线下，尤其是由现实生活中的群体形成的网络群体，它们通过线上、线下的同时互动，使群体成员之间充分交流，对维系群体的生存、推动群体的发展发挥重要作用。

（2）传播范围无限制

由于交流渠道和手段的限制，传统群体很难进行跨区域的信息交流，因此传统群体的成员多数聚集在同一区域内，除了一些血缘群体和业缘群体。而网络中的群体传播则完全突破了这种限制，群体成员可以分布在世界各个角落，借助多种传播渠道和手段来进行充分、及时、快捷的沟通。

（3）传播主体相对明确

由现实群体形成的网络群体中，成员大多直接使用现实生活中的真实姓名或者大家相互熟知的网络名称，因此传播双方的身份是公开的。

在完全由网络形成的群体里，成员之间并不相识，大家在网络中可能使用虚拟的名称和身份，这使传播的主体具有一定的匿名性。但同时，经过一段时间的群体交流，每个成员在群里的语言、行为等会形成自己在群里的形象，并且逐渐获得较为稳定的角色，成员之间可以通过相对固定的个人昵称识别对方，因此某种程度上来说，传播的主体又是相对明确的。

另外，虽然群体传播的主体可能采用匿名的方式参与交流，但是多数成员为了维护自己在群里的形象，保持自己在群内良好的人际关系，会在群体传播中谨言慎行。只有那些群体归属感不强的成员才有可能在匿名心理的作用下，放任自己的言行，给群体传播带来负面的影响。

（4）传播情境虚实结合

网络中的群体传播是基于虚拟环境的，但在这种虚拟的情境中，群体成员之间的关系却相对真实的存在。网络群体建立之后，伴随群体成员之间的传播活动，群体里的意见领袖这样的权力中心开始形成，成员之间的认同、结盟、对抗等关系也逐渐明朗。因此，虽然网络环境是虚拟的，但在网络中的群体传播却是在一定的结构关系影响下进行的，从这个层面来说，这种传播情境又是存在真实性的。

2.4.4　组织传播

1. 组织与组织传播

组织是人们为实现共同目标而各自承担不同的角色分工，在统一的意志之下从事协作行为的持续性体系。组织是为了实现一定的组织目标而设置或成立的，它具有自己的结构特点：专业化的部门分工、职务分工和岗位责任制、组织系统的阶层制或等级制。最典型的组织就是企业。

组织传播是指组织所从事的信息传播活动，组织传播的功能体现在：内部协调、指挥管理、决策应变、达成共识。它包括组织内传播和组织外传播两个部分，组织内传播是组织维持其内部统一、实现整体协调和整体运作的过程，组织内传播包括正式渠道的传播与非正式渠道的传播，媒体形式主要有书面媒体、会议、电话、组织内公共媒体、计算机通信系统及互联网；组织外传播是组织与外界进行信息互动，保持与外界的沟通、联系的过程，组织外传播包括组织的信息输入活动和组织的信息输出活动，其中组织对外的信息输出活动主要是公关宣传、广告宣传以及企业标识系统宣传等宣传活动。

2. 网络中的组织传播

以企业为例来看网络中的组织传播，企业在网络中的传播主要是利用网络平台进行的对内、对外的信息传播活动。

互联网的出现给企业的内部交流和信息传播带来了巨大变化。目前，数字化办公已基本普及，多数企业都采用 OA（Office Automation）系统完成内部的信息沟通，提高传播的效率和效果。除了通过 OA 系统进行的企业官方信息的传播外，企业内的非正式群体以及企业成员之间还利用各种网络手段如即时通信工具、电子邮件等，进行更自由、平等的信息传播和情感交流。

互联网给企业的组织外传播提供了全新的手段和方式。企业官方网站是企业对外宣传和信息发布的主要渠道，也是收集用户信息反馈的重要平台。网络广告成了广告主的新宠，企业越来越重视互联网这个广告宣传的渠道。同时，利用微博、微信、SNS 等平台进行企业推广、营销也已然成为一种新趋势。

案例 2-5：微博营销。

微博营销是以微博作为营销平台，每一个粉丝作为潜在的营销对象，企业利用自己的微型博客向网友传播企业信息、产品信息，以帮助树立良好的企业形象和产品形象。微博是社会化营销的重要工具和平台，它的最大价值就是扩大企业与客户的互动。因此，在微博中更好地开展与用户的交流互动是企业微博营销成功的关键。

企业微博营销主要的方式为：每日更新企业新闻、促销、新品等信息,发布网友感兴趣的话题、与粉丝进行交流互动,提供售前售后咨询服务,组织各种活动等。

这里以可口可乐的微博营销活动为例,来看看微博营销的具体操作与实际效果。

2013年夏天,可口可乐在全国掀起了一场"换装"热潮。"文艺青年"、"小坚强"这些热词,纷纷出现在可口可乐的瓶标上。正是这些"昵称瓶",使得可口可乐全国销售量同比大幅增长两成。可口可乐"昵称瓶"的迅速走红,与互联网的推波助澜密不可分。

在新浪微博上,可口可乐最初借助媒体明星、草根大号等意见领袖开展活动的预热,赠送他们印有其名字的昵称瓶,随后他们纷纷在社交网络上晒出自己独一无二的可口可乐定制昵称瓶(见图2-18),激发了网民们的好奇心,点燃了消费者求购产品的热情。

图2-18　明星晒可口可乐昵称瓶

继第一波在社交平台设置悬念成功预热后,第二波官方活动的正式启动以五月天深圳演唱会为标志。第三波高潮就是利用社交商务在微博上维持活动的热度,可口可乐与新浪微博微钱包一起合作推广可口可乐昵称瓶定制版,让更多普通的消费者也可以定制属于自己的可口可乐昵称瓶。消费者从"线上"微博订制瓶子,"线下"收到定制瓶后,又通过拍照分享回到"线上",在此过程中,线上到线下(Online To Offline,O2O)模式让微博营销推广活动形成了一种长尾效应。

3. 网络中的组织传播特点

(1) 传播渠道多元化

借助网络平台,组织传播获得更加多元的渠道。组织内的正式传播可以使用内部的办公系统来提高工作效率;组织内的非正式传播可以借助QQ、微信等即时通信工具,或各种社交网络平台增加交流的频次、深度;组织外的传播也可以使用各种热门的网络传播形式,网站提供给用户最全面的组织信息及最快捷的客户服务,官方微博、微信公众号、社交网站公共主页实现与用户的零距离交流,微电影等各种网络广告形式提供了广告宣传的新手法。

（2）传播主体明确化

网络中组织传播的主体尤其是传播者非常明确,基本都以现实中的名称在网络中出现。组织内的非正式传播中即使采用昵称,内部成员也都能将网络昵称与现实中的人名对应,因此,组织传播是在比较真实的环境下进行的。

（3）传播效率高速化

由于网络传播的结构特点及传播速度优势,组织内传播的层次和环节相对减少,组织与成员之间可以直接、快速地进行信息传达与信息反馈,避免了逐级传播中效率低下及信息失真的问题。网络也为组织的对外宣传提供了高效的渠道,组织可以第一时间对外发布信息,并及时获得用户反馈。

（4）传播成本低廉化

与传统的组织传播相比,网络中的组织传播成本是相对低廉的。组织可以不用支付费用或支付较少费用,就能使用网络中的各种手段开展对内、对外的传播。例如,微博、微信、社交网站基本都是免费或低收费,而网络广告与传统媒体广告相比,其价格也具有明显优势,要达到同样的传播效果,网络广告的成本支出远低于传统媒体广告。

2.4.5　大众传播

1. 大众传播的理解

大众传播是指专业化的媒介组织运用先进的传播技术和产业化手段,以社会上一般大众为对象而进行的大规模的信息生产和传播活动。

大众传播的特点主要包括:传播者是从事信息生产和传播的专业化媒介组织;运用先进的传播技术和产业化手段对信息进行大量生产、复制和传播;传播对象是社会上的一般大众;传播的信息既有商品属性,又有文化属性;传统的大众传播过程单向性较强;大众传播属于制度化的社会传播。

大众传播由于其辐射面较大,产生的影响力与其他传播类型完全不同,其功能也体现在多个方面,如拉斯韦尔提出"三功能说",将传播的基本社会功能概括为:环境监视功能、社会联系与协调功能、社会遗产传承功能,而大众传播的这几种功能更加突出和重要;赖特的"四功能说"中补充了大众传播提供娱乐的功能;施拉姆的功能观中最特别的是提到了大众传播的经济功能;而拉扎斯菲尔德和默顿又补充了大众传播的社会地位赋予功能、社会规范强制功能和作为负面功能的"麻醉作用"。

2. 网络中的大众传播

早在 1998 年,在联合国新闻委员会将网络正式作为"第四媒体"提出时,网络的大众媒介属性就已经得到了官方认可。

网站是网络中大众传播的主要形式。作为信息的采集、加工以及发布平台,网站以类似传统媒体的"一对多"传播模式,向网民提供内容丰富的信息和资讯,满足网民的信息需求。承担大众传播功能的网站主要可分为两个类别:一类是由传统媒体兴办的网站,如《人民日报》兴办的人民网、新华社兴办的新华网、中国国际广播电台主办的国际在线等;另一类是具备新闻刊载资格的商业网站,如新浪、搜狐、网易等。

除了网站之外,网络广播、网络报纸、网络杂志、网络影视等都属于网络中的大众传播,它们大部分是传统媒体网络化的产物。

3. 网络中的大众传播特点

（1）传播主体多元化

传统大众传播中的传播者是专业化的媒介组织，如报社、广播台、电视台等，而网络中的大众传播参与者不仅有传统大众传媒，而且还包括商业网站、各种组织机构以及个人。传播主体的多元化给网络大众传播带来极其丰富、多元的信息内容，向传统大众传播的"权威发布"提出了挑战，让用户可以从更多角度获知信息、解读信息，帮助他们对现实环境做出更合理的判断。

（2）传播过程多级化

网站的信息传播一般是多级的、立体化的，而不是单级的、平面化的。多级性一方面体现为信息传播过程的多层级，信息不是一次性全部呈现在用户眼前，而是通过网站首页、新闻频道首页、新闻频道子栏目、具体新闻报道等层级才能呈现出全部内容。另一方面，网络中的大众传播并非总是直接从网站传播到个人，而是经常通过不同方式进行多级传播，如网站—BBS—个人，网站—博客—个人等，网络中的大众传播与人际传播、群体传播、组织传播经常发生交织，体现出网络大众传播过程的复杂性。

（3）传播手段多样化

传统大众传播受到媒介本身的限制，传播手段相对单一，报纸主要通过文字、图片进行信息传递，广播只能通过声音，电视传播手段丰富一些，但是仍然有局限。由于网络媒介可以传输多媒体内容，使得网络中的大众传播手段极其丰富，突破了过去任何一种传播媒介的限制。文字、图片、音频、视频、动画、幻灯、时间线等媒介手段都在网络大众传播中使用，BBS、电子邮件、微博、RSS等多种形式也都可以被网络大众传播利用。因此，网络中的大众传播手段是多样化、复合型的。

（4）传播渠道交互式

与传统大众传播不同，网络中的大众传播借助网络的优势，大大提高了传播过程中的互动性，弥补了传统大众传播单向传播的缺陷，提供给用户多种信息反馈和参与互动的渠道，跟帖、点赞、分享、保存、收藏、转发、评论、推荐、参与调查、提供线索等，都让用户不再只是大众传播中的信息接收者，而是全面参与到传播过程中，成为信息的生产者、扩散者、评价者、整合者。网络大众传播过程中，用户能动性的发挥，不仅彻底改变了大众传播的局面，而且让传播者随时获取用户的反馈，方便及时调整传播策略，让网络用户深度参与到传播中，在大众传播中扮演越来越重要的角色。

2.5 数字媒体传播的效果

效果研究是传播学研究中最重要的领域之一，我们总是基于某种传播目的或目标来开展传播活动，而传播活动的目标是否实现，主要通过传播效果来检验。

本教材结合经典的传播效果理论，从大众传播角度分析数字媒体传播的效果。但是，我们必须认识到：由于多种传播类型、多种传播手段相互交织，数字媒体形成了错综复杂的传播结构，导致了传播效果形成的复杂性。数字媒体中人际传播、群体传播、组织传播都会对大众传播效果的形成发挥作用，我们在分析时需综合考虑各种因素。

2.5.1　大众传播的效果

1. 效果与传播效果

效果指的是人的行为产生的有效结果。狭义上的有效结果指行为者的某种行为实现其意图或目标的程度;而广义上的有效结果则不仅指行为者的某种行为所引起的客观结果,还包括对他人和周围社会实际产生的一切影响和后果。

传播效果也有双重含义:一方面,传播效果指带有说服动机的传播行为在受传者身上引起的心理、态度和行为的变化;另一方面指传播活动尤其是报刊、广播、电视等大众传播媒介的活动对受传者和社会所产生的一切影响和结果的总体。

传播效果依据其发生的逻辑顺序或表现阶段可以分为三个层面:认知层面、心理和态度层面、行动层面,与此对应,大众传播也有三个层面的效果:环境认知效果、价值形成与维护效果、社会行为示范效果(见表 2-1)。

表 2-1　传播效果的三个层面

效果所属层面	发生作用位置	对应的大众传播的社会效果
认知层面	作用于知觉和记忆系统而引起知识量的增加和认知结构的变化	环境认知效果(视野制约效果)
心理和态度层面	作用于观念或价值体系而引起情绪或感情的变化	价值形成与维护效果
行动层面	作用于人的言行	社会行为示范效果

2. 大众传播效果研究

大众传播研究包括五大领域——控制研究、受众分析、内容分析、媒介分析和效果分析,其中研究历史最长、最具有现实意义也是争议最大的是效果研究。英国传播学家丹尼斯·麦奎尔(Denis McQuail)认为"大众传播理论之大部分(或许甚至是绝大部分)研究的是效果问题"。

大众传播效果的研究始于第一次世界大战,迄今已有百年历史。伴随着大众传播媒介的普及与发展,关于大众传播效果的研究理论也呈现出阶段性的特征,形成了"枪弹论"、"有限效果论"、"适度效果论"、"强效果论"四种效果模式。"枪弹论"因为将传播效果绝对化早已被抛弃,"有限效果论"也因为过分贬低大众传播的效力以及理论框架整体的缺陷而受到人们的批评。现当代主要的效果理论是"适度效果论"和"强效果论"。"适度效果论"的研究理论主要有:"使用与满足"理论、"创新与扩散"理论、"议程设置"理论等;"强效果论"最主要的研究成果是"沉默的螺旋"理论。

3. 大众传播效果理论

前文中提到了现当代主要的一些传播效果理论,本教材选取其中最有代表性的"议程设置"理论和"沉默的螺旋"理论进行重点介绍。

（1）"议程设置"理论

1972年，M.E.麦库姆斯和D.L.肖在《大众传播的议程设置功能》这篇论文中提出：大众传播具有一种为公众设置"议事日程"的功能，传媒的新闻报道和信息传达活动以赋予各种"议题"不同程度的显著性的方式，影响着人们对周围世界的"大事"及其重要性的判断。之后，麦奎尔和温达尔提出了"议程设置"理论假说示意图（见图2-19），清晰显示了传媒的"议程设置"与受众的"议程认知"之间高度的关联性。

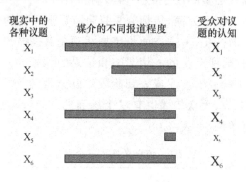

图2-19 "议程设置"理论假说示意图

"议程设置"理论的着眼点是认知层面上的效果，该理论考察的不是某家媒介的某次报道活动产生的短期效果，而是作为整体的大众传播具有较长时间跨度的一系列报道活动所产生的中长期的、综合的、宏观的社会效果。理论暗示了传播媒介是从事"环境再构成作业"的机构。传播媒介对外部世界的报道不是"镜子"式的反映，而是一种有目的的取舍选择活动。传播媒介根据自己的价值观和报道方针，从现实环境中"选择"出它们认为重要的部分或方面进行加工整理，赋予一定的结构秩序，然后以"报道事实"的方式提供给受众。

"议程设置"理论从考察大众传播在人们的环境认知过程中的作用入手，指出了大众传媒的有力影响，将大众传播过程背后的控制问题再次提出来，对我国的舆论导向研究也具有一定的启发意义。

（2）"沉默的螺旋"理论

德国女传播学家伊丽莎白·诺尔-诺依曼（Elisabeth Noelle-Neumann）在对历史进行研究的基础上，又经过多年的民意调查实证研究，于20世纪70年代提出了一种描述舆论形成的理论假设——"沉默的螺旋"。在1980年出版的《沉默的螺旋：舆论—我们的社会皮肤》一书中，她进一步发展了该理论。

"沉默的螺旋"理论指出：在大众传播过程中，大众传媒以新闻报道等方式向人们提示所谓的"优势意见"。原本持有"优势意见"的人们会倾向于更积极大胆地表达观点，而部分持有"劣势意见"的人在惧怕孤立的心理作用下，会选择附和"优势意见"或转向沉默。结果是，附和与沉默造成"优势意见"更加强大，从而进一步迫使更多持有"劣势意见"的人转向附和与沉默。如此循环，形成了对"优势意见"的支持越来越多，而"劣势意见"的支持者越来越少的螺旋式过程（见图2-20）。

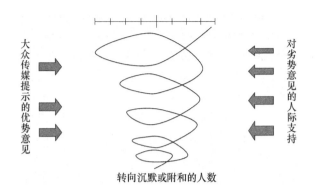

图 2-20　"沉默的螺旋"假说示意图

另外,"沉默的螺旋"理论中还提到:大众传媒提示的"优势意见"未必是社会上意见分布状况的如实反映,但由于社会成员无从判断其真实性,导致即使大众传媒提示的是"劣势意见",也会被社会成员当作"优势意见"来认知,并引起"沉默的螺旋"发生作用,最终结果是:实际的"劣势意见"通过被大众传媒当作"优势意见"进行提示后,在"沉默的螺旋"作用下,真的变成了社会上的"优势意见"。从这个角度来说,大众传媒具有强大的创造社会现实的力量。

对于"沉默的螺旋"理论的普遍适用性,人们并没有取得一致的看法,争论的焦点主要集中在这个假说的理论前提——个人对社会孤立的恐惧以及由这种恐惧所产生的对多数或优势意见的趋同行为。

尽管"沉默的螺旋"假说在理论和实证上还存在着一些不足,但它仍具有重要的意义:它把对舆论形成过程的考察从现象论的描述引向了社会心理分析的领域,强调了社会心理机制在这个过程中的作用,这正是传统的舆论学所忽略的重要方面;它强调了大众传播对舆论的强大影响,并正确地指出了这种影响来自于大众传播营造"意见环境"的巨大能力。

2.5.2　数字媒体传播中的"议程设置"

在对数字媒体传播效果的研究中,很多人首先提出的疑问是"数字媒体传播中是否还存在议程设置?"我们可以从理论和实践两个层面来进行分析。

1. 理论方面

议程设置理论指出,大众传媒通过对不同信息进行不同频度与强度的报道,来影响人们对信息的重要性的判断。大众传媒要实现这样的功能,前提条件就是具有让信息扩散的能力,能够根据需要提高报道的频度与强度。

数字媒体是否具备这样的条件呢? 答案是肯定的。

第一,数字媒体具备议程设置的基础条件。网络传播的结构与特点使信息在网络环境中可以得到迅速地扩散,就像病毒一样快速增殖,这使数字媒体可以根据媒体的需要提高报道频度、增大报道强度,进行议程设置。

第二,数字媒体具备议程设置的优势条件。首先,数字媒体的传播中不仅有大众传播,还有人际传播、群体传播、组织传播等多种传播形态共同发挥作用,而这些传播形态对大众传播是很好的补充,能够大大提高受众的关注度,有效提高议程设置的效果;其次,网络中的信息传播与意见传播是交织的,而意见传播不仅扩散信息,更由于其伴随着对信息的评价和态度而有助于提高信息的被关注程度;最后,网络的交互特点使用户之间的交流变得方便、快捷。用户获取信息的渠道逐渐多元化,过去用户只能借助大众传媒获得相对权威的报道,而现在网民可以与事件的当事人、现场旁观者、主管部门等直接对话,多元渠道带来的多元信息以及审视事件的多元角度,会引起更多信息碰撞、观点碰撞,信息在此过程中加速扩散,关注程度不断提升。

2. 实践方面

在实践中,我们发现,数字媒体已经表现出了其强大的议程设置能力。一方面,数字媒体的议程设置能力在诸多由网络发起的热门话题上得到了充分体现;另一方面,数字媒体对传统媒体的议程设置功能也起到较大的辅助作用。可以看出,在议程设置方面,传统媒体经常与数字媒体之间相互配合,共同作用。传统媒体由于其长久以来树立的权威性使其在议程设置方面仍然具有明显优势,但数字媒体的巨大潜力已经逐渐彰显,其未来的能量不可小觑。

案例 2-6:长春盗车杀婴案中网络媒体的议程设置。

案件回放:2013 年 3 月 4 日,在长春市西环城路与隆化路交会处,嫌犯周喜军盗窃车牌号为"吉 A · MM102"银灰色的丰田 RAV4,并将车内约两个月大的男婴掐死,埋在了路边的雪中。长春市出动近万名警力全城布控,寻找婴儿的微博得到了整个社会的关注。3 月 5 日 17 时,迫于强大的压力,周喜军到公安机关投案自首,随后交代其恶行。2013 年 5 月 27 日,吉林省长春市中级人民法院依法宣判长春"盗车杀婴"案,被告人周喜军一审被判死刑。

长春盗车杀婴案信息最初的发酵地是微博,随后迅速传遍整个网络,加上重要媒体的线上线下跟进,才逐渐扩大传播影响,乃至推动事态进一步发展。自 3 月 4 日案件发生,到吉林公安公布男婴已遇害的 36 小时内,各种信息、争论、炒作、批斗充斥网络,无数网民以及诸多网络媒体的介入,让这个事件的关注度持续升温,成为人们聚焦的热点。

除了寻找受害者的相关信息发布外,网络中还围绕此事件产生了如下很多话题。

话题 1:对嫌疑人的斥责与对受害者的哀悼。

腾讯网在 3 月 6 日的《今日话题》中,将婴儿之不幸,归结于落到了一个人格不健全的人手中,称周喜军既没有健全的人性也没有健全的智力。网络中讨伐之声滔滔,愤怒与悲痛交织。

话题 2:监护人失职难辞其咎。

事件发生当晚 22:04,在天涯论坛上,出现了长帖《从看到长春丢小孩的新闻想起来的,都来说说见过的最糊涂、智商低到无下限的爸妈!》,跟帖多达 5 400 余条。网友们纷纷"贡献"亲眼所见,将那些监护职责完全不到位的父母暴晒于网络之上。

话题 3:营销炒作不合时宜。

事件发生后,辽宁天和别克发布一条营销微博(见图 2-21),借此事推广自身品牌,随即招来一片谩骂之声。6 日凌晨,该官微发表道歉声明称:"辽宁天合别克官方微博于 3

月 5 日 11 点 45 分发布言辞不当微博，对于给受害者家属、民众及社会所带来的感情伤害，表示最深深的歉意。”

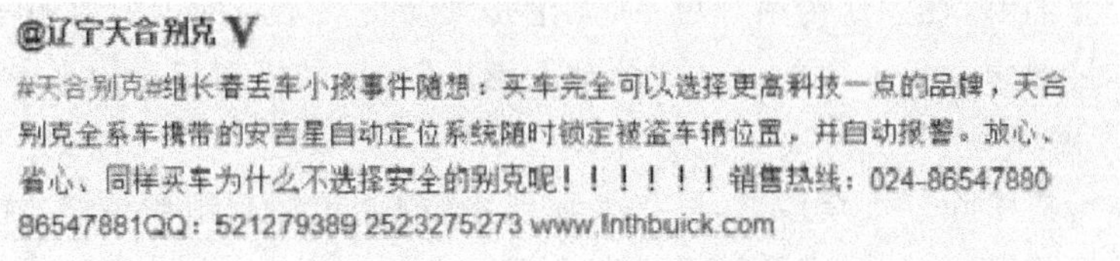
@辽宁天合别克 V
#天合别克#继长春丢车小孩事件随想：买车完全可以选择更高科技一点的品牌，天合别克全系车携带的安吉星自动定位系统随时锁定被盗车辆位置，并自动报警。放心、省心、同样买车为什么不选择安全的别克呢！！！！！！销售热线：024-86547880 86547881QQ：521279389 2523275273 www.lnthbuick.com

图 2-21　辽宁天和别克营销微博

与此同时，网络炒作红人立二拆四也发微博称所谓长春盗婴事件是一场炒作，并誓言“罚跪三天”作为赌注来“较真”。但是这番不合时宜的发言，同样引来网民的批评和谴责。

话题 4：媒体过早介入是否恰当。

长春婴儿被盗，警察与媒体联动进行全方位的搜寻，由于媒体线上线下的全面跟进，推动了事件的发展。而媒体的过早介入是否恰当引起了网友的热议。网易《专业控》评论栏目的推荐文章《盗车杀婴与全民搜索无关》搬出美国教材，指出“发达国家破案也会借助民众和媒体的力量”，但也提出：需要司法机关对群众的热情进行有效引导。

在此事件中，一个恶性刑事案件之所以得到全社会的广泛关注，并成为一个时期内媒体及社会讨论的焦点，网络媒体在其中的议程设置作用十分突显。网站、微博、论坛等多种网络传播形式，人际传播、群体传播、大众传播等多种网络传播形态在此事件的传播中共同发力，加之传统媒体的推波助澜，使事件的相关信息在短时间内迅速扩散，产生极高的关注度和影响力。

2.5.3　数字媒体传播中的“沉默的螺旋”

“沉默的螺旋”假说是效果研究中具有代表性的理论之一，理论中反映了大众传媒对舆论形成的重要作用。在数字媒体传播中，“沉默的螺旋”是否存在，讨论的焦点仍然是该理论的前提——个人对社会孤立的恐惧以及由这种恐惧所产生的对多数或优势意见的趋同行为。

由于数字媒体传播中，大众传播、人际传播、群体传播、组织传播交织存在，而在不同的传播环境下，受众的心理与行为特点有较大差异，因此我们将其分开进行探讨。

1. 大众传播环境下

一方面，大众传播对舆论的影响力发生变化。“沉默的螺旋”理论中强调“大众传播通过营造‘意见环境’来影响和制约舆论”，着重指出了大众传播的强大影响力。诺依曼在她的一篇论文中写道：“大众传播一手承揽着向人们提供外部世界信息的活动，并且通过复数的渠道每日每时地、累积地报道几乎相同的内容，这种状况不可能不对人们的意见乃至舆论产生重大的影响。”而在数字媒体传播环境下，传播主体多元化，传播过程复杂化，大众传媒主导意见形成的能力减弱，对舆论的影响力也明显削弱。

另一方面，受众惧怕孤立的心理发生变化。在网络环境中，网民常常以匿名的方式来进行意见的表达，而且人与人之间的关系相对松散，个人对环境没有过多依赖，因此，受众因惧怕孤立而被迫从众的心理减弱。所以网络中新闻的跟帖、论坛的发言都可以看到更多自我、本真的表达,趋同的现象相对较少。

从这两个方面看,在大众传播环境下,无论是大众传媒本身的影响力还是受众的心理都在数字媒体传播中发生了变化,导致"沉默的螺旋"发生的概率相对较小。

2. 其他传播环境下

数字媒体传播中除了大众传播,还有人际传播、群体传播和组织传播,在这些传播形态中,"沉默的螺旋"发生的心理前提是否存在呢?

首先,人际传播、群体传播、组织传播大部分是由现实的人际关系延伸而来,传播双方的身份相对公开和明确,即使采用匿名的方式,由于在传播环境中的角色基本固定,成员与成员之间已经形成"熟识"的印象,因此个人所处的传播环境与现实传播环境基本一致,发生"趋同"、"从众"心理的条件也就与现实空间相似。

其次,在群体传播中,个人是否会害怕孤立,取决于个人对群体的归属感和认同感。那些归属感很强、群体成员间关系很密切的群体中,个人为了维护已经形成的群体关系以及自身利益,会选择和群体大多数成员的意见保持一致,而不会冒着被孤立的危险,去进行少数意见的表达。因为对于个人而言,离开这样的群体会是一种损失。

由此可以看到,在数字媒体平台的人际传播、群体传播、组织传播中,个体面临的舆论环境与现实中的基本一致,"沉默的螺旋"发生作用的概率也与现实环境相差无几。

本 章 小 结

本章内容从传播学角度切入,介绍数字媒体传播的相关知识。数字媒体传播是以数字媒体为传播平台的传播行为的总称,它以大众传播为主体,同时也包含人际传播、群体传播、组织传播等其他传播类型。由于这种特殊性,它与传统大众传媒的传播相比,具有明显的复杂性、独特性。首先,数字媒体传播中的传播者、受传者、讯息、媒介、效果等要素都具有鲜明的特征,多元、个性、交互是最常见的关键词。其次,数字媒体传播颠覆了传统的传播模式,表现出以计算机网络为媒介、传播过程交互性等基本特点,许多传播学者从不同角度提出了体现数字媒体传播特点的新模式。再次,人类传播的五种基本类型——人内传播、人际传播、群体传播、组织传播、大众传播在数字媒体中相互交织、相互作用,并在传播渠道、主体、手段、情境等方面呈现出各自的特点。最后,效果研究是传播学研究中最重要的领域之一,教材结合经典的传播效果理论来分析其在数字媒体环境下的适用性,显示出数字媒体传播效果的形成是多种因素综合作用的结果。

在本章内容的学习中,我们要充分结合数字媒体本身的特性,并通过与传统媒体传播的对比,来把握数字媒体传播的特殊之处、差异之处,以便更全面、更深入地理解数字媒体传播。

思 考 题

1. 数字媒体传播的概念是什么？谈谈你对这个概念的理解。
2. 数字媒体传播的特征有哪些？结合案例说明你的观点。
3. 分析教材中介绍的网络传播模式，谈谈你对这些模式的理解。
4. 结合案例，说明网络中的大众传播的特点。
5. 数字媒体传播中是否存在"议程设置"？请结合实例说明你的认识。

参 考 文 献

[1] 郭庆光. 传播学教程(第二版)[M]. 北京:中国人民大学出版社,2011.
[2] 胡正荣,段鹏,张磊. 传播学总论(第二版)[M]. 北京:清华大学出版社,2008.
[3] 刘静,陈红艳. 数字媒介传播概论[M]. 北京:清华大学出版社,2014.
[4] 彭兰. 网络传播概论(第三版)[M]. 北京:中国人民大学出版社,2012.
[5] 杜骏飞. 网络传播概论(第四版)[M]. 福建:福建人民出版社,2010.
[6] 百度百科. 自媒体[EB/OL]. [2014-5-20]. http://baike. baidu. com/view/45353. htm? fr=aladdin.
[7] 维基百科. 自媒体[EB/OL]. [2014-5-20]. http://zh. wikipedia. org/wiki/%E8% 87%AA%E5%AA%92%E4%BD%93.
[8] 百度百科. RSS[EB/OL]. [2014-5-22]. http://baike. baidu. com/subview/1644/ 7031575. htm.
[9] 文晓欢. 浅析以微博为代表的信息传播碎片化——以"新浪微博"为例[J]. 北方文学,2011(6).
[10] 刘惠芬. 数字媒体——技术·应用·设计(第2版)[M]. 北京:清华大学出版社,2008.
[11] 谢新洲. 网络传播理论与实践[M]. 北京:北京大学出版社,2004.
[12] 邵培仁. 传播学(修订版)[M]. 北京:高等教育出版社,2007.
[13] 百度百科. 网络语言[EB/OL]. [2014-5-26]. http://baike. baidu. com/view/ 47549. htm? fr=aladdin.
[14] 百度百科. 微博营销[EB/OL]. [2014-5-28]. http://baike. baidu. com/view/ 2939221. htm? fr=aladdin.
[15] 梅花网. 新浪微博"赢"响网络行销实效之道[EB/OL]. [2014-5-29]. http://www. meihua. info/today/post/post_3c9f8ad7-2018-49c3-8891-f9a2f378d8ec. aspx.
[16] 百度百科. 3·4长春盗车杀婴案[EB/OL]. [2014-6-5]. http://baike. baidu. com/ view/10648293. htm.

第3章
数字媒体产业

3.1 数字内容产业

3.1.1 数字内容产业概念

随着计算机、数字和网络技术不断提升及其与传统传媒、电视电影、游戏、出版等的日趋结合，数字技术应用于传统文化产业而产生的数字影音、数字出版、数字学习等新兴产业渐入大众视野，并正在成为新的经济增长点。为引导和加速这类新兴产业迅速发展，各国政府都积极制定了针对本国数字内容产业的鼓励和扶持政策。为了更好地研究和分析这类新兴产业，各个国家(地区)都从各自角度明确目标产业的特征、构成和范围，并在相继提出了文化产业、版权产业、信息产业、数字内容产业、创意产业、内容产业等概念。国内外政府及组织对数字内容产业及相关产业的理解各有不同，但是其归纳的角度总体可以分为四种。

(1)信息产业角度

此种观点认为数字内容产业从属于信息产业，但与提供信息技术、信息设备与服务的面向工作的信息产业不同，数字内容产业是以数字内容为基础，提供信息内容的产品与服务。

(2)创意产业角度

此种观点将数字内容产业称为"创意产业"，认为创意产业是源自个人创意活动，这些创意活动可以创造价值。

(3)文化产业角度

此种观点将数字内容产业称为"文化内容产业"，泛指一切因文化因素产生的文化产品。此外，美国国际知识产权联盟(IIPA)将其称为"版权产业"，隶属于文化产业。

(4)新兴产业角度

北美产业分类体系(NAICS)设立了一个独立的产业部门——信息和通信产业，这个信息业包括计算机设备制造业以外的出版业、电影和音像业、广播电视和电信业、信息和数据处理服务业。

上述观点分别从不同的角度审视了数字内容产业的含义,总体来看,数字内容产业是文化产业数字化以及信息社会化的产物。

在中国,数字内容产业第一次在国家层面的提出是在"十一五"规划中。此外,在"十二五"规划中,也对数字内容产业的发展有规划。根据国家规划,数字内容产业是信息服务业的一个子项,同时把数字内容产业限定在传统教育、文化、传播领域内的内容数字化应用范围内,与国际上内容产业的内涵相差很远,很多相关产业被排除在概念之外。

除此之外,中国国内对数字内容产业也有其他界定。

2003 年《上海市政府工作报告》指出:"数字内容产业是依靠信息技术与信息渠道,向用户提供数字化的图像、文字、视频、语音等信息内容与服务的高创新水平、高附加值的新兴产业。"

"台湾经济部工业局数字内容产业推进办公室"在《2004 台湾数字内容产业白皮书》中将数字内容产业定义为:"将图像、文字、影像、语音等内容,运用信息技术进行数字化并加以整合运用的产品或服务。"

国务院于 2006 年发布的《2006—2010 年国家信息化发展战略》中指出,数字内容产业属于信息产业的重要组成部分。在信息网络背景下,凡是以内容加工为对象,产品形式表现为信息形式的,都属于信息产业,数字内容产业归属于信息服务业。

国内学者赵子忠在《内容产业论》中也进行了定义:"数字内容产业是依托内容产品数据库,自由利用各种数字化渠道的软件和硬件,通过多种数字化终端,向消费者提供多层次的、多类型的内容产品的企业群。"

王斌等认为数字内容产业同现有的文化产业、信息产业、创意产业等并生共存,是处在发育中的产业领域。

所以,较多的国内学者认为,数字内容产业是基于数字化信息技术,融合多种媒体的综合产业,它包括信息通信产业和文化产业中的部分产业,蕴含着信息内容与信息服务,体现了多个产业的产业融合。

3.1.2　数字内容产业细分及产业特征

1. 数字内容产业细分

目前对国内产业分类影响较大的是台湾地区的产业分类,台湾《2004 数字内容产业白皮书》将数字内容产业分为了八大类,具体包括如下几方面内容。

• 数字游戏:以资讯硬件平台为用户提供声光娱乐,包括电视游戏、电脑游戏、可携式游戏等。

• 计算机动画:运用电脑生产或辅助产生制作影像,包括专业的电脑三维动画设计活动等,应用于娱乐业、商业和专业用途。包括动画电影电视节目、动画音乐 MV 制作、动画广告制作等。

• 数字学习:将学习内容进行数字化处理后,以计算机或手机等终端设备为辅助工具而进行的学习活动,包含内容、技术和服务三个方面。包括数字学习教材、数字学习内容软件、数字学习服务等。

• 数字影音:数字化拍摄、处理及制作、播放数字影音内容,包括传统影音内容的数字化和数字影音创新应用,包括传统影音内容数字化处理、数字电影、数字音乐、数字电视、数字动漫、数字广播电台、数字 KTV 等。

- 行动应用服务:通过无线网络为用户提供数字内容及服务的接收等需求,包括行动娱乐服务,行动咨询服务,行动商务服务等。
- 网络服务:提供网络内容的储存、发送、播放等服务,包括 ICP,ASP,ISP,IDC 等。
- 内容软件:提供数字内容制作和应用服务所需要的软件工具和平台,包括内容工具、平台软件、内容应用软件等。
- 数字出版典藏:包含图像或文字的光碟出版物、电子书、电子词典、电子期刊、电子资料库等相关产品、应用及服务,以及典藏物品的数字化产品、应用及服务。

基于台湾的产业分类和其他学者的研究,将中国数字内容产业分为两个子类:一类是数字内容生产产业,指对内容素材进行数字化处理和直接生产数字内容产品的产业;另一类数字内容服务产业,指通过网络平台为用户提供数字内容产品和服务的产业。

2. 数字内容产业特征

产业融合:数字内容产业是一种多产业融合而成的产业,其融合性比任何产业都要强,一个数字内容产品的生产需要多方位的协调配合才能完成。

产业带动:数字内容产业促进和带动了众多产业的分工和重新组合,对目前电影、电视、广播、音乐、时尚设计、视觉艺术、表演艺术等产业发展都产生了积极影响。

数字内容产业的核心:生产是内容,需要文化、技术等无形资产的投入,其投入产出比非常高,其科技文化附加值比例要高于其他产品服务。

3.1.3　数字内容产业概述

1. 全球数字内容产业发展概况

全球数字内容产业的产业内容不断丰富,与之相关的产业也不断地推向市场。20 世纪 90 年代中期以前,数字内容产业尚无法形成一个完整的产业轮廓,只是在数字出版、游戏软件、动画等领域形成了初步的应用与市场规模。此后,随着互联网在全球的快速普及,依托于互联网的网络服务、在线游戏等新兴产业日益成长。在这些新兴市场的拉动下,数字内容逐步成长为产业概念,而且其内涵得到了空前地拓展。数字内容产业是在产业融合基础上诞生的新兴产业,与影视、通信、游戏等产业的结合越来越紧密。随着数字内容的迅速普及,数字内容这种产业的结合将有力推动其市场的发展,同时,它的功能也将实现多样化。随着影视、通信、游戏等相关领域的不断扩展和应用的不断深入,这种多个产业相结合的趋势将不断加强,多个产业良性互动的发展格局也开始得到发展。

(1)产业规模与增长

全球数字内容产业是一个具有较大规模、增长迅速的产业。2002—2009 年全球数字内容产业规模及其增长率见图 3-1。从全球数字内容产业规模看,2002 年其规模仅为约 1 020 亿美元,自 2002 年以来其市场规模一直持续着较快的增长速度,尽管 2009 年增长速度有所减缓,但仍保持了 28.6% 的增长率。总体来说,导致产业增速趋缓的原因主要来自两个方面:一是产业在多年持续快速增长之后已经形成了较大的规模基数,逐渐步入成熟期;二是或多或少地受到金融危机等相关因素的影响,产业规模的增长受到一定的抑制。

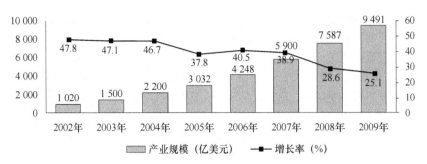

图 3-1　2002—2009 年全球数字内容产业发展概况

（2）产业市场细分构成

从全球数字内容产业区域分布（见图 3-2）可以看出，全球数字内容产业还是以美国规模最大，其次是欧洲地区，亚洲整体数字内容产业在世界区域分布中不占优势，但是日本在全球处于优势地位。

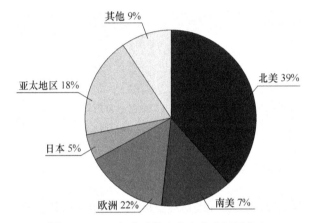

图 3-2　2008 年全球数字内容产业区域分布

2008—2009 年全球数字内容产业细分市场结构见图 3-3，从细分产业的构成来看，移动数字内容、互联网数字内容和数字影音动漫三者占据着绝对的份额，合计占据整个产业规模的 85% 份额。

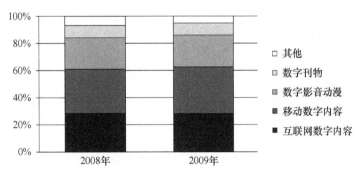

图 3-3　2008—2009 年全球数字内容产业细分市场结构

通过数据研究可以发现，全球数字内容产业一直保持较高的发展速度，而且北美和欧洲为发展得最好的国家或地区，同时，2008 年后数字内容产业增长速度有所降低，说明数字内容产业发展受金融危机影响较大。

（3）中国数字内容产业发展现状分析

数字内容产业正在快速改变着人们的娱乐消费方式和生活方式,在桌面互联网时代,它改变了人们获取与欣赏音乐、电影、图书、游戏的方式,而到了移动互联网时代,位置信息、社交网络等新兴的数字内容产品更加激烈地改变着人们传统的生活方式。概括来说,我们的生活正处于数字化中。

a. 产业规模及增长

目前我国数字内容产业发展已经初具规模。从总体产业规模来看,2004—2006年增长率均超过50%,2007—2008年有所下滑,但仍保持在30%左右,一直到2010年产业增长速度才趋于缓和。2002—2010年中国数字内容产业市场规模见图3-4。2010年数字内容产业规模达到2 889.6亿元,与2009年同比增长14.9%,增长率下降0.8%。

图3-4　2002—2010年中国数字内容产业规模及增长率

以下将细分行业,分别介绍数字出版、数字音乐、数字游戏的产业规模。

Ⅰ数字出版

中国数字出版行业受制于我国知识产权保护措施薄弱,发展不如数字游戏等产业,其发展出现了向其他数字内容产业重叠的趋势。2011年,数字出版实现营业收入1 377.9亿元,较2010年增长31.0%;增加值389.4亿元,增长34.2%;利润总额106.7亿元,增长19.1%,具体见图3-5。数字出版营业收入占出版行业9.5%,位居第三;增加值占9.7%,位居第三;总产出占9.2%,位居第三;利润总额占9.5%,位居第三。

Ⅱ数字音乐

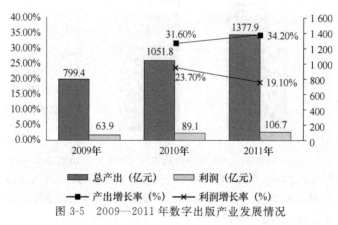

图3-5　2009—2011年数字出版产业发展情况

2010 年,数字音乐市场规模为 19.5 亿元,较 2010 年增长 19.5%(见图 3-6)。

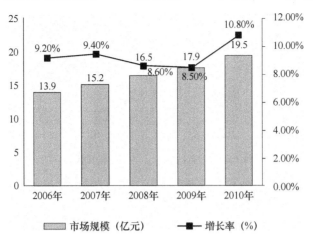

图 3-6　2006—2010 年中国数字音乐市场规模

2011 年我国无线音乐整体市场的发展势头良好,电信运营商继续保持强势地位,移动互联网和应用商店模式激发了一些新的应用,诞生了一批优质的无线音乐服务提供商。区别于其他行业竞争残酷的新生阶段,无线音乐行业并未出现白热化竞争,门槛较高、运营商占主导地位以及碎片化为主要特征的移动互联网用户习惯是导致以上结果的主要原因。

2011 年我国无线音乐市场规模达到 24 亿元,同比增长 18.8%(见图 3-7)。

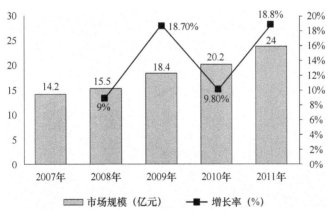

图 3-7　2007—2011 年中国无线音乐市场规模发展情况

Ⅲ数字游戏

数字游戏产业现在主要包括电视游戏、电脑游戏、掌上游戏三大部分,随着网络带宽、移动终端、人机交互的革新,产生了新的游戏理念、游戏方式,不同于以往的娱乐性质,现在更多地加入了文化、环保、社交等新的元素,使得数字游戏具有多样化、适龄广的特点。2010 年中国数字游戏市场规模为 349.0 亿元,较 2010 年增长率为 26.2%(见图 3-8)。

2011 年中国网络游戏用户付费市场规模达到 433.8 亿元,同比增长 23.2%;企业收入规模达到 476.2 亿元,同比增长 30.4%(见图 3-9)。

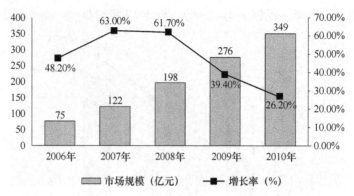

图 3-8 2006—2010 年中国数字游戏市场规模及增长率

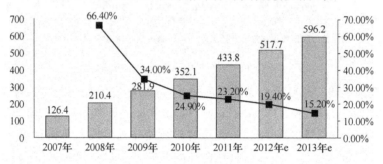

图 3-9 2007—2013 年中国网络游戏用户付费市场规模及增长率

中国网络游戏出口这一新型的商业模式自 2006 年兴起至今,短短 6 年完成了从无到有的过程,2009 年收入达到 8.3 亿元,同比增长 38.3%(见图 3-10)。

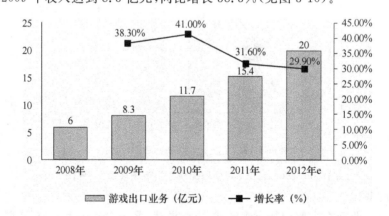

图 3-10 2008—2012 年中国网络游戏出口业务市场规模

b. 产业发展历程

中国数字内容产业发展起步较晚,目前产业中多数环节落后于一些发达国家。随着国家政策的积极推进,加上近几年来数字信息处理技术及网络载体的蓬勃发展,我国的数字内容产业也逐渐步入了发展的快轨。

Ⅰ准备阶段

21 世纪初,随着互联网在中国的快速发展,内容产品逐渐开始向数字化发展,但数字化的产品在数量和质量上都很缺乏。2003 年,上海市政府参考了国外相关产业研究,发布了《上海市政府工作报告》,对数字内容产业进行了官方定义,设立了一系列发展数字内容的战略目标。以此为标志,到 2005 年,中国的数字内容产业一直处于学习国外经验的准备阶段。

Ⅱ起步阶段

经历了 3 年缓慢发展后,国家认识到了发展数字内容产业的重要意义,将数字内容产业发展列入"十一五"规划中。随着国家政策的出台,我国数字内容产业进入发展的起步阶段,并开始借助国际平台展示自己。通过 2008 年奥运会、2010 年世博会展示了我国数字内容产业的巨大进步,同时也借助国际平台扩大产业规模和吸引投资,引入先进信息技术,加速数字内容产业的发展。

Ⅲ发展阶段

2001 年,在总结"十一五"的基础上,国家"十二五"规划中指出各地方政府要积极发展数字内容产业,建设数字内容基地,引入投资,由此,中国数字内容产业进入快速发展时期。

2003 年,信息内容产业将被视为与软件产业同样的重要地位,并在税收、审批等方面享受相应的优惠措施。

2004 年,广播影视工作的"数字发展年"和"产业发展年",以大力推进全国广播影视数字化和产业化。

2005 年,数字内容整体产业规模持续 58.3% 的高速增长,达到 849.8 亿元。

2006 年,人大代表通过的《国民经济和社会发展第十一个五年规划纲要》中涉及信息产业的环节明确提出,积极发展数字内容产业。

2007 年,中国数字内容产业还处于发育过程中,技术平台依然是建设的主体。

2009 年,以电影、动漫、互联网增值服务等细分产业为首的新一轮数字内容投资热。

2010 年,人大代表通过的《国民经济和社会发展第十二个五年规划纲要》,提出加强信息服务,发展数字内容服务;推进文化产业结构调整,大力发展文化创意、影视制作、出版发行、印刷复制、演艺娱乐、数字内容和动漫等重点文化产业。

中国数字内容产业具有较好的发展条件,从政治、经济、人口环境和网民规模、基础资源规模等发展前提条件都有了较大的进步,因此中国数字内容产业具有较大的发展潜力。

同时,虽然数字内容产业在我国发展的速度很快、潜力巨大,但因经济投入、法律支持、人才、技术等基础环境差,市场发育程度较低,应用范围未得到充分扩展,因此经济效益远不能与美国、韩国、日本相比。世界先进国家如美国、日本和韩国等已经把信息内容开发利用和提供服务作为信息化和数字化发展的工作重点,数字内容产业在国家经济发展中的地位远远高于今天中国最热门的产业——通信和软硬件。例如,美国第一大产业就是数字内容,其发展遥遥领先于世界其他国家,因此接下来选取美国为研究对象,通过研究美国数字内容产业发展现状和历程,来为中国数字内容产业发展提供借鉴。

2. 数字内容产品细分及产品特征

(1) 数字内容产品细分

数字内容产品根据不同的分类标准有多重不同的分类方式。按产品来源分,可分为数字原创作品和数字化的传统内容产品。按表达数据形式分,可分为文本类、多媒体类、音频类、游戏交互类、图像类、虚拟体验类、视频类、功能服务类及动漫类。按集成程度分,可分为独立的内容产品元素和集成的数据库式内容产品。按内容价值分,可分为内容丰富、缺乏内容。信息垃圾及数字毒品。按只要功能作用分,可分为资讯类、艺术类、娱乐类、辅助行为类及教育类。按传播范围分,可分为大众化内容产品、行业部门组织用内容产品、人际间交流数字内容及私人数字信息。按分属的传统行业部门分,可分为广播节目、网络内容、电视节目、科教内容、电影动画、设计资料、文学艺术作品、研究数据、电子出版物、商业情报、广告及策划方案。按生产的成本规模分,可分为简单制作、一般投入及大规模高投入。按原创程度分,可分为原创作品及再创作作品。按供需机制分,可分为商业市场化、公共产品提供及自产自销。按传播载体特征分,可分为数字网络传播、光磁介质盘传播及广播电视传播。

(2)数字内容产品特征

a. 创新为核心

数字内容产品来源于创新,无论是内容上的创新还是形式上的创新,内容素材的提供和内容素材的数字化都需要智力劳动,且数字内容产品质量高低的评价标准是内容的创新程度。对企业来说,内容缺乏创新意味着难以满足用户的需求,造成用户流失,失去竞争优势,因此保持内容创新是数字内容产业相关企业需要考虑的重要因素。

b. 复制成本低

数字内容产品的生产成本较高,但是其复制成本极低,趋于零成本。

c. 网络传播途径

数字内容产品的传播是通过网络途径,网络传播特点是高速度,这也导致数字内容产品容易被盗版使用。

d. 可分割性

数字内容产品属于信息产品,而信息具有较强的可分割性的,因此数字内容产品可以被分割成不同的部分,并以不同的组合方式进入流通渠道。这进一步增加了对数字内容产品的盗版使用行为进行判定的难度。

e. 技术含量高

IT技术的发展对数字内容产业发展产生巨大的驱动和促进作用,在不同程度上提高数字内容产品的开发和生产速度,提高数字内容产品的质量。数字内容产品主要是对传统数字化内容进行数字化处理而得到的,因此数字化技术的高低非常重要。

3.2 数字媒体产业运营

3.2.1 数字媒体的运营策略

随着报纸杂志、广播电视媒体纷纷向数字媒体转型,数字媒体渐渐成为传媒产业发展的方向。数字媒体不仅是各种媒体形态、各种传播形式、各种媒介方式的叠加式整合,而且是打破各种媒体形态、各种传播形式、各种媒介方式的边界和壁垒的互入式融合;不仅是传播形态的创新,而且是运营模式的创新。面对数字媒体带来的新一轮变革浪潮,有的媒体如鱼得水,乘势而上,有的媒体冒险下海,溺水而亡,而后果迥异的背后常常是截然不同的运营策略。因此,要成为激荡澎湃的数字媒体大潮的弄潮儿,不但要有勇立潮头、敢闯敢试的勇气,更要有乘风破浪、得当运营的策略。

1. 需要围绕优势资源打造优势平台

平台本来是一个工程学的概念,指的是为了便于生产或施工而设置的工作台,带有"某种活动和工作得以运行的支撑"的含义,后来应用到经济学领域并构建平台经济学。对媒体而言,所谓平台,是指通过一定的通用介质如数字技术、互联网络和传输协议,在用户与内容和服务提供商之间搭建一个扁平的、通用的、交互场域,双方或者多方主体只要通过接口接入这个交互场域,就可以实现与另一方中任何主体的互融互通。

在数字媒体时代,数字技术、网络技术和传播技术的融合发展带来内容形式、传输渠道、传播方式的丰富多样和信息生产、消费的爆炸式增长,曾经制约传播活动的资源瓶颈被一一打破,同时,技术的进步突破了各种媒介间的界限,媒介融合已成发展大势,内容、渠道、终端各方的关联度加深,并使相互之间产生了更高的耦合性要求,信息传播的主客体关系发生了颠覆性变化,传者和受者的地位逆转,生产和消费不分彼此,甚至角色互换,在这种情况下,靠控制或者垄断某个环节获得竞争优势的战略不再适用,"内容为王"、"渠道为王"、"终端为王"让位于"平台为王",谁占有平台,谁就将拥有用户,谁就将掌控未来。

同时,由于传播渠道和接收终端的增加和丰富,也由于媒介消费碎片化和随机化特性的固化和凸显,平均每个用户增长对业务增长和收入增长的拉动作用明显钝化,一味地通过细分来满足用户偏好或者瞄准现有市场中不同用户群落提供不同营销组合的市场策略效用锐减,媒体要想保持业务和收入的持续增长,需要面向代表潜在需求的受众整体通过合并细分市场,整合用户需求和内部资源,打通内部流程,再造组织架构,实施融合业务,最大限度地提升自己的核心能力,这就要求媒体打破以媒介或者部门为区隔、相互独立、各自为战、资源利用率低的运营惯例建设,以资源利用最优化、整体绩效最大化为目标,以业务流程为中轴,以用户为核心,以市场为导向的一体化运营平台,并在同一平台上设置多种出口提供多种业务。

可见,数字媒体之间的竞争不是内容之争、渠道之争,而是平台之争。而平台之争是一场胜者通吃的游戏,谁抢占了平台高地,谁就掌握了信息传播的制高点和产业运营的制高点,可谓"成王败寇"。除了胜利者,其他角色将转变为服务于这个平台的内容或者服务的提供商。对于媒体来说,如果不能利用好自身的能力和优势,尽快完成向平台运营商的角色转换,很有可能在未来会沦为单纯的内容或者服务提供商。面对数字媒体时代的竞争新态势和新规则,媒体再也不能继续以拥有内容或者控制渠道自满自得,而应该全力打造属于自己的数字媒体运营平台。

从现有情况看,数字媒体运营平台的结构可以归纳为"两网"、"三库"和"五平台"。"两网"即内网和外网,"三库"即媒体内容库、业务运营库和管理库,"五平台"即内容生产平台、业务运行平台、客户服务平台、决策管理平台和网络支撑平台。对数字媒体运营来说,物质化的或者硬件化的平台建设固然是极端重要、不可或缺的,但更为重要、更不可或缺的是数字媒体运营商打造平台经济的战略思维,这种思维要求利用数字媒体运营平台提供的支撑环境和市场机制,构筑一个多接口的数字化的开放型系统,把社会上的内容生产组织、机构、企业吸附到这个系统上来,形成紧密型的产业运营联盟。

由于数字媒体是数字化、网络化的产物,数字媒体平台必然天然地具有数字化、网络化的特征,这种与生俱来的天性促使平台内部各个部分、各种要件、各种元素以及它们各自所承载的内容、渠道、终端在横向、纵向、交叉、系统层面实现互联互通,直至发生融合,因此数字媒体平台的模型不会是平面的网状,而应是立体的网状。网络化意味着去中心化,但在建构数字媒体平台的实践中,运营商应找到并打造出一个坚实的内核。一般而言,数字媒体运营商通常是数字媒体产业链上的某种核心资源的相对垄断者,而这一资源通常就是运营商独具的竞争优势。平台建设要围绕这一核心资源做文章,把它打造成为数字媒体平台最重要的支撑点和产业链最主要的驱动力。如南方都市报在建构数字媒体平台时采取的策略就是以报系旗舰为内核打造内容平台,通过做大做强内容平台来吸聚上中下各层级平台的资源并使之成为平台生态体系的重要组成部分,从而获得数字媒体生产能力、全介质传播能力和全方位运营能力,最终建构起南都数字媒体集群式平台。

2. 打造优势平台,坚持量力而行,做到有进有退

对于数字媒体运营,现在业界有两种认识上的误区。一种认为数字媒体运营就是要运营全部的媒体,只有最广泛地建立、占有各种媒体资源和通道,才有可能实现数字媒体。在这种认识之下,一些传媒集团拼命跑马圈地,以拥有尽可能多的媒介种类为运营目标,每出现一种新的媒介形态或媒体业态,都要不遗余力地去"抢滩登陆"。另一种认为任何一家媒体都不具备运营全部媒体的资源和能力,所以数字媒体运营是个伪命题。在这种认识之下,一些人全盘否定数字媒体运营,宣称"数字媒体热,是中国传媒界面对新媒体带来的挑战压力与机遇诱惑陷入的一个集体迷思,如果不走出数字媒体的集体迷思,中国媒体就有可能在传媒格局大变革中走入歧途,付出不必要乃至惨痛的代价"。

数字媒体战略意在要全方位涉足各种传播介质,媒体类型要"应有尽有",但从运营的角度来看,数字媒体却不能做到如此之"全"。因为任何一家媒体,无论多么强大,它所拥有的能力和资源都是有限的,不可能"包打天下""通吃市场"。但是,我们也不能因为这一点就全盘否定数字媒体运营的价值和意义。因为数字媒体已是活生生的现实,在媒体时代渠道越来越多元化,而在用户总量不会大幅增加的情况下,只有打通媒体之间的边界,开展数字媒体运营,传媒才能获得更大市场,实现规模经济基础上更好的效益。因此,上述两种观点都有失偏颇。

从实践层面考察,数字媒体运营实际上是一种传媒产业运营的战略思维和整体模式,这种战略思维和整体模式就是把传媒产业运作从单一媒体、单一品种转为多个媒体,多个品种,从而使媒体具有更全的内容生产能力和更全的媒介传播能力以及更全的业务经营能力。因此,数字媒体运营企求的应该是"更全"而不是"最全"。

在开展数字媒体运营时一定要根据所处的传媒市场的实际情况,找到与自身条件、实力及资源相适应的发展之路,有所为有所不为,不能面面俱到,更忌贪大求全。只有这样,才能在竞争中站稳脚跟,实现既有质量又有效益的可持续发展。

在数字媒体时代,产品构成更加复杂、产业流程更加细化、技术难度不断增加,传统媒体面对这些往往力不从心。数字媒体运营商应当采取战略联盟模式、资源共享模式、合资参股模式、业务外包模式、共同研发模式等多种方式,将自己不具备竞争优势的或竞争力较弱的业务剥离出去,将大量的增值业务和功能化业务交给更专业的机构去做;要充分利用一体化运营平台的资源聚集能力和业务吸附效应,把价值链的其他参与者整合进数字媒体运营之中,以获取竞争优势并弥补自身的不足。

3. 注重产业协同,优化产业生态

任何产业都有一个内在的产业价值创生、传送的链条,任何产业的运营都离不开产业价值链的有效支撑。只有通过对多种技术、多种媒介、多种媒体、多种渠道、多种平台以及在内容、服务、市场、技术等方面具有关联性和互补性的产业及其组织进行融合、整合或者集合,打造出一条紧密合作、优势互补、利益同享、风险共担的产业链条,数字媒体才能作为一个产业形态进行运营,并在市场上实现其服务和价值。

产业价值链的存在,是以产业内部的分工和合作为前提的。光有分工,没有合作,缺乏协同,产业价值链就无从产生,因此,各个产业增值环节之间的协同性是产业价值链得以存在的基础条件。数字媒体运营商要深入思考产业价值链上每个环节的协调性和互联性,深入思考怎样提高对用户需求的响应速度,深入思考如何减少链上非增值环节的时间占用和资金耗费,深入思考链上资源的优化配置和利用,发挥主导权、话语权优势,增进协同配合、互动联动,从而能够更有效地满足不断变化、日益个性化的用户需求。

在数字媒体驱动下,传媒的产业链条迅速延伸和发展。伴随新业务和新媒体如雨后春笋般不断涌现,整个传媒产业链已经由传统的"内容供应商——内容消费者"单向的垂直的线性的封闭型链条演变成了以数字媒体运营商为核心,由网络平台供应商、内容供应商终端供应商、应用开发商、用户等上中下游多个部分共同组成的立体的网状的开放型的链条。处于核心位置的数字媒体运营商连接各方需求,沟通多方市场,不仅要做好自身环节的建设,还要积极介入网络、内容、终端应用服务市场的培育,培养有利于自身发展的生态环境。例如,数字媒体运营商可以与网络平台提供商开展合作,以助于网络与服务的开发和升级,可以与内容供应商开展合作,以助于产品的研发创新和适销对路,可以与终端厂商开展合作,以助于提升消费体验,更好地为用户服务。

4. 优化输出通路,提升服务质量

在数字媒体的运营模式下,前端生产链条融合,后端传播链条分化,海量媒体产品汇流成一个大市场,再分流给多种终端,由用户自己进行个性化配置。"内容为王"的一家独大,变成了内容、渠道和服务的三足鼎立,数字媒体产品和服务的市场价值能否得到实现更大程度上取决于用户,而不是取决于生产者谁掌握了用户这个稀缺资源,谁就掌握了主动权。因此,数字媒体运营的核心是争取用户,数字媒体运营商要想取得成功,必须深度挖掘用户价值,千方百计黏住用户。

数字媒体运营商要通过整合业务与服务,从远离用户的高高在上的社会守护者变为以货真价实的产品和服务拥有用户的社会服务者;要通过增值业务的发展带动品牌延伸和衍生产品的发展,为用户提供更多超值的增值服务和消费回报,增强媒体黏着度;要通过用户资源、服务资源的共享共用、互联互通来连接多元化的利益群体,锁定更多的用户群落。例如,运营商在提供内容产品的同时,可以将不同的资源如金融、理财、房车、电商、餐饮、休闲、玩乐等整合集成在一起,为用户提供特定生活项目的综合解决方案,并努力成为他们生活的伙伴和助手,使用户对媒介产品的单一依赖转变为一种对生活方式和社会身份认知的依赖,从而不断增强数字媒体的核心价值,让数字媒体的消费者实实在在地感受到自己是"用户"而不是"受众"。同时,数字媒体运营商要像一名真正的服务业者那样为用户提供端到端的质量保证和后期维护。

美国麻省理工学院教授浦尔曾经指出:"分化与融合是同一现象的两面。"在新媒体运营中,我们不仅要关注媒体之合、媒介之合、平台之合、服务之合,更要关注与"合"伴生的"分"。就如尼葛洛庞帝在《数字化生存》中所说:"在后信息时代,大众传播的受众往往是单独的一人,所有商品都可以订购,信息变得极端个人化。"对于数字媒体运营商来说,要想获得更大的突破和更好的发展,就要不断探索研究如何以创新和创造来更好地满足用户的个性化需求。在传播媒介形式上,如何针对单一的用户统筹运用纸媒、广播、电视、网络、手机等不同的载体;在传播内容形式上,如何借助文字、声音、图像、动画、视频等媒介符号系统调动用户视、听、触等全部感官;在技术平台上,如何综合利用基于广电网、互联网、电信网的无所不在的终端,让用户随时随地获取所需要的信息等。总之,数字媒体运营商要充分利用现有媒体资源,通过提供多种方式和多种层次的个性化聚合服务,满足用户的细分需求,使用户获得更及时、更多角度、更多听觉和视觉满足的媒体体验。

在数字媒体时代,传统的报刊网、无线广播网、无线电视网等将风光不再,对内容产品售卖的支撑作用将大幅下滑,基于微信、微博、社交网站、门户网站的新媒体渠道会不断地扩展,其在内容传输总量的占比将大幅提升。在渠道布局方面,数字媒体运营商将不再强调某种单独的传输渠道,而是通盘考虑各种渠道,在巩固并不断强化固有的传统渠道的同时,大力发展和利用微信、微博等公共网络平台上的新兴渠道。

3.2.2　数字媒体的盈利模式

1. 数字媒体内容产品盈利

数字媒体的内容产品盈利是指数字媒体通过有偿提供内容产品而获得货币收入。

（1）有偿下载

有偿下载指用户付出一定的货币方可获得所需要内容的下载方式。有偿下载服务一般由数据库或者视频服务网站提供。首先是集身于互联网中的数据库通过自身的渠道收集分类上传相关的资料,用户付费后可以便捷地查询所需要的相关专业资料,如我国最大的学术资料网站——中国知网和国外的 Kindle。其次是一些专业机构提供的调研报告。这些专业机构,通过本组织的调查研究形成某一领域的调研报告,用户需要付费才能下载调研报告。如国内的慈聪网、艾瑞网等。最后是音乐网站,内容提供商通过受众有偿下载网站上的音乐产品,从而获得收益,如苹果公司的 iTunes。

（2）有偿阅读

有偿阅读指受众要支付一定的货币才能获得内容产品的阅读权。受众注册成为会员,并通过支付一定的货币成为相应级别的会员,即可享受该级会员享受的全部权利。如中国经济信息网、国研网等,国外的《华尔街日报》属于这种类型,内容提供方通过网络插件实现对受众阅读权限的限制。

（3）有偿观看

提供视频服务的网站采用会员制的方式实现收益,付费成为会员后,受众可以选择在线看或下载内容提供商提供的成套影视片或者其他视频内容。会员一般分为终身服务、包年服务和包月服务。

（4）有偿参与

这类盈利模式主要是适用于网络游戏,属于体验消费。游戏商开发出游戏后,通过出售点卡的方式,向用户收取相应的货币。还有游戏商通过开发相关的产品获得盈利,如网络游戏征途就是通过向玩家出售装备获得盈利。

2. 数字媒体二次销售

数字媒体的二次销售就是媒体通过提供内容产品凝聚相当数量的受众资源后,以此吸引广告主向媒体投放广告。在媒体运作中,一次销售为二次销售奠定基础,而二次销售获得收益以促进内容产品的改善和升级。基于互联网的数字媒体的二次销售是根据其提供内容（文本内容、视频内容）的受众点击率或者下载率,通过 IP 验证的方式确定有效的受众资源。随着网站数量增加,专业性增强,特别是网络受众消费观念的转变,基于互联网的二次销售将会成为包括网站在内的其他数字媒体增加盈利的重要途径。

3. 数字媒体出售广告资源

出售广告资源是指将依附在其中的广告资源,如时间、空间等出售,从而获得收入的一种途径。数字媒体的广告表现形式多样,且不同的媒体广告表现形式也不尽相同。

（1）影视广告

影视广告常见于数字电视、楼宇电视、移动电视等影视终端,是数字媒体广告的常见形式,也是由传统媒体延伸而来的一种广告形式。

（2）动画广告

动画广告是通过动画（Flash、三维）向受众动态地展示广告内容的一种形式。动画广告常见于互联网站的网页、各种媒体播放器、电子邮件、网络游戏等数字媒体中。

（3）植入式广告

植入式广告是将广告商品或者广告品牌植入到媒体内容产品之中,在媒体无须另外付出时间、空间等广告资源的前提下完成产品或品牌的展示,受众在不知不觉中接受产品或品牌的信息。如一些网络游戏把广告植入到游戏中的各个情节、场景之中。这种广告传播特点就是受众无须为接受广告内容额外付出时间。

（4）贴片广告

数字媒体贴片广告一般是在点击某视频内容,启动连接但还没有连接到点播内容之前的期间出现或在点播内容播放完成后出现。如知名的网络视频提供平台优酷网,点击点播内容后开始播放广告。

（5）旗帜广告

旗帜广告一般是在网站的顶部或者随着鼠标的滚动而滚动的一种广告形式,因其具有跟随受众视线的功能而受到广告主的青睐。旗帜广告的内容十分简洁,主要是产品或者品牌名称,联系方式,也有的旗帜广告设有超链接,受众可以根据其兴趣点击进入阅读隐藏在其后的广告内容。

（6）网上直播

网上直播是网络媒体根据客户的需求,为用户提供公司庆典、新产品发布、新闻发布、访谈等各种广告或者公关活动。网上直播的优势主要表现在三个方面,一是受众获取信息几乎与对方发布信息同步,有时按直播的安排还可以与信息发布方进行互动交流;二是事后保存在网络空间上,受众可以实现资源的再利用,受众也可以最小的代价获得自己所需要的信息。

（7）点播广告

点播广告是在网络上呈现一个广告标志,受众根据自己的需求获得更完备更深层的广告内容的广告形式。点播广告的另一种形式是,置于内容产品之前,受众要获得内容产品,必须按要求完成相应的广告点击任务,否则无法获得内容产品。

（8）按钮广告

按钮广告是互联网上较早的一种广告形态,因受其版面制约,一般只向用户展示品牌标志或者产品的商标、企业名称等。

（9）等候页面广告

在互联网上的等候页面广告是当受众在输入某个地址,连接服务器期间向受众呈现广告。这种呈现的广告既可以由网络提供商插入,也可以由内容提供商插入。网络运营商插入的广告是独立的,随着网页的打开瞬间逝去,内容提供商插入的广告多是全屏展开,慢慢回收。在游戏的登录页面也常有此类广告。

（10）搜索引擎广告

搜索引擎广告是依托搜索引擎而生的一种广告模式,目前常用的广告形式有竞价排名和关键词广告两种。竞价排名作为一种搜索引擎的盈利方式,广告主通过支付费用的多少来确定其在搜索结果中排名的先后次序。关键词广告是根据广告客户付费的多少,决定其排名的先后。与竞价广告相比,关键词广告不影响用户对搜索内容的使用,而是将广告内容放在搜索结果页面的右边,正文页面的内容仍是搜索者搜索关键词条在互联网中的使用频率、重要程度或时间先后顺序排名。

（11）手机广告

手机广告即指将手机作为广告接收终端的广告传播方式。目前能以手机为发布终端的广告形式主要有短信、彩信、彩铃、游戏广告和 WAP 广告。手机广告的特点是,数量庞大,用户信息充分,传播方式灵活,传播到达率高等。

4. 数字媒体平台获利

平台获利是指通过数字媒体搭建的平台,并在此平台从事一定的商业活动,从而获得利润的行为。平台获利根据平台的性质不同,可以分为中介平台和自建平台。中介平台指平台搭建方仅提供平台,收取平台使用费,平台上的内容产品由平台的使用者自己构建;自建平台即平台的搭建方是以自己所用为目的,由平台的搭建方自己组织安排平台内容。常见的通过平台获利的方式有物流、下载和提供短信收发。

（1）物流

平台的提供方或者平台的使用方通过物流获得一定的收益。物流对平台的使用通常是以电子商务的形式呈现。电子商务的类型主要有以下几种，一是企业与消费者之间的电子商务，有代表性的是亚马逊，由亚马逊官方提供商品，并在其分布在各地的网络节点上进行展示，消费者根据自己的需要向该网站购买；二是企业与企业之间的电子商务，这是一种中介平台形成，买卖双方通过在某个平台注册，平台提供方为其提供交易商品展示、在线交流等服务，使用双方自由交流，达成交易，交易行为可以在网络上，也可以在网络之外进行。平台向交易方仅收取一定的会员费用；三是消费者与消费者对接的一种平台使用方式，平台提供方通过收取一定比例的交易金额作为费用，或者通过吸引一定人气和出售广告资源的方式获利。

（2）下载

下载是基于网络平台衍生的一种获利方式，内容服务商在网络上展示某领域的内容，受众需要通过付费才能获得内容，平台提供方根据出售的空间大小、平台通道使用带宽等收取一定的费用。提供的下载内容多是时尚类和资讯类产品，如目前流行的手机报、通过短信或者直接下载个人签名等。

（3）短信

短信是基于电信运营商平台而衍生的获利方式，也有网络平台与电信平台、电信平台与广电平台融合的获利方式。电信间的平台获利即是常用的点对点的短信服务，短信一般只在两个使用者之间传递。网络平台与电信平台之间的短信收益，一般是指通过网络平台向电信平台发送短信的方式，此类短信可以是"一对多"，也可以是"一对一"。电信平台与广电平台融合，即通过电信平台把短信发送广电平台，主要是一种参与性的短信，如竞猜、表达意见之类的短信。网络平台与电信平台融合、电信平台与广电平台融合的平台获利基本特征是获利需要重新分配。

5. 数字媒体增值服务

数字媒体的增值服务是指基于数字媒体平台，在不影响主业运营的同时向受众提供有偿服务一种方式。增值服务根据数字媒体的类属不同，增值的方式也不尽相同。

（1）道具

道具是数字媒体运营商根据本媒体的特征，为生存在媒体上的虚拟形象开发的一种商品。网络游戏商在提供网络游戏的同时，也同时向玩家提供一些品牌作为道具。在一些竞技性游戏中，网络游戏开发商把玩家或者游戏中虚拟人物使用的武器以某品牌商品命名，提升该品牌商品的知名度；在一些休闲型游戏中，网络游戏开发商把玩家在游戏中要消费的诸如食品等命名用某个品牌，当玩家遇到某个问题时必须购买该商品，从而加深玩家对该商品的印象，如 QQ 宠物中，当宠物生病就要购买游戏中设定的某个品牌的药；当宠物饥饿时，要购买某个品牌的食品。除了在游戏中使用之外，道具还经常以其他物件的形式出现在新媒体之中，同样是 QQ，若用户要装饰自己的 QQ 形象，就得购买服饰；要对 QQ 空间进行装饰，也得购买相应装饰品。

（2）定向服务

定向服务是指数字媒体运营商根据自己的服务内容、用户的需要有目的地向特定用户提供特定的服务。这些服务内容涉及相对宽泛，如移动电信运营商提供的天气信息、即时新闻等，电信服务的彩铃、来电显示、呼叫转移等，均属于此类。

（3）个人网络出版

网络出版是针对博客和个人相册开发的增值业务，旨在把用户的作品由虚拟空间移到现实社会。个人网络出版业务的程序是，博客或相册空间提供商适时推出个人出版软件，用户自助编辑、排版，一切妥当之后，向网站提交，网站根据既定的合约为用户提供博客成册或数码照片印刷服务。

（4）代收代付

代收代付功能是基于方便用户而开发的功能。用户使用互联网络或者通信工具，均以实名在平台登记使用。平台提供商根据其资费支付的方式，决定其通过该平台支付的信用额度，用户在互联网的特定界名或者向特定的平台发出特定的信息，即可完成购物的支付过程。平台根据用户的信息滞后或者实时收取相应的费用。目前各地均在实践手机短信购物，用户在特定的柜台前，向某个平台发送一个短消息，信息内容包括商品名称、购买数量即可获得商品，如中国电信与腾讯合作，代为出售 Q 币。代收代付可以最大限度地减少用户外出时携带货币的不便，即使是大笔转账也可以根据该功能实现。

（5）桌面饰品

桌面饰品即指平台运营商根据用户的偏好，设计制作的装饰品或者小工具。饰品提供方可以通过有偿使用，或者嵌入广告无偿使用的方式实现盈利。

6. 数字媒体与传统媒体融合

数字媒体的出现，既给传统媒体带来挑战，也给传统媒体的发展提供了新技术支持，而数字媒体的发展，也可以通过向传统媒体的融合而获得一定的收益。

（1）与平面媒体融合

平面媒体指传统媒体中的书籍、期刊和报纸等以纸为载体，通过机械化的手段进行生产，向大众传播的媒体。数字媒体与平面媒体的融合，将传统平面媒体的内容以数字媒体为载体向外界进行传播，现在的主要表现方式是网上读书、电子杂志和网络报纸。

（2）与电波媒体融合

由于传统电波媒体受到播出时间和接收终端的限制，将数字媒体与传统的电波媒体进行融合，可以拓展传统电波媒体发展的空间。台网融合现在常见的形式就是广播电台将其制作的节目通过网络或者基于网络构架的数字媒体进行传播，可以满足不同层次、不同时间空间的受众的需求，扩大受众面。数字媒体与传统电波媒体的融合还可以使用新的载体生产或发行载有传统媒体内容产品的传媒产品。如常见的某类节目集合以及编辑同题视频的方式，对传统电波媒体内容产品进行推广。此外，还可以借助传统媒体的制作技术，开办全新的网络节目，如 NBC 环球和新闻集团开办视频网站 HULU。

数字媒体作为一种新的媒体样式，根据各种媒体的特征，已经形成了与之相对应的盈利雏形，在众多数字媒体的盈利模式中，可以看出数字媒体已经出现规模经济和范围经济的同步增长。同时，随着媒体模式的不断更新，新技术的不断运用，其盈利模式也会随之发生变化，但其盈利的根本，仍然依存于内容、平台、衍生产品等方面。

3.3　数字媒体与文化创意产业

3.3.1　文化创意产业概述

1. 文化创意产业的定义

如果要给文化创意产业给出一个明确的定义,那么我们首先要理清"文化产业"、"创意产业"与"文化创意产业"这三个概念之间的关系。

(1) 文化产业的定义

"文化产业"(Culture Industry)这一概念最早诞生于霍克海姆和阿多诺合著的《启蒙辩证法》一书。联合国教科文组织对文化产业的定义是:"文化产业就是按照工业标准,生产、再生产、储存以及分配文化产品和服务的一系列活动。这一定义只包括可以由工业化生产并符合四个特征(即系列化、标准化、生产过程分工精细化和消费的大众化)的产品(如书籍报刊等印刷品和电子出版物有声制品、视听制品等)及其相关服务,而不包括舞台演出和造型艺术的生产与服务。"

在我国,2004年国家统计局根据我国的基本国情,对文化产业进行了概念界定:为社会公众提供文化、娱乐产品和服务的活动,以及与这些活动有关联的活动的集合。可以看出,中国将文化产业界定为文化娱乐活动的集合,区别于具有国家意识形态性的文化事业。尽管前者侧重于工业化的生产特征,后者侧重于文化产业的表现形式,我们仍可以从中得出一些共同点。

首先,文化产业从本质上应当是以营利为根本目的的商业活动。

其次,文化产业所生产的内容无论是有形还是无形,是原生品还是衍生品,都必须与文化领域相关。所以,在这二者的基础上,我们可以对文化产业做出一个最基本的定义:文化产业是一种以工业化生产为基础,生产文化娱乐产品和相关服务的商业行为的集合。

(2) 创意产业的定义

"创意产业"(Creative Industry)又叫"创意经济"(Creative Economy),这一概念于1998年由英国政府率先提出。随后,许多发达国家和地区都提出了创意立国或以创意为基础的经济发展模式,发展创意产业已经被提上了发达国家或发达地区经济文化发展的战略层面。从广义上来讲,创意产业即指源自个人创意、技巧及才华,通过知识产权的开发和运用,具有创造财富和就业潜力的行业。从对创意产业广义层面的定义中,我们可以看出,创意产业的核心在于创新,但不仅仅局限于文化领域的创新,任何通过创新来创造经济效益的行业都可以称之为创意产业;但从狭义上来讲,排除了创意作为生产方式对国民经济所具有的普遍意义,不少学者和国家把创意产业当作文化创意产业的一种简称,也就是说,狭义上的创意产业就是文化创意产业。

(3) 文化创意产业的定义

通过对"文化产业"和"创意产业"这二者定义的梳理与总结,我们可以看出,文化产业与创意产业都是工业化发展到一定阶段的产物,二者都注重精神财富的重要性,当把创意产业的定义缩小至文化领域时,其中与文化产业相交叉的部分便是文化创意产业(见图 3-11)。

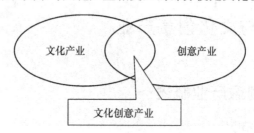

图 3-11　文化产业、创意产业以及文化创意产业三者的关系

至此,在分析了与之相关的两大概念的基础之上,我们可以对文化创意产业做出一个比较准确的界定:文化创意产业是以创造力为核心竞争力,通过技术、创意和产业化的方式开发和营销文化产品,将文化因素转化为经济效益的一种新兴产业。从这一定义中我们可以清楚地了解到:创新是文化创意产业能够持续发展的源泉和动力,也是最具有核心竞争力的因子;同时,文化创意产业并不是所有具有创新性事物的统称,而是其中与文化相关,并且通过产业化的方式来实现经济效益的新兴产业。

2. 文化创意产业行业的分类

(1) 国外文化创意产业的分类

1998 年,英国首次在《英国创意产业路径文件中》对创意产业的内容进行了归类。广告、建筑、设计、工艺品、时尚设计、艺术和古董市场、电影与录像、互动软件、音乐、表演艺术、出版、软件及计算机服务、广播电视等 13 个行业被纳入创意产业的范畴之内。这是对文化创意产业内容的最早划分,并且被新西兰、澳大利亚等一些国家完全借用至今。

在美国,文化创意产业的内容划分则比较特殊。首先,美国没有所谓的文化创意产业,他们统一称之为"版权产业"。美国的版权产业分为两大部分:核心版权产业和边缘版权产业。核心版权产业包括书报出版、音乐、广播电视、广告以及电脑软件等;边缘版权产业则主要指与版权相关的一些产业,但其核心并不是以版权为主。例如,产品为部分产权资料的产品、将版权产品分销到市场的产业以及所制造或销售的产品部分与版权相关(如电脑硬件、收音机等)。

除了英国和美国,在西方有相当多的国家和地区对文化创意产业内容的分类大同小异。但是在细节上,不同的国家和地区会有一些小差别。例如,芬兰的文化创意产业包括建筑及产业设计与艺术、图书馆及博物馆、书籍、报纸及期刊出版与制作、广告、摄影、电台与电视、影像制作与分销、录音、游乐场、游戏及康乐服务,同时主题公园等也在文化创意产业的范围之内。德国在其 2002 年发表的研究报告中,将视听市场、书籍、文学及出版市场、艺术及设计市场、电台及电视市场以及表演艺术及娱乐列为德国文化产业的核心。

(2) 我国的文化创意产业的分类

在我国,首先提出"文化创意产业"这一概念的是台湾地区。台湾将文化创意产业分为以下三类:文化艺术产业、设计产业、其他相关产业。这种分类方式从文化创意产业的表现框架进行了简单归类,并没有对具体的行业内容进行划分。但在更具体的划分上,中国台湾与其他国家和地区的区别在于,它将社会教育服务产业(如博物馆、画廊、文化设施)和创意生活产业(如婚纱摄影、茶楼)也一并纳入了文化创意产业的范畴内。

在内地,2005 年上海率先提出了创意产业的概念和分类,上海对文化创意产业的分类方式与台湾大同小异,它将文化创意产业主要分为研发设计、建筑设计、文化艺术传媒、咨询策划与时尚消费等五大类。2006 年,北京市发布了我国内地第一份文化创意产业分类标准——《北京市文化创意产业分类标准》。在该分类中,共将《国民经济行业分类》中的 82 个行业小类和 6 个行业中类纳入了北京市文化创意产业范围,并在此基础上将这 88 个行业分为 9 大类:文化艺术、新闻出版、广播电视电影、软件网络及计算机服务、广告会展、艺术品交易、设计服务、旅游休闲娱乐以及其他辅助服务。我国文化产业分类标准中所涉及的行业全部纳入了北京市文化创意产业统计范围。北京还补充了文化产业以外的体现科技创新活动的行业,如计算机系统服务、基础软件服务、工程勘察设计等行业。可以说北京市文化产业的分类是目前我国各类文化创意产业的并集。

在国家层面上,我国目前并没有对文化创意产业做出一个统一的行业划分,而是在文化产业这一大范畴内进行了简单的定义界定与层次归纳。2004 年,由国家统计局、文化部、广电总局、新闻出版署等部门共同制定的《文化及相关产业指标体系框架》中,文化产业这一概念被定义为"为社会公众提供文化、娱乐产品和服务的活动,以及与这些活动有关联的互动的集合",并将文化产业分为了三个层次:核心层、外围层和相关产业层。其中,核心层包括新闻、书报刊、广播、电视、电影、文化艺术服务等;外围层包括网络文化、文化休闲娱乐和其他文化服务;相关产业包括文化用品、设备及相关文化产品的生产与销售。

（3）文化创意产业的特征

哈佛大学经济与商业管理学教授理查德·凯夫斯（Richard Caves）在其《创意产业经济学》著作中,为创意产业归纳了七个特点:创意产品具有需求的不确定性;创意产业的创意者十分关注自己的产品;创意产品不是单一要素的产品,其完成需要多种技能;创意产品特别关注自身的独特性和差异性;创意产品注重纵向区分的技巧;时间因素对于一个创意产品的传播销售具有重大意义;创意产品的存续具有持久性与营利的长期性。凯夫斯的观点说明了创意产业的一些重要特点,是颇有见地的。

本书认为,文化创意产业的基本经济特点可以从需求与产品、人员与技术环境、产业链条的形成等几方面来探索。

a. 创意需求的不确定性和产品的多样性带来产业的风险性

文化创意产业生产的产品不是传统的基本物质必需产品,而是更富于精神性、文化性、娱乐性、心理性的产品。随着人们生活水平的提高,对这种精神性的产品的需求在总体上日益提升,需求量越来越大,这是创意产业发展的根本动力。但是对于每一个具体的产品如电影、电视剧、广告片、MTV、动漫、网络游戏来说,这种需求又有很大的不确定性。每一创意产品对于消费者需求来说,存在着时尚潮流、个体嗜好、传播炒作、时机选择、社会环境、文化差异、地域特色等多种不确定因素,因而也大大增加了创意产品的风险。

从当代经济发展来看,创意产业无疑是风险产业,对创意产业的投资是一种风险投资。风险投资被认为是当代经济增长的发动机。它以知识创新与高新科技为支持体系,具有可能的高收益、高回报和高增长潜力的特性,但这种高收益也可能遭遇风险。即使是十分成熟的好莱坞电影,同一个著名导演,也无法保证他的每一部电影都能成功。成功与风险并存,这就是创意产业的魅力。

b. 创意人员的高素质性和创意技术的开放性带来产业的高附加值性

创意产业的从业人员主要是知识型劳动者,拥有能激发出创意灵感的设计高手和特殊专才。他们不断创造新观念、新技术和新的创造性内容,职业能力既来自于个人经验积累,也来自于个人灵感的迸发。随着信息技术的不断发展,创意环境和技术的开放性使创意人员之间的交流和共享十分便利,共同创意带来的产品更加丰富,甚至过去的一些副产品都成了新创意的源泉。格雷厄姆·米克尔在《开放出版,开放技术》中表述了悉尼奥运会时悉尼独立媒体中心(Independent Media Centre,IMC)这个开放性网络媒介的情况,它的主要特色是可以自动发表奥运会参与者的投稿。IMC 是从一个叫"动感悉尼"的地方网站发展而来,它是一个虚拟中心,任何人都可以从家里、工作处所、图书馆或网吧向它投稿。开放出版和开放源代码是它的重要内容。它体现的是各种利益、影响和经历的汇合,这种汇合使它在许多方面成为互联网行动主义的精品。网络空间让人们在其中改变和电脑进行交互的方式,同时能够给我们反馈。我们不但可以使用技术,还可以使它适应我们,对此,进行的最好描述要数威廉·吉布森的一句话:"街道自会找到自身的用处"。

我们也许可以想出一些例子,例如,喜哈乐对唱机转盘的使用,他们使一种用于复制的设备变成了用于生产新东西的设备。还有一个例子是早期家庭音乐制作者对罗兰 303(Roland 303)的使用,本来是吉他手在家练琴使用的辅助手段,后来变成了一个全新音乐风格的创意出发点。

高素质的人员集合通过开放技术和环境产生的创意产品,往往处于价值链高端,那些具体的、原创的、丰富多彩的文化和科技创意转换成具有高度经济价值的产业,并发挥产业的功能创造财富,增加就业。这些产品的附加值比重明显高于传统产业产品和服务中的劳动力以及资本附加值比重。正如比尔·盖茨所说,创意具有裂变效应,一盎司创意能够带来难以计数的商业利益和商业奇迹。

c. 创意元素的渗透性带来创意链条的复合性

创意元素来自于文化背景,并且十分活跃,有"越界"组合的属性,往往能够渗透到传统的产业中,组合成新的产品形态。因此,创意产业的链条比一般线形的传统产业链条要丰富,呈现复合性,如小说《哈利·波特》带动了出版、影视、服装、软件、批发零售店等行业发展(见图 3-12)。

创意产业实现产业化一般可以通过两种途径实现,一是把具体的某项创意变成产业,把创意转化成一系列的商品和服务。例如,图 3-12 的《哈利·波特》小说,以及大家非常熟悉的迪士尼米老鼠形象,逐步衍生出电影、书籍、主题公园。我国本土运作的案例是著名舞蹈家杨丽萍任总编导及艺术总监,并领衔主演的大型原生态民族歌舞《云南映象》,演出成功后,有关方面投资筹建《云南映象》公司,按照国际惯例进行包装后进军国际市场。同时,用艺术品牌开发《云南映象》DVD、烟、酒、茶、服装、文具等衍生品,逐步建立像百老汇那样的品牌演出剧场,形成复合产业链条。

二是在传统产业的商品和服务中融入创意,提高附加值,提高创意的贡献率。例如,信息服务业中的彩铃,通过在传统电信服务中加入创意元素,开辟出新的电信增值服务领域,产生新的产业。还有,联想集团不断在其传统的二次制造业中加入创意元素,使其生产的计算机保持领先地位,成功收购美国 IBM 公司。其联想品牌也逐步跨越到打印器材、手机、奥运产业(祥云火炬和奥运赞助商)、NBA 体育等领域。

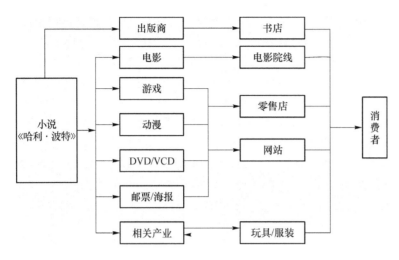

图 3-12　哈利·波特相关产业链

3.3.2　数字媒体与文化创意产业

在知识经济时代,文化成为经济发展的重要资源,而文化产业则成为重要的支柱产业之一,创造出了可观的经济效益,成为经济发展的引擎。文化产业被公认为是 21 世纪的朝阳产业,以其独特的魅力和惊人的成长速度吸引了全球的目光,越来越多的国家开始将文化产业视为一种战略产业,无论是发达国家还是发展中国家,都已把大力发展文化产业作为新的经济增长点。

创意产业是文化产业发展到新阶段的产物,是文化产业中最具创造性和先导性的核心组成部分,新经济时代的创意产业是全球化条件下,以消费时代人们的精神文化、娱乐需求为基础,以高科技技术手段为支撑,以网络等新传播方式为主导的,以文化艺术与经济的全面结合为自身特征的跨国跨行业跨部门跨领域重组或创建的新型产业集群。它是以创意为核心,向大众提供文化、艺术、精神、心理、娱乐产品的新兴产业。它改变了过去时代产业发展的静态平衡,趋向于一种发展的、动态的平衡。不仅体现了当代文化与经济的相互交融,还体现了文化的经济化和经济的文化化的新趋势。

数字媒体包括了图像、文字以及音频、视频等各种形式以及传播形式,数字媒体内容的数字化,即信息的采集、存取、加工和分发的数字化过程。其范围涉及影视制作、动画创作、广告制作、多媒体开发与信息服务、游戏研发、建筑设计、工业设计、服装设计、人工智能、系统仿真、图像分析、虚拟现实等领域,并涵盖了科技、艺术、文化、教育、营销、经营管理等诸多层面。数字媒体已经成为继语言、文字和电子技术之后的最新的信息载体,就其主要应用领域进行分析后不难看出,基于计算机和网络技术的数字媒体发展对推进创意产业发展起着至关重要的作用

1. 数字媒体是文化创意产业的主要内容

（1）数字电影

数字化的电影为电影的发展提供了新的历史机遇,它已经涵盖了电影的三个重要的

环节——制作、发行和放映。数字电影中的数字特效更是重中之重,商业电影中也越来越依靠特殊视觉效果赢得观众,在视觉上给人以冲击与震撼。数字镜头比例越来越高,并且,在现代,我们已经很难发现在一部电影中没有任何的数字特效成分了。数字特效如今是确保票房的最大热点并且成为与电视业的竞争中获取胜利的法宝。从《星球大战》中虚拟的太空世界到《泰坦尼克号》中数字处理的人群再到《角斗士》中的古罗马圆形竞技场等数字技术的创新充分体现了影片的商业卖点和艺术亮点。精妙奇幻的效果在全球市场产生轰动效应,其文化意识和观念也逐渐进入各国,影响到其他国家的消费心理和方式。如《泰坦尼克号》,它的全球总利润已经超过了 19 亿美元,同时在艺术上的成功也是破纪录的,获得过 14 项奥斯卡奖。在中国,张艺谋的《英雄》耗资 3 亿人民币,其中一半是用于后期特效的制作。它创造全球 1.8 亿美元的票房奇迹,无论从艺术水准上,还是从商业意义上讲,都获得了巨大的成功。

（2）动漫

动漫产业无论是给个人还是企业、国家,都会带来可观的效益。在国外,动漫产业成本投入的 70% 需要通过延伸产品来实现,尽管动漫电影放映票房收入本身不俗,但由其衍生出的玩具、游戏、用品等产业链条的收益,却远远大于动画片本身,动画片的播出只占整个产业很少的一部分。全球动漫产业每年产值 400 亿美元,但是相关的衍生产品却达到了 4 000 亿美元。一部动画片《变形金刚》的衍生产品就从中国赚取了 50 亿元人民币。年营业额超过 90 亿美元的日本动漫,早与娱乐一起成为国内经济文化的主流和全球产量最大的动漫大国;即便是后起之秀的韩国,动漫产品的产量也占全球的 30%,产值仅次于美、日,成为韩国国民经济的六大支柱产业之一。动漫产业不仅代表了数字网络技术发展的新方向,更对服装、文具、玩具、食品等关联产业的发展具有强烈的牵引作用,同时成为创意产业的领跑者。

（3）电子游戏

电脑网络游戏潜力巨大。IDC 和中国出版工作者协会游戏出版物工作委员会（GPC）联合发布了研究报告《中国游戏产业市场 2008—2012 年分析与预测》。报告表明,2007年是中国网络游戏市场取得飞速发展的一年,网络游戏市场销售收入达 105.7 亿元人民币,比 2006 年同比增长 61.5%。IDC 预计 2012 年中国网络游戏市场销售收入将达到 262.3 亿元人民币,2007—2012 年的年复合增长率为 19.9%。全球电脑游戏行业年销售额已超过好莱坞的全年收入。网络游戏已经显示了成为一个巨大新兴产业的潜力。网络游戏在保持快速发展的同时,手机游戏、动漫游戏和单机游戏也在快速发展。据国外有关统计,仅仅 2002 年,世界网络游戏的产值就突破了 60 亿美元。选择上网娱乐游戏的人群占互联网人群的比例超过 30%,而一些发达国家甚至超过 60%。日本游戏软件业从1983 年任天堂公司推出 8 位电视游戏机至今不到 20 年的时间发展到了数十兆日元。韩国已把发展游戏产业上升为基本国策,其网络游戏产业的发展据称已超过汽车工业,创造了网络游戏的神话奇迹。

（4）手机

近两年来,在短信业务持续增长的同时,彩信等语音增值业务也逐渐兴起,网络彩信、WAP 等业务也开始提速,移动增值业务也步入了多元化的发展阶段。随着增值业务的发展,手机报、手机刊、手机游戏等新的信息传媒方式都证明了手机已不仅是新的娱乐载体,同时还具备了媒体的功能。手机也被人们认为是继报纸、广播、电视和互联网之后的"第五媒体"。2006 年年底我国手机彩铃、手机游戏、手机动漫收入达到 80 亿元。

2. 数字媒体是文化创意产业的重要载体

近年来,现代传播媒介高速发展,宽带技术、多媒体传播、数字化与互联网的兴起对传统文化产生了巨大的冲击。信息技术能为文化创意产业的传播和推广提供载体,尤其以因特网为载体的网络媒体的变革使得文化创意产品传播速度更快。无论是音乐、照片、视像、文件还是对话都可以通过同一种终端机和网络来传送及显示,在网站上给手机发短信、下载铃声已成为时尚,在娱乐领域,互联网也正成为越来越多网迷的新宠。网络媒体使语音广播、电视、电影、报纸、图书等创意信息内容融合传播。网络媒体的这种大容量、即时性、互动性和超越性的优点,为人们快速提供大量文化创意产品的信息提供了很好的传播途径。

3. 数字媒体是文化创意产业的主要技术手段

技术创新是文化创新的主要驱动力,以数字内容设计和制作为中心,不仅使图像、语音与数据融合,而且还使不同形式的媒体之间的互换性和互联性得到加强,打破了先前文化艺术固有的边界,给文化创意产业的发展带来了强大的生命力。例如,网络游戏、传媒、广告、动漫、创意设计、出版、会展等这些产业要涉及图像的采集、处理、输出及传输等过程,都需要借助大量的数字技术工作。随着文化创意产业的发展,其对技术的需求将会提出越来越高的要求,同时技术的创新也会为文化创意产业的发展提供了有力的保障。

4. 数字媒体提高文化创意产业的竞争优势

竞争优势的塑造有两个最基本的来源,即差异化和低成本。对文化创意产业而言,产品差异性是其重要的一个特点,而信息技术的普及和改进能为产品的差异性提供更好的发展平台,尤其那些涉及三维造型、图像和影像等多媒体文件的创意产业都需要借助计算机和网络进行个性化制作、设计和复制传播,从而高效地服务于差异化群体。在低成本这个特点中,数字媒体的数字化和双向传播给创意产业带来了独特的传播优势,降低了其成本,同时数字技术的技术和性能的不断提高也给文化创意产业的成本降低带来了很大空间。

本 章 小 结

进入 21 世纪以后,数字产业的迅速崛起成为发达国家和地区产业结构变动的一个突出现象。数字产业的全球兴起是知识经济条件下城市产业和消费升级的必然趋势,同时,数字产业的发展和繁荣不仅直接促进了现代服务业的快速发展,而且也通过创意设计、品牌培育、营销策划等手段提高制造业产品的附加价值,从而带动先进制造业的发展。

数字媒体产业是文化领域的高端产业,对传统文化的创造和改革,继承和发扬传统文化,才能使我国的文化产业与时俱进,具有广阔的发展空间。目前,我们国家的手机用户居于全球之首,也正因为此,我们在手机彩铃、短信等移动内容方面在全世界也走在了最前面,而随着这个平台的不断扩大,意味着未来还会有更大的发展空间。同时,中国的网民也在迅速的发展,我们相信,互联网可能就会是下一个最大的创意产业的平台,互联网的出版、教育等产业将会是创意产业下一步发展的一个亮点。数字媒体产业的巨大潜力,已经引起了各方的广泛关注,预示了我国将数字媒体产业做大做强的广阔前景。

思 考 题

1. 结合数字内容产品细分及产品特征,谈谈数字内容产品应该面向哪些市场?
2. 简述数字媒体的运营策略。
3. 结合案例,分析数字媒体的二次销售。
4. 如何理解数字媒体是文化创意产业的重要载体?

参 考 文 献

[1] 龚艳平.博客新媒体:所有人对所有人的传播[J].中国新闻传播学评论,2006(06).

[2] 马歇尔·麦克卢汉.理解媒介[M].北京:商务印书馆,1998.

[3] 徐飞,黄丹.企业战略管理[M].北京:北京大学出版社,2008.

[4] 王贞子.构成在数字媒体创意教育中的应用[J].装饰,2010(09).

[5] 耿卫东,陈根才.挑战复合型动漫技术人才的培养:数字媒体技术专业建设回顾[J].计算机教育,2008(13).

[6] 郑香霖.媒介整合从经验走向量化[J].成功营销,2011(11).

[7] 孙西龙,申泽.数字媒体在创意产业中的地位和作用[J].新闻爱好者(理论版),2007(06).

[8] 田煜,陈荔.基于"钻石体系"模型的上海数字媒体产业竞争力影响因素分析[J].商场现代化,2007(26).

[9] 张秋月.浅谈数字媒体在文化创意产业发展中的地位及作用[J].科技传播,2009(03).

[10] 蒋宏,徐剑.新媒体导论[M].上海:上海交通大学出版社,2006.

[11] 苏志武,丁俊杰.亚洲传媒研究[M].中国传媒大学出版社,2006.

[12] 吴信训,金冠军,李海林.现代传媒经济学[M].上海:复旦大学出版社,2005.

[13] [英]吉莉安·道尔.理解传媒经济学[M].李颖,译.北京:清华大学出版社,2004.

第 4 章
数 字 影 视

数字影视产品诞生于 20 世纪 80 年代,是高科技的产物。数字电影、数字节目,是指以数字技术和设备摄制、制作存储,并通过卫星、光纤、数字硬盘、光盘等媒介传送,将数字信号还原成符合影视技术标准的影像与声音,放映在终端上的影视作品。从影视产品制作工艺、制作方式、发行及传播方式上均全面数字化,可视为完整意义上数字影视产品。通俗地讲,数字影视与我们所熟悉的家庭 DVD 电影有着很多相同点,而最大的区别在于"影视技术标准的影像与声音",这是技术指标,如此说法,就让更多人可以简单明了地更直观地理解数字影像产品的意义。如若将概念更为细化的讨论,那么数字影视产品的概念就是:以数字方式制作、传播、发行、播出及质量符合影视技术指标要求的影视作品。其节目源使用磁带、胶片转成数字媒体文件、电脑数字制作或直接用数字媒体摄像机拍摄 3 种方式获得,其发行可以通过网络、卫星、光纤传输或者数字硬盘、光盘等载体来完成。其展示方式主要通过网络平台和数字播出机两大设备来实现放映。数字影像技术涉及计算机技术,数字技术,图像压缩技术,图像处理技术,显示技术,微电子技术,传感技术,激光技术,数据发送、存储等高新技术。因此,从节目制作工艺、制作方式到发行及传播方式上均全面数字化。可视为完整意义上的数字影视节目。本章主要从数字电视和数字电影两种形式的数字产品进行解读。

4.1　数字电视

4.1.1　数字电视概述

1. 数字电视的概念

数字电视(Digital Television,DTV)是在数字电子技术基础上发展起来的,其基本技术特征就是以高度压缩信息量和离散的方式快速处理音像信息。数字电视的含义不仅仅是指一般的电视接收机,而是包含了从摄制、编辑、播送、传输、接收到显示、储存全过程的数字化。由电视台发出的图像及声音信号,经过数字压缩和数字调制后形成的数字电视信号,经过空中无线方式或有线电缆方式传送,由数字电视机接收后,通过数字解调和数字音频、视频解码处理,还原成原来的图像和伴音。全数字电视构成示意图见图 4-1。

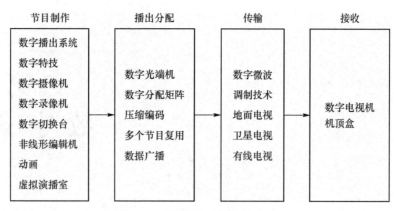

图 4-1   全数字电视构成示意图

2. 数字电视的特点

为了更好地了解认识数字电视,我们不仅要知道什么是数字电视,还有必要了解数字电视的特点,而我们一般了解得最多的是数字电视的高画质、高清晰、多频道等特点,经归纳概括,可以从数字电视的技术特点、传播特点两方面来更加清晰地认识数字电视。

(1) 数字电视的技术特点

a. 先进的信源压缩编码技术(图像、声音、数据)

通过这种技术采集、加工、制作出的音频、视频具有高画质、高清晰、高质量的特点,不会产生图像、声音失真等情况。而且因数字电视节目都是采用数字技术制作的,是两进制的数字信息,节目复制完全不会出现节目质量变化,改变了传统电视模拟信号复制依次衰减的状况,提高了节目的质量。

b. 先进的数字传输/存储技术

以前的信息/存储技术使信息不易长期保存,而且模拟信号在传输过程中,信号易衰减,也容易受各种其他信号干扰,不容易保证信号高质量、不受损地传输。先进的数字传输/存储技术就完全解决了这些问题,使传输端发出的信号能无衰减、无损耗的准确传输到每个数字电视机接收终端。这样使得接收的节目无论从清晰度、逼真度等方面都无可挑剔。

c. 先进的宽带技术

数字电视网采用的是宽带网络,而且与计算机网、电信网有三网融合趋势,通过数字电视传输网络可以传输海量的信息内容。从理论上说数字电视宽带网络可以同时传输500 个以上频道的节目,而 500 个频道完全可以满足所有用户的需求。这一特点将电视机媒体拓宽成为多媒体信息平台,使开展多功能信息综合服务业务成为可能,电视网站、交互电视、股票行情与分析、视频点播等新业务的开展将变得更加容易,用户将从单纯的收视者变为积极的参加者。

(2) 数字电视的传播特点

a. 一对一传播

每一个数字电视机顶盒或每一台数字电视机,就是一个接收终端,数字电视节目与信息服务传输端可以根据用户的需求,为他们传输特定的、个性化节目,而不是像以前模拟电视时代那样把节目笼统地没有针对性地传输到每一户,实行点对面的传播。数字电视实行的是点对点传播、一对一传播。

b. 交互式传播

数字电视的双向互动功能,改变了传统电视的单向传播特点,改变了单纯的点对面、我播你看的传播方式,改变了以往媒体单向传播的缺陷,实现双向互动,用户可以与节目互动,可以与节目传输商互动,可以实时订购节目、反馈意见等,用户将有更多选择。

c. 可以实现异步传播

数字电视可实现异步传播,即可以做到节目传播与观众收看节目异步进行,特定的节目和信息可以先传送并存储在数字电视接收终端(机顶盒),受众根据自己的时间安排选定方便的时间收看,如有兴趣还可以反复收听收看。这改变了以往受众收听收看必须与信号(节目)传播同步进行的缺陷,受众不再被动接收信息,信息传播的主动权越来越多地向受众方面转移。

由于数字电视的技术特点和传播特点,又使得数字电视的经营和服务与模拟电视的经营和服务有很大的不同,甚至可以说数字电视引发了电视产业盈利模式和经营方式的变革。

3. 国内外数字电视发展情况

数字电视从诞生以来,世界各国都采取各种各样的政策和措施来推动数字电视的发展,国家广电总局下属的《广播电视信息》杂志社(R&TI)2006 年发布的《2005—2006 年中国数字电视产业报告》指出,2005 年全球数字电视用户达到 1.7 亿,比 2004 年增加了 4 000 万左右。全球数字电视平均普及率超过 16%。虽然数字电视取得了一定的发展,但总的来说数字电视在各国的发展并不如预想的那么满意。

(1) 国外数字电视发展概况

国外各个国家都十分重视数字电视的发展,不管是以市场促进发展,还是以政府促进发展。例如美国:据美国全国广播工作者协会(NAB)称,现在有近 80% 的家庭至少接收一套数字电视信号,美国的数字电视已经得到了大面积的推广。美国对数字电视的研究起步较晚,但由于从日本和欧洲的研究中得到许多启示,并吸取了主要数字电视制式的优点,因此制式相对完善。1996 年 12 月美国联邦通信委员会(FCC)批准了以数字电视为基础的 ATSC 数字电视标准。1998 年 11 月,美国数字电视地面广播(包括高清晰度电视及标准清晰度电视)开通。到 2002 年,全美 160 多家电视台全部开播 DTV 节目,将于 2006 年 12 月 31 日以前停播微波模拟广播电视。截止到 2003 年 3 月 18 日,美国大约已有 779 家商业电视台实现了数字广播,有 4 家公共电视台完成了数字化改造。代表 80 家公共电视台的"公共广播协会"正在等待第 108 届国会批复 13.7 亿美元的拨款计划,用于加速模拟向数字广播的改造。例如加拿大:数字电视用户的骤增使加拿大主要电视公司的年收入猛增 48%。联盟 Atlantis 公司的英语电视频道用户数量比上年增加 32%。AAC 公司 7 个数字电视频道中,有 3 个频道在 25~54 岁观众收视中排名前 10 位。Showcase 动作频道收视排名第 1,其次是加拿大 BBC 频道。总的说来,目前各国的数字电视都在不断发展,但发展势头并不那么喜人。如美国 FCC 原来计划在 2006 年关闭电视信号的模拟播出,前提是有 85% 以上的用户可以收看数字电视,但目前这一比例仅达到 55%,2006 年年初,美国把关闭模拟电视的时间推后到 2009 年 2 月 17 日。芬兰、瑞典、挪威、意大利关闭模拟电视的时间表为 2007—2008 年,澳大利亚、韩国、法国、西班牙、德国、丹麦等国计划于 2010 年关闭模拟电视。从目前各国的进展来看,不少国家都有可能像美国一样将时间表向后推。看来,全球许多国家仍和中国一样,正在大力吸引和发展数字电视用户。

但与中国不同的是,欧美等其他各国,他们在进行数字电视用户发展的同时,早就已经有一套成熟有效的电视经营模式。在美国、英国等国家,早在还未出现数字电视之前的有线电视时代,付费电视就已经成为电视行业重要的收入来源。以前美国有线电视节目可以分成三大类:基本的有线电视节目(basic cableservice),付费有线电视节目(pay service),专门节目(specialty service)。有线电视用户的金字塔从底部到顶部依次是:通过的家庭(Passed Homes)、基本频道定购家庭、扩展的基本频道定购家庭(Expanded Basic)、付费频道的家庭(Pay Households)、多个付费频道的家庭(Multipay Household)、个别付费节目的家庭(Pay-per-View)、多次个别付费的节目的家庭也就是所谓的"即兴个别付费节目"(Impulse PPV)。

并且,在有线电视时代,这些国家的有线电视就已经基本靠订户费盈利,在美国有线电视业务经营中,几乎90%的年收入来自于订户费,5%来自于广告收入,5%来自于安装和租借费。这些国家的有线电视时代,电视行业就很重视节目内容开发,重视 ARPU 值,重视客户服务,重视市场营销。所以,数字电视为英美国家的电视行业带来的变革远没有为中国的电视产业带来的变革巨大。中国电视产业不管是无线收视时代还是有线收视时代,一直以来主要靠广告盈利,收取的有限的费用也主要是线路维护费,内容也常常是千篇一律,而且中国电视有经营意识也是最近十年左右的事,因此国内的数字电视产业发展还任重道远。

(2)国内数字电视发展概况

我国数字电视的发展从 1992 年开始就已在国家正式立项,并由国务院亲自成立了相应的领导小组,负责协调和制定战略发展计划。1998 年 8 月,完成了高清晰度电视系统的联试;1999 年,在新中国成立五十周年的庆典上,我国成功地试用高清晰度电视技术对庆典活动进行了实况转播。并且,为推进中国有线电视数字化进程,加快建立有线数字电视技术新体系。2003 年 6 月 10 日,国家广电总局根据《广播影视科技"十五"计划和 2010 年远景规划》,制定发布了《我国有线电视向数字化过渡时间表》。时间表将数字电视的过渡分为四个阶段进行。

a. 地域划分

除北京、天津、上海、重庆四个直辖市外,分东部、中部、西部三个地区。东部地区包括广东、福建、江苏、浙江、山东。中部地区包括湖南、湖北、海南、四川、安徽、江西、广西、河南、河北、山西、陕西、辽宁、吉林、黑龙江。西部地区包括新疆、西藏、青海、宁夏、甘肃、内蒙古、云南、贵州。

b. 时间划分

分 2005 年、2008 年、2010 年、2015 年四个阶段。

c. 过渡计划

第一阶段:到 2005 年,直辖市、东部地区地(市)以上城市、中部地区省会市和部分地(市)级城市、西部地区部分省会市的有线电视完成向数字化过渡。第二阶段:到 2008 年,东部地区县以上城市、中部地区地(市)级城市和大部分县级城市、西部地区部分地(市)级以上城市和少数县级城市的有线电视基本完成向数字化过渡。第三阶段:到 2010 年,中部地区县级城市、西部地区大部分县以上城市的有线电视基本完成向数字化过渡。第四阶段:到 2015 年,西部地区县级城市的有线电视基本完成向数字化过渡。

d. 过渡办法

采取分区分片整体平移的过渡办法。在一个 HFC 有线电视网中,以最后一级光节点为单位整体向数字平移,即在最后一级光节点所带用户每户至少配置一个机顶盒后,可以在该光节点关闭模拟信号。以此类推,当所有光节点都关闭模拟信号后,整个有线电视网就可以停止传送模拟信号。

综观目前我国的数字电视发展情况,喜忧参半。喜的是:全国各地的数字电视整体平移转换工作正在如火如荼地进行,数字电视用户数量正在持续增长,全国各地很多地方如青岛、杭州、佛山等地的整体平移工作取得了不俗的成绩。忧的是:除了因整体平移转换增加了有限的一些数字电视用户之外,中国的数字电视产业并没有什么实质的发展。虽然有好些省市也已经建立起数字付费电视平台,但由于节目内容匮乏、广电体制不健全等方方面面的制约因素,真正投入商业运营的屈指可数,拥有大量订户成功盈利的很少,就全国来看,仍然处于起步阶段。而且,在近几年推行数字电视的过程中,出现了许多误区。例如,比较注重宣传电视数字化技术的运用如何会增加画面的清晰度、如何会增加节目内容的数量。消费者并不关心节目采用什么样的技术手段,仅仅为了网络数字化而让受众买单是行不通的。此时,节目内容的丰富多彩恰恰成为不能兑现的空话,加上数字电视机顶盒(STB)相对较高的价格和高于目前正在使用的有线电视业务的收视费,更使广大消费者在选择数字电视时犹豫不决。最近两年,为了推动数字电视的发展,国内有好些网络运营商采取赠送机顶盒的营销手段,但应该看到,这种赠送行为只能作为一种辅助手段帮助发展用户,它不是消费者的真正需求,而且这样不仅会增加设备生产企业和运营者的负担,还会造成传统有线电视业务的弊病——庞大的受众,微弱的受益,显然这种运营模式对数字电视产业长期良性发展帮助不大。

在推行数字电视的过程中,唯一没有被大家重视的是市场服务这个数字电视产业链中极其重要的环节,尽管业内已经有关于发展数字电视服务信息的观点,但一直没有给予足够重视。在某种程度上这是传统有线电视付费业务的简单、粗放的包月式运营模式带给人们的惯性思维。传统有线电视付费业务正是忽视了发展服务营销,才造成了有线电视目前尴尬的发展态势。

因此,中国数字电视要取得健康发展,整体平移转换工作固然重要,但丰富节目内容,开展市场营销和完善的市场服务也是发展数字电视所必须重视的内容。而且发展和普及数字电视的关键在于如何通过产业价值链将数字电视产业核心优势传递并转化为竞争优势,最终真正为市场所接受、为广大消费者所接受。

4.1.2　数字电视的传播

1. 数字电视的精确传播

数字电视与精确传播有着天然的联系,数字电视的传播方式天生就是精确传播。数字技术在电视行业的广泛应用,数字电视新媒体的出现,双向电视、交互式多媒体系统的开发普及,这使电视传播将会发生根本性变化,除了由单向传播转变为双向交互传播外,受众还可根据自己的爱好随时点播或定制自己要看的节目,观众可以在任意时间自由选择自己需要的电视节目,电视传播完全成为受众个人的事情,观众有时甚至可以选择观看哪台摄像机的拍摄角度。因此,电视一直以来虽然作为传统的大众传播媒介,但其仍可以实现精确传播,数字电视传播就是基于电视这一大众传播媒介进行"精确传播"。

在数字电视时代,数字电视的信息接收者或消费者,我们还是沿用传统的说法叫"受者",他们有着主动性、参与性、需求个性化等符合精确传播特点的接收特征。社会整体文化程度和收入水平的提高,尤其是城镇居民文化消费水平的提高,使得个性消费的特点显现出来,个性消费的特点同样也表现在受众对数字电视业务的消费上。而数字技术的应用使得数字电视的频道资源大量增加,原来几十个频道可以增加到上百个。数字电视越来越像一种"信息超市"或者是"信息自助餐厅",传者通过提供足够让受者选择的信息数量和信息种类,大大解放了受者原来的被动性,主动性程度得到了很大的提高。数字电视推出的多项信息类服务业务,如股票信息、远程教育、医疗保险等都与人们日常生活息息相关,这样也会吸引很多用户积极主动选择使用服务信息。再加上以往只能收看电视节目的电视机也能用来玩游戏,电视不再仅仅是一种信息平台,同时也成了像游戏机一样的娱乐工具,用户可以直接参与,及时进行信息反馈,这大大激发了受众的参与兴趣和积极主动地收看数字电视。

而数字电视时代的传者,有着高效性、易满足受众个性化需求等符合精确传播特点的信息传播特征。数字电视背景下,数字化的信息采集工具和传输设备使电视媒介组织采集、加工处理、传输信息更加方便,且速度更快,质量更高;而采用了数字化存储技术和编目软件的影像资料管理系统,使得资料查询、下载和复制等任务都可以在管理系统上很方便地查询和检索。工作人员不必像以前那样在库房里埋头寻找然后抱出一大堆磁带,只要使用计算机搜索功能就可以轻松找到需要的素材资料,从而大大节省了时间,提高了工作效率。另外,虚拟演播室、信息存储系统、信息资源的共享等因素大大降低了电视节目制作的成本。由此可知,数字电视传者的高效性使其加工处理信息的能力大大增强;它的融合性使得电视将和电脑一样,成为使用者的信息接收终端。这些都为传者推出多领域和高质量的信息服务奠定了基础,从而让精确传播成为可能。

另外,数字电视时代,电视信号由原来仅能单向传输且容量极其有限的线缆传输变成了能双向传输并且容量大得多的宽带传输,每一个机顶盒就是一个接收终端,就是一个消费者。模拟电视时代由于传受双方时空上的远离,受者无法被传者具体确认和感知。对于传者来说,受者是不确定的、模糊的、隐匿的。而通过机顶盒,数字电视的传者与受者之间的互动增强,传者可以通过用户管理软件系统,用系统的权限验证管理、系统设置管理、用户信息管理、业务管理、查询统计管理等多项功能对有线电视用户资料和信息进行综合管理。这样,对受者的基本信息、消费偏好、消费需求能够充分掌握,使数字电视传者对受者的信息掌握就变得全面和易行,对受者的服务精确到每家每户,从而实现精确传播。所以说,数字电视天生就能实现精确传播,而且也应彰显这种精确传播优势。

2. 数字电视的互动传播

由于传者与受者之间的"互动"关系不会仅仅停留在交流沟通的层面上,所以它更需要一种更为即时、有效的反馈,而目前通信技术的发展和数字电视技术的演进恰恰为电视互动传播即时性实现创造了硬环境条件。数字电视丰富多样的互动传播形式可以让观众最大限度参与到节目中来,使观众获得内容控制主权,成为电视传播的真正参与者,而不仅仅是被动的接受者。互动的方式既对电视节目产生了积极影响,也在一定程度上降低了收视门槛,缩短了电视与观众之间的距离,提升了收视份额乃至数字电视传播的影响力。

(1)数字电视交互技术特征

数字电视是继传统电视(黑白电视、模拟彩电)后第三代电视系统,是电视节目从演播室到发射、传输、接收的所有环节都是使用数字电视信号或对数字电视信号进行处理和调制的全新电视系统。其具体传输过程是:由电视台送出的图像及声音信号,经数字压缩和数字调制后,形成数字电视信号经过卫星、地面无线广播或有线电缆等方式传送,由数字电视接收后,通过数字解调和数字视音频解码处理还原出原来的图像及伴音,而数字信号的转化则是通过数字转换变成以一种分散的、不连续的离散方式来表示的二进制数字信息,从传统载体上把传统影像和数字影像区分开来。

由于数字电视技术涵盖了数据压缩、双向传输、虚拟现实等多方面技术,因此它具有以下特点:数字电视设备的自动控制和调整,利用加密、解密和加扰等技术开展各类收费业务,节目清晰度高,抗干扰能力强,普通模拟电视升级方便等。

(2)数字电视互动传播特点

目前,数字电视互动传播主要体现在其技术功能方面,数字电视技术直接导致电视传播的极大变化。

a. 电视传播的量变

目前,多数用户通过有线电视网可以看到 30~50 套电视节目。数字化转换后,电视节目便可增加到几百套,在现有的频道基础上,还可以看到多样化、专业化、个性化的频道,如足球频道、健康频道、幼儿教育频道、老年频道等,满足了人们不同的需求。其中,国内的央视风云频道比较具有代表性。其精心创办了数个个性鲜明、质量上乘的数字付费频道,如《世界地理》、《第一剧场》、《风云剧场》、《风云音乐》、《风云足球》、《高尔夫·网球》、《怀旧剧场》、《央视精品》、《国防军事》、《女性时尚》和在北美长城平台上播出的《CCTV—戏曲》、《CCTV—娱乐》频道。这种数字电视海量信息传播特征恰恰印证了利奥塔的"小叙事"论点,如果我们把电视传播的形式看作"叙事",那么数字电视传达巨量的、快速流动的信息便使得人们无所适从,许多叙事也不可能在时间和空间上获得绝对的统治地位。大量的叙事在信息流中涌动,新的叙事在迅速地流动中可能很快挤走前一个叙事,但是它也不可能永远占据主导地位,更新的叙事不断地冒出来,许许多多这样的叙事共同存在,实际上取消了任何宏大叙事主导的可能,呈现出一种"小叙事"群的状况,这也正是数字电视海量节目背后的特点。

b. 电视传播的质变

电视节目的质变直接使电视机变成了多媒体信息的一个个终端,"受众不仅能看电视节目,还可以按需求主动即时点播节目收看,利用交互式电视服务这一回传功能,还使数字电视具有更多用途,其中包括电视购物、信息咨询、互动教学、购买机票、家庭医生、家庭理财、证券买卖、办理银行业务等,使数字电视真正成为人们生活中不可缺少的工具,成为当代社会服务业的支撑平台。

c. 电视传播方式的改变

数字电视的互动传播方式彻底打破了传统电视的传播模式,以往人们看电视是被动地接受电视台的播出时间,电视台什么时候播,就只能什么时候看。回顾2008年北京奥运,中国新一代拥有自主知识产权的双向数字电视在北京投入使用。当时观众收看前一天晚上播出的新闻节目便是通过北京经济开发区开通的双向交互数字电视系统实现的。用户可以存储喜爱节目在任何时候播放,既方便了观众收看2008年奥运会的各项赛事转播,还可以自主控制播放过程随时对当前播放的电视节目进行暂停、快进等操作。数字电视的出现使人们可以完全根据自己的时间选取自己喜欢看的节目,同时这种为用户提供了一对一、端到端的个性化服务,也可在一定程度上为政府、社会各界和人民群众搭建了新的信息平台和服务窗口,值得在应用上进一步研究。

（3）数字电视互动传播的必然性

我国自启动数字电视的全面平移以来,数字电视事业有了飞速发展,从"政府—行业—百姓",都对数字电视有了一定程度的认识和理解。但是尽管政府在大力地宣传,广电部门在不遗余力地推动,数字电视还是一直处于较沉闷的局面,市民百姓的反应也非常平淡,难道数字电视对于受众真的没有什么价值么?答案当然是否定的。目前,从中国的国情来看,数字电视虽然已经起步六七年之久,但数字电视的传输、接收等标准却迟迟未能统一。而中国又有着非常丰富的免费模拟电视收视环境,正版内容限制多,盗版猖獗,中国的电视观众也早已习惯了电视频道"免费大餐",因此,在现有状况下,数字电视的传播和发展单纯依靠收费电视内容根本无法产生价值和足够的用户驱动力。我们不难看出,数字电视的诞生为用户带来了两个明显的区别:内容选择的极大丰富和互动功能的极大增强。数字电视由于自身独有的技术特点,其核心价值在于互动,而互动应用又主要体现在收视方式、媒体链接以及演播模式的交互上,数字互动电视的实现以依靠轮播、分步互动、中央互动三个层次分别实现,或三种方式结合实现。受众群完全可以变被动为主动,由远观变为参与,这才是数字电视有别于模拟电视的最大不同,所以唯有互动传播才是中国数字电视发展的关键之路。

3. 数字电视的异步传播

数字电视可实现异步传播,即可以做到节目传播与观众收看节目异步进行,特定的节目和信息可以先传送并存储在数字电视接收终端（机顶盒）,受众根据自己的时间安排选定方便的时间收看,如有兴趣还可以反复收听收看。这改变了以往受众收听收看必须与信号（节目）传播同步进行的缺陷,受众不再被动接收信息,信息传播的主动权越来越多地向受众方面转移。

4.2 数字电影

4.2.1 数字电影概述

1. 数字电影的概念

对于数字电影的界定,无论是从广义上分析、还是从狭义上解读都是注重于以技术为主的判定标准。当今的电影业已充斥着数字技术,电影的拍摄、剪辑、合成、输出等全部流程都渗透和包含着数字技术,因此沿用传统数字电影定义已无学理上的必要和价值。换言之,以传统定义判断,我们今天所看到的电影绝大多数都是数字电影。鉴于此,为了明确研究对象,将对数字电影定义重新梳理,力图探寻更适合当今现状的数字电影定义。

一般来讲,业界对于数字电影(Digital Cinema)的界定是有广义和狭义两种理解,"通常广义上的数字电影是一个综合的、系统的概念。涉及拍摄、胶转数、压缩、编码、加密、传输、显示等多种技术,集数字化拍摄、制作、存贮、发行、放映、安全等多个环节于一体的一个完整系统;而狭义的数字电影是指进行数字电影放映的系统。"

国家广电总局《数字电影管理暂行规定》第二条明确指出:"数字电影,是指以数字技术和设备摄制、制作存储,并通过卫星、光纤、磁盘、光盘等物理媒体传送,将数字信号还原成符合电影技术标准的影像与声音,放映在银幕上的影视作品。"

(1) 本体层面的探索:数字电影的新定义

数字电影重新定义为:由数字技术贯穿创作、编辑及放映全过程,并且场景设置、主要人物的表现和故事的叙述均是由数字技术参与完成的电影。如此界定,能够更加清晰地鉴别数字电影的传播特征,有利于对其系统分析。以此,我们就不难对一部分所谓的数字电影提出否定。

众多教材中均有提及的《阿甘正传》(见图 4-2),称其为一部数字电影的成功案例。其中影片开始的一个长镜头被奉为经典:一根羽毛从空中飘然而至,将观众的视线带过天空、草地,之后是出现在观众视野中的主角阿甘。飘动的羽毛就是数字技术在影片中的点睛之笔,但是我们并不能因为影片中运用了数字技术就将其称为数字电影。

数字电影不仅仅是电影在技术上进步的结晶,而应该是在故事架构、角色塑造及环境叙述全过程中均采用数字技术。例如,电影《星球大战前传Ⅱ·克隆人的进攻》(见图 4-3)中故事发生的环境是人类尚未了解银河系之中,在杜库伯爵策动下,上千个太阳星系要联合起来,脱离银河系共和国的领导,引发银河系内大规模的争斗和屠戮。该片运用数字化技术构建了银河系的一切事物,故事在此地展开,战士们手持的激光剑、乘坐宇宙飞船等一系列的虚拟事物,全部都是客观物质世界不存在,经由创作者想象创造产生,再经由数字技术加以实现。

图 4-2 《阿甘正传》　　　　图 4-3 《星球大战前传Ⅱ·克隆人的进攻》

（2）形式层面的探索：数字电影的新技术

数字电影中数字技术的大量运用，彻底改变了电影制作流程：包括创作、制作、放映和发行的各个层面。重新定义的数字电影，在各个层面上都有其独特性。创作方面：数字技术能最大还原导演创造出来的世界，还原出一个观众前所未见的视觉奇观。拥有数字技术这一手段，影片便能在想象中的世界任意驰骋、不受现实物质世界的限制。也正是因为这点，使得影片更有张力和表现力、创作手法愈加丰富、表现空间更为广阔。制作方面：数字电影所运用的数字技术具有非线性、不易磨损、便于保存等优势，在剪辑合成的过程中大大地提高了工作效率和精准度。它带给电影画面上的视觉冲击和声音还原是无以匹敌的。放映方面：数字电影是通过卫星、光纤电缆或是光碟、可移动硬盘等直接传送或是发行到影院，影院则通过技术手段放映到银幕上。传播载体的改变直接带来的就是视觉上和听觉上的大幅提升。

2. 数字电影的特点及优势

科学技术推动电影艺术向前滚动，在这一曲折前进的艺术史进程之中，数字电影的出现开启了电影的巨大变革。数字技术大量应用于电影，使故事架构、叙事结构均有了全新的视野。数字电影在创作、制作和放映的过程完全是通过数字化手段进行操作，不再需要以胶片为载体，极大地丰富了电影画面的表现力。画面是构成电影的最基本元素，当这一元素得到激化，就如同改变了人类的 DNA，将引起电影内部结构的突变。

（1）从"再现现实"到"虚拟现实"

数字化使电影不再仅仅是对现实生活的复制，以经过加工的"现实"来反映现实。取而代之的是以假设的现实替代现实，运用数字技术虚拟现实，以此拓展得到人类无限的想象空间。利用 SGI 等公司的图像工作站和图像软件系统，综合运用粒子造型技术和渲染技术制作出逼真的各种效果，以此创造出银幕上光怪陆离的影像王国。套用一句广告语来评论数字电影所创造的视觉奇观就是："没有做不到，只有想不到"。能够制约它的只有人类的想象力而已。

数字技术的应用改变了传统电影的叙事语言,从"再现现实"转化成"虚拟现实"。清华大学传播系教授尹鸿说,数字技术在"一定程度上改变了我们对电影的期待,过去有一段时间,我们说电影无论是胶片或是声音,我们尽可能想要还原,我们在生活中所得到的那样一种接受信息的方式。数字技术的出现极大地改变了艺术手段的表现能力,观众开始进入一个虚拟现实的审美感受。"

电影作为一个叙事系统,自数字技术出现以后,传统电影叙事观念与数字电影的叙事观念产生了很大分歧。比如好莱坞的传统电影是按照一个线性的逻辑,按照一系列排列好的剧情,激发一系列的情绪反应,最后达到一个预期的受众反馈。它基本上是一个单向的、单线的表意体系。数字电影的出现使剧情不再是单线发展、观众的情绪反应也是错综复杂的,呈发散式的形态。数字电影从创作、制作都运用数字技术,在精确度和表现力上都领先于传统电影。

数字技术在改变电影制作方式的同时也改变了放映方式。数字技术的运用,最大限度地解决了电影制作和发行放映过程中的损失问题,避免传统电影从原始拍摄的素材到拷贝发行、多次翻制及电影放映多次后出现的画面、声带损伤,即使反复放映也完全不会影响电影拷贝的音画质量。美国哥伦比亚电影公司于 1995 年采用数字技术制作电影拷贝,自此第一个数字影院诞生了,也标志着胶片拷贝不再是唯一的电影放映方式,从此电子拷贝走上了大银幕。电子影院是指能够播放采用数字技术制作的电子拷贝的放映系统。这类影院放映系统与传统影院放映系统完全不同的是:电子影院放映的是以数字技术制作的电子拷贝,通常以数字录像带、可移动硬盘、光纤传送、卫星转发等为记录媒体或是传输媒体。数字影院提升技术含量的同时也保证了放映影片的质量,数字影像质量与胶片影像的质量所差无几,在某些方面甚至优于胶片影像:数字影像对比度为 1000∶1,而一般胶片影像为 400∶1,数字影像在画质上也超过了胶片的趋势。因为数字电影的放映方式具有流媒体的性质,数字影院可以通过光线传送或是卫星转发的形式直接转播实时的电视节目,扩大了影院的实用功能。同时,这种放映方式也在根源处有效地阻止了盗版的问题。没有电影拷贝的长途运送,大大降低了拷贝外泄的可能性。

(2) 从"真实的神话"到"真实的谎言"

电影诞生至今,无论是对物质现实的复制,还是对虚拟世界的创作都是"人工智能"。任意一部电影都存在创作者的主观意识,"真实神话"年代也好、"真实谎言"也罢,电影的功能没有变:娱乐大众。电影作为"第七艺术"和其他六种艺术一样,满足人类对美的需求。中国有句俗语是白猫黑猫,能抓住耗子的就是好猫。电影也同样,传统电影和数字电影,他们的存在都是为了更好地带给观众审美愉悦。

数字电影能更大限度地满足观众的观赏欲望。数字技术使得观众对于电影的期待大大提高,对电影画面更加挑剔。诚然如此,但也只有如此才能推动电影不断地进步。奥运赛场上一次次被刷新的奥运会纪录,已经接近人类的极限,但不能因为有人说那是极限,我们就不去挑战了。电影也是如此,数字电影创造的世界能更大地满足观众,受到追捧,创造票房奇迹。这些证明数字电影的出现不是个错误,而是对电影的推进、是进步。虽然数字电影需要投入更多的制作经费,投入更多的人力物力,但这都是电影发展史向前发展的潮流。数字电影与传统电影同宗同源、同质异构。数字电影沿袭的是传统电影的骨血和精华,并不是抛弃了它之前整体架构,而是源于传统电影。

　　数字电影通过数字技术创造出现实生活中完全不存在的影像的内核,成为承载人类内心中的人性、世界观和情绪态度的传播媒介。我们在电影能够看到会说话的小丑鱼、河水幻化成的马群、飞在天上的房子,甚至是世界毁灭。造梦的艺术家们以此将"梦"搬上银幕,爱做梦的孩子们去观看,引发观众的共鸣。南方周刊专栏作家王书亚说:"今天,借助通信、媒体和商业,借助抽象的数字和具体的肉体,借助网络及其屏蔽,也借助电影及其盗版,全世界有耳可听、有眼可看的人也再继续聚集着。"

　　全世界的观众同看一部电影,不再是天方夜谭。数字电影的放映方式完全可以满足这一条件。由于电影的分区制度使得这样的情况并不多见,但是相信有朝一日地球村的观影时代定会到来。

　　(3) 从"逼近生活"到"再造生活"

　　"随着信息化社会的逐渐形成,不仅文化本身越来越'转瞬即逝',人们对这些文化也越来越适应,越来越走向感性,喜欢变动与跃动,反而无法适应缺少变化的事物和沉闷生活。"照相机刚刚进入中国的时候,人们对这个神奇的盒子既好奇又害怕。甚至有人说拍了照片,魂就会被带走。在闭关锁国的历史背景下,我国民众对新生事物的接受度相当低。当今社会,人们的胆子大了起来,更加勇于尝试新鲜事物。在平淡乏味的生活中,甚至会去主动寻找能带给自己更多乐趣的东西。在这样的环境之中,电影观众不会仅仅满足于画面的精美构图和饱和的色彩,更不会仅仅想看电影所反映的现实生活。观众的口味在变化,他们渴望跳出"逼真生活",体验全新的视觉感受"再造生活"。

　　"传统电影的发展都是向着一个方向发展,就是不断地消除电影与生活之间的距离,从而使电影不断地逼近生活。电影从黑白到彩色、从无声到有声、从16格到24格,这些都是为了能够更加接近人类的视听习惯,拉近电影与观众的距离。"直至《星球大战》的出现(见图4-4),它不再把还原物质世界作为电影艺术的终极目标,而是再造物质世界。为此,导演卢卡斯开发了动态抠像技术,并借助此技术创造逼真的虚拟现实。影片的深远影响在于预见性地为数字电影的出现打响第一炮。

图4-4 《星球大战》

数字电影中看似远离现实生活的新奇物质世界,是对观众已经形成的固有思想的推翻及再建。使观众不再停留于单纯的看故事,更进一步走进他们的内心世界,建造数字化的电影王国。数字王国的坚固壁垒静默迅速地深植于观众,数字电影创造的虚拟空间摆脱虚无,占据了观众们浩瀚的脑容量的一角。电影是用画面讲故事的艺术,数字电影的画面质量和内容都要优于传统电影。穿上黄金圣衣的圣斗士星矢,不会因为穿上更好的装备就不是星矢,只是天马流星拳的力度更加威猛。数字电影亦不会因为科技的介入,丧失本质。数字电影和传统电影相比画质更好,画面更加缤纷;故事则并无不同,喜怒哀乐、爱恨情仇、婚丧嫁娶,承载画面的个体是人、是兽、是魔、是怪都不会跳脱出这个范畴。只要故事的创作主体还是人或是人发明的机器设备,内容无一会出其右。叔本华说:"世界是我的表象。"这个表象作用于个体,使其臣服于世界。相互作用、和平共处这就是世界的"道",电影故事的创造者会是外星生物么? 负责任地说,这种可能性的概率几近于零。

3. 数字电影的现状及前景

数字电影是 21 世纪的产物,是传统电影的新世纪模式。科技的浪潮席卷媒体、通信、商业等各个产业,展开新一轮的蜕变。战争带来一轮轮的科技竞争,作为副作用的科技飞速发展,在战后为各行各业注入全新的动力。电影就是科技进步的产物,它的产生也极大地安抚了精神世界荒芜干涸的民众。数字电影出生在和平年代,却同样肩负着丰富观众平淡生活、创造视觉奇观的重任。

马歇尔·麦克卢汉说:"任何技术都倾向于创造一个新的人类环境。"数字电影是否同样创造了一个新的人类环境呢? 人类生存的环境,作为一个超个体包含了众多分支,可以说物质世界就是这个超个体。改变其中任意一个分支,环境都会发生变化,形成一个与上一刻不同的新环境。从这个角度说,数字电影正在并已经创造了新的人类环境。数字电影诞生至今,飞速发展、影响深远。目前为止,国内外拍摄的数字电影数量相当可观,其中比较著名的有《玩具总动员》(见图 4-5)、《指环王》(见图 4-6)、《阿凡达》(见图 4-7)、《星球大战前传Ⅱ·克隆人的进攻》(见图 4-8)、《海底总动员》(见图 4-9)等。虽然当今的电影主流市场传统电影居多,但数字电影异军突起,以黑马的形态杀入重围,占据了一席之地。它具有先天的优越性:从制作方面来讲,数字电影全程数字化处理,画面和质感都无可挑剔;从放映方面来说,它无须胶片拷贝,永不磨碎,最大限度地控制拷贝外泄。"物竞天择,适者生存",数字电影顺流而上代表了科技的发展方向,也必将成为电影发展的方向标。

图 4-5　《玩具总动员》

图 4-6 《指环王》

图 4-7 《阿凡达》

图 4-8 《星球大战前传Ⅱ·克隆人的进攻》

图 4-9 《海底总动员》

数字电影产生和发展始终伴随着掌声和倒彩。从传播学的角度讲,有正反两方面的声音,就证明对于这个问题存在争议。争议就说明这是有意义的议题,最起码是对数字电影出现的肯定。太多的新生事物还没来得及面世就被历史长河淹没了,数字电影初露峥嵘就被推到风口浪尖,无疑是好事。数字电影引起了广泛的社会影响,这一"议程设置"也就有了大量的受众群。有的学者认为数字电影背离了电影的初衷:还原现实生活,尽可能地逼近真实。他们说数字电影降低电影艺术的身段儿,用尽善尽美的影像取悦于民,满足观众贪恋假象的欲望,只是一场视觉游戏。电影导演陆川认为:"数字技术会促使观众要求越来越高,对电影越来越挑剔,他只会对我们电影工作者提出越来越高的要求,越来越高的挑战。观众关注的是人,电影中间的人和人的感情、人的命运……他不在乎你这段用的是数字做的,还是用铁做的。"电影是什么? 电影不是艺术殿堂中的一朵奇葩。电影是房前屋后的杂草,主人心情好时可以割草唱歌,不高兴时就任其自由生长。电影的社会属性决定了它存在的意义——娱乐大众。面对无数期盼数字电影的观众,他们伸出手说我要看数字电影。此时,预言性地说数字电影前途堪忧的学者敢说不给么。这不是一个学术将亡的时代,只是认不清形势的人满腹牢骚的喃喃自语罢了。多拍一些观众喜闻乐见的电影吧,观众不进电影院,电影的前途就真的要"敢问路在何方了"。

我国数字电影起步较晚,1996 年长沙全国电影工作会议上"数字电影制作"被确定为我国电影技术今后的重点发展方向,并以此为突破口走出一条自己的道路。此后,我国为了提高电影数字制作技术,投资引进了先进的技术设备。1999 年,国家计委批准了广电总局的"电影数字制作产品示范工程"。2001 年拍摄了第一部数字电影《青娜》,填补了中国数字电影的空白。片子虽然只有短短的 5 分钟,讲述了 18 岁的青娜与兵马俑共同守护家园的故事。目前我国已经有超过 700 家可放映数字电影的影院,商业数字影院按照最新技术规范和标准进行发展。2008 年广电总局特批了 2 部 3D 电影,为 3D 电影在中国的发展开启了大门。今后我们还将看到更多的 3D 电影出现在银幕上,享受更多的视觉盛宴。

全球的数字电影制作及放映系统都在迅速发展。全球已有超过 8 000 张可供放映数字电影的银幕,其中美国就拥有 2 500 张数字电影银幕,占据着主导地位。同时 3D 与数字电影结合产生的数字 3D 电影亦被市场证实了极具可操作性和票房号召力。电影《阿凡达》3D电影的巨大成功,推进了数字 3D 电影的进程,点石成金般地引起广大放映商的关注。数字影院大量修建的同时,由于全球通过了 DCI 标准,电子影院落幕的时代即将来临。

4.2.2　数字电影的传播

1. 数字电影的互动传播

(1) 循环模式的启示

1954 年,施拉姆提出了传播过程的"循环模式"。"这一模式的提出完善了单向模式的不足,也将社会传播的特点更好地还原了出来。其中传播者和受传者不再是固定的,可以进行角色的互换。媒介组织将大量的同一信息传递给大量的受众,每一个受众已接收到此信息为纽带形成了一个无形的群体。"这一群体中的个体译码之后,有可能对接收到的信息进行重新编码,并将此反馈给媒介组织,也存在通过不同渠道得到信源进行的反馈信息,每个接收者都扮演着译码、释码和编码的角色。媒体组织在接收到反馈信息之后,再次对受众传递信息,循环往复。

数字电影的编码者:编剧、导演、摄影师等,将他们的思想和态度,用电影的画面和声音呈现在银幕上。"画面语言的表现手法主要是蒙太奇和长镜头,电影工作者也充分运用了这种特性,以极强的表现力吸引越来越多的观众参与到他们制作的视觉奇观之中。"而作为电影的观影者,接收到同样的信息之后,每个收看个体的译码能力不同,导致了反馈信息的不同。一方面观众看到的内容虽然完全一致,但是由于地理位置、知识结构、社会阅历、年龄等多方面因素影响,对客观事物的认识也是不同的。例如,观众看到的电影画面中的龙,欧美的观众会认为这是一只怪兽,中国的观众就会认为这是一种会带来好运的神兽;年轻人看周星驰的电影会大笑不止,年长的人看了就会觉得笑中带泪。正是因为在译码过程中出现的巨大差异,直接引发回馈内容的不对称。此时,传播者和受传者角色发生了互换,观众成了传播者,电影工作者这个媒介组织成了受传者。观众群体反馈信息的差异,也使得这个群体分化成数量不等的小群体,看法相同的观众往往会走到一起。每个群体通常都会存在其"意见领袖",即能够代表这个群体的声音,并能形成一定的影响。在这些意见领袖的带领或引导下,观众的信息以大小不一的声音传入媒介组织的耳中。在人际传播中,当一种声音足够强势到可以让不属于这个群体的个体接受,当然这种"声音"是多种多样的,这些受影响的个体就会通过各种各样的渠道反馈信息。数字电影,就是以这样的方式传播并接受反馈,与观众产生互动。

(2) 数字电影的互动传播

对于数字电影来说这是最好的时代,这也是最坏的年代。信息时代,以电脑为主体的"新传播系统日益加速的发展步伐是我们时代的标志",并且"将成为大众媒介未来模式的基石"。在这种情况下,罗杰斯打破了传统的传播模式,提出了"辐合传播模式"这一更广阔的研究方法。"辐合传播模式"中互动传播是一种循环过程,通过这个过程,参与双方或多方一起创造和分享信息、赋予信息意义,以便相互理解。"辐合"是指双方或多方向同一个点移动,或是一方向另一方移动,在共同关注或是感兴趣的点下结合的一种倾向。

电影走下神坛,变得更加亲民,完全要仰仗于科技的进步和才思敏捷的人类。数字电影的传播变得如此具有强烈的互动性,不得不感谢无所不能的盗版业。如今的人们在热议奥斯卡最佳影片时,相信不会是在电影院看到的。在这种情况下,施拉姆的传播过程模式有了微妙的改变,就是作为观众群体的主动性大大增强。在观众个体主动性不变的前提下,参与议题的个体数越多,产生的能动性就越大。这可能也是电影艺术草根化、亲民化的原因。电影院的观影时代,电影工作者们的作品接受负面反馈时,顶多是被爆米花和可口可乐砸两下。如今光是顶贴、回帖,就能高过帝王大厦。当然面对这个问题,不得不说掌握自由的力量的同时,也要慎重考虑出拳的方向是否正确。提及此,施拉姆传播过程模式还需要微调观众反馈信息的路径长度和路径数量。当下,一部电影首映之后,反馈信息会以迅雷不及掩耳的速度出现。数字化时代,一切都变得更有效率,包括对电影不遗余力的盛赞或是铺天盖地的谩骂。民众有了更多的渠道,宣发个体的意见。在电视业,媒体的控制论还尚有立锥之地,这与政府的直接参与不无关系。电影业明显没有这么幸运,暴风雨来得猛烈的多。

2. 数字电影的传播特征

(1) 科技是数字电影的第一生产力

人类的历史进程,传播活动如影随形、伴随始终。随着历史进程的推进,社会生产力提高对传播活动和媒介提出了更高的要求。也正是因为生产力的提升也丰富了传播手段和改善了传播工具。电影科技的飞速发展是建立在工业革命的基础之上的,科学技术日趋完善,光学、电学、声学、机械学以及相关学科的发展都成了有力的推手。说电影是踩在科技巨人的肩膀上不足为过。科技进步一小步,电影前进一大步。由于电声学和录音技术的进步,声音的清晰度和高保真度水平飙升,其中以多声道立体声为最,这才有了影院里创造出来的身临其境的视听盛宴。电脑 CG 技术大量运用于电影制作,甚至是 3D、4D 技术的加盟,才使得数字电影被广大观众所接受。

（2）直观性和再造性

数字电影作为电影艺术中科技含量最高的艺术形式,具有直观性和再造性的传播特征。数字技术之中众所周知的一点就是像素越高画面的还原真实的效果就越好,数字电影的像素可以达到传统电影的 2 倍以上。数字电影在放映过程中采用可移动设备、光盘或者是直接通过卫星发送信息最大限度地保障了数字电影的画面质量。强信号画面,带来的视觉刺激更具有直观性。某位科学家说过"越亮的画面,越美",数字电影则是画面质量越高,受众接受的信息就越直观。

数字电影是想象世界的舞台,CG 技术的运用加之创作者的无限想象,再造了现实世界。每一部电影都承载着创作者和观众的梦想。好莱坞的造梦机器飞速运转,将无与伦比的幻想世界打包压缩传送到世界广大观众的眼前。"越是缺乏信仰的地方,审美的价值就越被非道德化,越被终极价值化,也就越被伪宗教化……将生活中的一切美与丑、义与罪都陈列出来,以审美的方式构建一个想象中的世界。"人类需要借以逃离的工具和摆脱虚无的工具。数字电影再造了无数的世界,一部电影一个世界。《魔戒》（见图 4-10）,对世界进行了重建和再定义。世界有人族、兽族、精灵、法师等不同的种族,他们之间的和平共处被打破,为了争夺魔戒,再次陷入战争。魔戒是欲望、仇恨、罪恶之源,世人为了这些争得头破血流,它的出现掀起了人类无尽欲望,潘多拉的魔盒被再次开启。混战、争夺、杀戮之后的是牺牲和赎罪的胜利,也是创作者对人类纯粹灵魂的向往终成正果的解读。"时代的动荡不宁确乎危及着思想的事业和德行操守:当拼命努力却不及投机更奏效的时候,勤勉诚实就似乎是无益的;当没有一种原则能够获得稳固的机会时,就不需要坚持一种原则;当混日子和向上爬变成体面的生活时,就没有人要拥护真理。"具有再造功能的数字电影,正是在观众需要的前提下形成的必然产物。

图 4-10　《魔戒》

（3）复杂的多面性

在数字电影的语境下，出现了多种文化交融的局面。在一定范围内的社会群体中，人们会在调试文化观念和价值取向时，结成相对稳定的"同文化群落"，如政治群落、经济群落、宗教群落等。这之中的任意一个群落都试图占有更多的公共领域的话语权和掌控权，于是数字电影作为一个公共领域为了更多的得到社会群落的认可和支持，具有复杂的多面性是存在的基础。政治群落希望数字电影这个媒介变成政府的"喉舌"，贯彻法规制度的工具；经济群落希望数字电影成为其宣传产品，加大营销力度的途径；文化群落希望通过它宣扬高尚的道德品质和至高的精神境界。无数的群落中，哪个掌握了最好的社会地位和财富，谁就最有话语权，甚至导致其他群落的失语。

3. 数字电影内容传播

对于任何一种媒介进行文本分析都需要考虑产生这一文本的媒介的具体特征，这是十分重要的。这就意味着，研究任何的媒介文本的形式和他们承载的内容同等重要。也就是说一个信息的表现形式将极大地作用于我们对任何媒介文本的解码和理解方式。

麦克卢汉在《理解媒介》一书中，提出了"冷"媒介与"热"媒介的理论。热媒介是指传递的信息比较清晰明确，接受者不需要动员更多的感官和联想活动就能够理解，它本身是"热"的，人们在进行信息处理之际不必进行"热身运动"。书籍、报刊、广播、无声电影、照片等是"热媒介"，因为他们都作用于一种感官而且不需要更多的联想。但是麦克卢汉的这种冷热媒介的分类并没有一贯的标准，而且在逻辑上存在矛盾。关于冷热媒介理论漏洞不可避讳，但是在本书中将会针对观众的参与度，也就是"高卷入"和"低卷入"等可测量的角度来考量。

（1）"热"媒介语境下的数字电影

那么数字电影是"冷"媒介还是"热"媒介呢？从参与度的角度来讲，数字电影是"热"媒介。数字电影画面能够达到 1080i/24P 的标准，人类的感官即眼睛和耳朵都能够接收到足够"热"的信息。例如，让观众去看一部由于年代久远，胶片受损的电影，画面不清，观众在视觉上就要花费更大的精力投入到观影活动之中。略带调侃地说，同一部电影对于视力水平不同的人也有所不同。近视眼如果不戴上眼镜，那么他和视力正常的人看到的同一媒介自然存在差异，近视眼眼中的媒介相对来讲就是冷媒介。众多多年前拍摄的电影，在近几年里进行了数码修片，不仅是为了能够更加长久地保存影片，同时也是为了提高电影画面的清晰度，传递更清晰的信号传播给观众。

（2）"冷"媒介语境下的数字电影

从思维的"卷入度"来讲，数字电影又是"冷"媒介。数字电影在再造现实的基础上，发展剧情和人物。观众作为传播过程中的受传者，要跟随电影语言即画面和声音对电影中建构的世界进行理解，这就涉及运用人类大量的联想能力。例如，电影《阿凡达》（见图 4-11）构建了在未来世界中另一星球——潘多拉星球。

人类为了抢夺资源启动了阿凡达计划，并以人类与潘多拉星球上纳美人的 DNA 混血，培养出身高近 3 m 高的"阿凡达"，以方便在潘多拉星球生存及开采矿产。影片预设的环境是外星，虽然当今的观众对于外星题材已经习以为常，但是该片刻画了与以往完全不同的外星环境，制作技术无与伦比、美妙绝伦。使得影片观众要运用更多的联想力和关注度去欣赏这部影片。这里有身高 3 m 身上自带 USB 接口的纳美巨人、夜里会发光的植物、能够拉弓射箭的人马、长有翅膀会飞的鸟人,新物种充斥画面,观众的卷入度明显升高。

图 4-11　《阿凡达》

4. 数字电影的传播效果特征

数字电影的传播效果与功能有着密不可分的关联,传播效果是功能发挥能动性之后的结果和具体实施。所以这两者应该对照分析,联系思考对于数字电影的传播效果应该从"议程设置"理论和"虚拟环境"这两个方面入手。

(1)"议程设置"与"虚拟环境"的启示

a. 数字电影传播中的"议程设置"

1972 年,马克思・威尔、唐纳德・肖在《大众媒介的亦称设定功能》一文中正式提出"议程设置"。他们认为,大众媒介或许无法控制每个社会个体的意识形态,但是大众媒介能控制我们目之所见、耳之所闻的如:报纸、杂志、电影、电视等,这些都可以决定我们看什么、想什么、关注什么。换言之,大众媒介对某些事件或问题的强调程度,同受众对其关注程度成正比。这就形成了一个因果关系:大众传播媒介越是重视的、大量涉及的问题或是情况,受众越是会积极参与讨论这一议题。这一理论之所以受到传播效果论的重视因为他改变了之前认为媒介的力量非常薄弱的观点;对传播效果的研究也转向了认知和效应的方向;这是传播学者的理论,而不是沿用其他学科的研究方法。所以研究"议程设置"理论为数字电影带来的传播效果更有依据和力度。

数字电影的"议程设置"理论应用于传播过程的两个阶段。一是宣传阶段,数字电影在正式发行之前,就会进行大规模的宣传。手法众多,播放预告片及海报等都是为了能在电影放映之前就让观众对其产生期待,这也是为观众确立"议程"的过程。二是数字电影放映之后,承载电影工作者主观创作意图的以画面的形式传递给观众,观众沉浸在电影院将近两个小时,可以说是对其进行了一次长时间大力度的"议程设置"过程。就国内的电影市场而言,对于议程的设置都是比较恰当的,这要仰仗于我国的片审制度。国外的影片基本采用的分级制度,也就是说各式各样的电影都能够放映,分级是根据影片的内容来确定的,甚至可以通过电影的等级来方便地选择自己喜欢的电影类型。

b. 数字电影传播中的"虚拟环境"

美国评论家 W. 李普曼在其著作《舆论学》中,就针对大众传播中可能出现的歪曲环境功能提出过警示,这就是很有名的"两个环境"理论。按照李普曼的见解:"我们人类生活在两个环境里:一是现实环境,二是虚拟环境。现实环境是客观存在的物质世界,它不以人的意识为转移,是独立于人类体验之外的。而虚拟环境是被人意识或体验的主观世界。"当今社会,大多数人并不能够经历很多的"身外世界",对它的感知主要还是来自于媒介所构成的"虚拟环境",但这种"虚拟环境"并不是现实世界本身,他最多只能再现部分现实生活场景。"虚拟环境"的制造者甚至会对现实世界进行歪曲和改造,居心叵测的制造者即是大众传播,他们的势力在壮大,科技发展人们更多地依靠"虚拟真实"体验身外的世界,这就造成了,在媒介歪曲环境时,"人们没有足够的能力做出正确的判断,毕竟不是所有的事情都能亲生经历了解真相。不仅如此,歪曲的事实经过媒介的传播势必会产生错误判断而引发的不当行为。"数字电影是一个装备精良、勇猛善战士兵,它站在正义的一方,便是勇武杀敌的英雄。如果站在罪恶的一面,后果可想而知。数字电影的市场越来越大,影响的观众群体也越来越大。在这种情况下,作为大众传播的媒介,应当承担更多的社会责任。进入20世纪90年代,电影文化在娱乐化、平民化的浪潮推动下,开始对以往电影偏向于过多的宣传教育的矫枉,对大多数观众的主动贴合和对贵族意识的放逐虽然极大地丰富了电影市场的多样性,但与此同时观众成了"沙发里的土豆",成了沉迷于虚拟幻想中的梦旅者。

国内电影市场近几年已经复苏,但我们同样应该意识到国外的电影市场更加成熟,有着相对稳定的观众群。很多企图通过数字电影来看外面的世界的受众,假想了对现实生活的歪曲,产生过激的想法:逃避现实,沉溺于视觉享乐;对以暴制暴,快意恩仇的电影情节的现实模仿;被资本主义的富足生活吸引,转而对自己身处的环境的极度不满;盲目崇拜英雄主义的救世主情结。但是瑕不掩瑜,通过片审制度和加强青少年素质教育等手段,我们对"虚拟环境"可以做到扬其常而避其短。

（2）多重传播模式下的"扩散创新"

美国新墨西哥大学埃弗雷特·罗杰斯教授通过案例研究,1962年出版了《创新扩散》,他调查考证了创新扩散的进程和各种影响因素,并提出了创新扩散理论。该理论研究得出:"该过程在开始时比较缓慢,当采用者达到临界数量后,扩散过程突然加快,即起飞阶段,并且会一直延续,直到系统中有可能采纳创新的人大部分都已采纳创新,到达饱和点,扩散速度又逐渐放慢,采纳创新者的数量随时间而呈现出'S'形的变化轨迹。"罗杰斯把创新的采用者分为革新者、早期采纳者、早期追随者、晚期追随者和滞后者等几个发展阶段。罗杰斯指出:"创新事物要想在社会中得到发展扩大,首先必须有一定数量的人采纳这种创新物。通常,这个数量是人口的10%～20%是创新扩散的临界数量值,之后扩散过程就起飞,进入快速扩散阶段。"一般来讲也很少有创新事物能够达到饱和点。当系统中的创新采纳者再也没有增加时,在社会系统中的创新事物的采纳者数量或其比例,就是该创新扩散的饱和点。"创新扩散一般是借助一定的大众传播进行的,创新进入市场进行扩展推广时,信息技术能够有效地提供创新事物信息,但在说服人们接受和使用创新方面,人际交流则显得更为直接、有效。因此,创新推广的最佳途径是将信息技术和人际传播结合起来加以应用。"

数字电影作为创新事物,适用于罗杰斯的创新扩散理论。1999年的第一部数字电影的诞生,至今全球数字电影数量和数字电影放映系统,都已经做好了扩大观众群的物质准备。2009 年的《阿凡达》吸引全世界观众眼球的同时也将数字电影的概念带入观众视野。创新事物的接受者,也就是观众的数量正在明显的上升。当观众达到一定数量数字电影将会进入飞跃阶段,在此之后数字电影的制作和放映都将进入批量生产的快速扩散阶段。再加以人际传播的口口相传,数字电影的时代必将到来。

5. 数字电影的传播符号

数字电影作为当今社会中极具影响力的一种视听综合的传播媒介,不可避免地要涉及符号,因为其在传播过程中充满了符号和由符号组成的文本。其中,视觉符号和听觉符号是作为电影意义的运载工具,通过对符号学的了解,并将其与数字电影结合,对电影符号学进行研究。所以对数字电影中出现的符号进行概念上的梳理,能够更好地帮助我们确立好自己的理论立场。

(1) 电影符号学概述

符号的概念在不同的领域有不同的含义。符号是信息的外在形式或物质载体,是信息表达和传播中不可缺少的一种基本要素。在传播学中,符号学具有极为广泛的含义。日本学者永井成男认为,"只要在事物 X 和事物 Y 之间存在着某种指代或表述关系,'X 能够指代或表述 Y',那么事物 X 便是事物 Y 的符号,Y 便是 X 指代的事物或表述的意义。"符号学是关于符号和符号系统的一般科学,符号由能指和所指构成,能指是具体事物,所指是心理上的概念,两者之间的联系是任意的;符号的意义与当时所处的社会环境和文化密不可分。符号学研究的重点是象征符号,其中的能指和所指的关系更加便于理解,而研究符号学最重要的就是这个意义发声联系的过程,即能指和所指之间怎么产生联系。

电影符号学有电影第一符号学和电影第二符号学之分。电影第一符号学的诞生是源于多位电影学者的研究:法国电影理论家克里斯蒂安·麦茨的《电影:语言还是言语》运用结构注意语言学的研究方法,分析电影作品的结构形式;意大利导演帕索里尼的《诗的电影》,从现象学的角度把电影语言和文学语言分离开来;艾柯的《电影数码的分节》,从语言学的角度提出了电影语言的代码问题。尼克·布朗说:"电影之所以成为符号学的一个研究对象,原因在于它作为一个交流系统有赖于通过日常事务和因为营造意义。电影符号学自创立伊始就采用了结构主义模式方向。巴尔特《符号学原理》的四大组结构范畴:语言与言语、能指与所指、组合与聚类、外延与内涵,是指电影符号学的依据。从巴尔特开始,语言学似乎成为普通符号学的基本参照点。显然,这样一来便确立起使电影符号学成为一个论题的框架。"要研究麦茨的电影第一符号学,就要对《符号学原理》中提及的四大结构明确定义。

(2) 数字电影的传播符号特征

索绪尔认为:语言的结构主义模式强调研究语言的共时性结构比历时性结构更重要,同时,他还提出了将语言和言语区分开来。语言是相互差异的符号系统,它包括语法、句法和词汇。而言语则是言语的个人声音表达。这种研究方法对后来的符号学研究有很大的启迪。能指和所指是索绪尔用来表明符号之间的关系所区分的两方面。能指是物质的,即构成语言表达可感知的方面;所指是精神方面的,即符号中以能指为中介所表达的构成语言内容方面。电影符号和自然语言符号不同,它是视听符号,电影符号中的能指既是所指,所指既是能指。因为电影所表达的事物和含义都蕴含于镜头之中,电影符号学家莫纳科将电影符号称之为"短路符号"。数字电影的视觉符号多为经过人类主观意识改造或是新创的虚拟事物,能指的对象与传统电影不同,可以说其画面中的能指和所指的距离更加拉近了。套用莫纳科的说法,我们甚至可以说数字电影符号为"超短路符号"。

• 内涵和外延。在电影符号学中,外延是指电影画面和声音本身所具有的意义,内涵则是电影画面和声音所暗示的潜在深层含义。麦茨认为:"电影符号学可以设定为内涵的符号学,也可以设定为外延的符号学。这两方面具有各自不同的着眼点,而且显而易见在电影符号学研究有所进展,并开始形成一套知识体系之后,必然会对内涵的表意作用同样加以研究。研究内涵时,我们更接近于作为艺术的电影。至于在一切美学语言中起着重要作用的内涵,它的所指就是文学或电影的某种'风格'、'样式'、'象征'、'诗意';他的能指就是外延的符号学整体,就是说,即是能指,又是所指。"《玩具总动员》中所有的玩具静止不动地摆放在屋子的画面就是外延的能指,而被表现的屋子中的家具和玩具就是外延的所指。以上两者结合便构成了内涵的能指,于是便确立了内涵的所指。而这个内涵的所指便是交代玩具是静止不动的,并引起观众对其的关注,为影片之后的情结做好铺垫。

• 聚类关系和组合关系。索绪尔的结构主义语言学的两根主轴:"聚类关系和组合关系。其中的组合关系是指话语中的成分总是根据一定造句规则所组成的相互连接的整体,按照时间先后呈线性顺序排列;聚类关系则是指由于具有某种类似性,因而可以在组合关系内某一相同的位置上互相替代的同类意义单位。"针对组合关系的研究,属于历时性分析;针对聚类关系的研究,属于共时性分析。历时性的分析类似于一段影片,通过观影,我们可以得知若干概念和范畴的来龙去脉。而共时性的分析类似于一组快照,通过照片之间的对比,我们可以得知某一个或者某一组概念或者语素与其他概念或语素的位置和意义的关系。例如,数字电影的场景设置一般具有很大的虚拟性,而这一虚拟性随着时间和技术的发展得到了增强而变得日益复杂。在早期的《星球大战》中,虚拟场景主要是一些地球外太空、小型宇宙飞船和简单的星空。在《星球大战前传》中,虚拟场景已经生成为一个与地球极为类似的外星球;其中大量 CG 技术的运用建立起了依托于地球又不同于地球的精湛外星场景。这一系列纵向的对比和分析,就是历史性分析。从中我们可以清楚地看到,数字技术在电影场景设置中日渐重要的作用。

数字电影《暮色》(见图 4-12)讲述了少女贝拉由于母亲再婚,从繁华的凤凰城搬到偏僻且终年阴雨不断的福克斯。转学的贝拉在学校认识了英俊冷漠的吸血鬼爱德华并展开了一系列的纠缠复杂的爱情故事。对该片的共时性分析我们将贝拉置于爱德华的家中,那么事情将不会按照现在的剧情发展,贝拉也不会一直渴望成为吸血鬼而与爱德华产生矛盾、亦不会引起吸血鬼组织的关注。对于贝拉自身来讲,在爱德华和谐的家庭中,会是一个热情开朗的花季少女。这一横向的对比和分析,就是共时性分析。麦茨认为对于电影符号学研究来讲,组合关系比聚合关系更为重要,电影的片段性和独立性带有先天的断层性,所以不利于聚合关系的建立和分析。

电影符号系统和语言系统的本质相似,但是电影符号学并不是普通语言学意义的一种语言,它是一种无语言结构的语言。换句话说电影语言和普通语言存在着很大的差异,具有其自己的特性。

图 4-12 《暮色》

首先,数字电影的语言与普通语言不同。"它不是一种交流手段,银幕上的声画艺术不可能与人发生双向交流。这种交流就类似于人际交往中的谈话,有问有答。很显然,观众在收看数字电影的时候不可能也没办法发生交流与互动。"所以电影是一种表达工具、一种表意系统。其次,数字电影与普通语言的内部结构不同。普通语言中词汇的能指和所指之间有一种任意的、武断的约定俗成的关系,而在数字电影语言中影像的能指与所指之间的联系却是以"类似性原则"为基础的。例如,我们在银幕的影像上看到一杯水,他的能指和所指都是水,但是在影片的拍摄过程中,我们看到的这杯水,也许是类似于水的液体或是通过数字技术制作出来的水,这就是利用类似性原则联系影像中的能指与所指。再如,电影《2012》片尾处出现的代表人类希望的新版诺亚方舟,它与人们固有思想中的诺亚方舟是有出入的。但是运用了能指与意指之间的"类似性原则"帮助影像表意传情。数字电影的基本单位似乎呈连续性,这样将使电影表达面的分层切分无法进行,并且无法对联系的完整的银幕形象进行有规律的形式解剖。

数字电影作为一种新的多媒体传播媒介,它用来传播观念、思想或是感情的符号,就是由图像和声音构成。图像和声音作为电影特定的符号语言,作为一种综合运用多种符号的媒介,它的兼容性要求在节目制作过程中合理而巧妙地运用各类符号元素。电影符号可以按照一定的意图复合使用,如声画对位、声音混录、升格降格、画中画等。将多元素符号合理组合足以形成极具传播力度的密集信息。电影中的符号多为直接的、短暂的、动态的、形象的,所以也要求这些符号要简洁明了、通俗易懂。

电影在传播信息的过程中,最小的单位是画面,它也是构成电影文本的最小单位。但构成一个完整的电影文本则需要画面、声音和文字,加之音乐、音效等的辅助,才能使电影更具有传播效力。符号的图像功能也就是再现功能,大大地帮助了电影再现我们的日常生活,这一功能对于数字电影更是极为重要。因为数字电影所要传递的信息,不仅是日常生活,更多的是虚拟环境和再造事物。也因为符号内在的逻辑性,使得观众在通过这些符号解读电影影像及声音时变得更加顺畅。要想更好地研究数字电影的图像符号系统,应该针对构成图像的视觉元素:画面和镜头进行分析。

a. 图像符号系统

数字电影中的影像显现的是虚拟真实的存在形态,它不是现实世界本身。虚拟环境中被"人工智能"创造的事物大多是不存在或是以现实中的事物为基础再创造的。我们在银幕上看到的风驰电掣的运动、五光十色的色彩、日升月落、大好河山等都只是数字技术创造出来的影像,在数字电影中这些都只是由像素点构成的影像而已。把影像一帧一帧地连在一起,利用人类的视觉暂留产生的频闪效应,形成人眼可见、动态的传播代码。

画面作为影像的最小表现单元,同时也是构成影像的表现形式。数字电影是一种以视觉为主,辅之以声音配合的大众传播工具,注定要通过画面来塑造人物形象、构建环境场景、表达电影主题、抒发情感。要做到这一点,就要借助先进的技术和构图语、光效、色彩、影调等物质手段合成可视而且直观的画面形象。画面是一个空间上的概念,也就是说构成影像的画面既可以是一个单独的图像,的过程中,暂停时影片就会被定格,此时我们看到的一个单独的图像,可以称之为画面。我们观看完整一部影片时,也许会说这部电影的画面太美了,那么这个"画面"就是针对全片而言的。不同的影像记号可以使画面产生不同的意义。一是具有具象性意义,具象作为常用的表现形式,它是指艺术创作中的形象可以与客观世界中存在的形象相对应的形象。数字电影当中虽然存在很多虚拟事物,无法与现实物质世界的客观存在一一对应。但是虚拟事物的构建也是在现实事物的基础之上,也就是说能够看到客观存在的特质。虚拟事物的能指的不同,不会影响观众对其意指的理解。所以在图像符号的传递过程中,不存在无法识别。数字电影中的具象也是已经达成共识的形象,是艺术设计创作的一种词汇,有其特定的效果和意义。在电影艺术中,具象更适合与写实等创作方法联系在一起,创作电影中的纪录片或是反映现实生活题材的影片。二是抽象性的意义。抽象形象是指与客观世界存在的形象不对应的形象。把自然形象个别特征加以归纳和概括,并向共同特征转化,就称作抽象。抽象性在数字电影和传统电影中都同样适用,例如,画面中的影像是一篇黄叶飘落到地上,传递的信息就是悲凉、落寞的;新婚夫妇共入洞房之后,镜头就会摇向一对红烛,借以表示夫妇之间正在亲热。这都是通过对特征的观察,用图像符号传递抽象的信息,画面直接形象通过巧妙的结合可以产生具有联想性的意指。三是意象性的意义。意象是指既不按照自然界的规律也不遵循生活的逻辑,而是按照某种意念设计出的形象。因为这种形象是由设计创造出来的,所以既有具象性,也有抽象性。意象的意义不再是简单地再现现实生活,而是要表现特定的主体和特定的意念。画面中的影像有时只是一个记号,它不再仅仅是影像的具体形象,而是该事物在社会语境下形成的特定的记号。例如,电影《黄金罗盘》(见图 4-13)中的重要道具黄金罗盘,画面中影像的具象就是一个普通的罗盘,但是在影片剧情设计下,这个罗盘拥有能够预测未来的能力。这种没有遵循生活逻辑的意象性设计在数字电影中屡屡使用,并且成为电影故事叙述的主要图像符号、画面意义。当然画面的三种意义并不是单独存在的,一组画面往往同时具有两种或是三种意义,发挥完整的表意作用。

图 4-13　《黄金罗盘》

　　镜头是图像符号的另一主要组成元素。"镜头有两种含义,一是照相机、摄影机等摄影器材上的光学仪器;二是指摄像机每拍摄一次所提取的一段连续的画面,换句话说就是拍摄时从起幅到落幅这段过程内被感光的胶片。镜头是更具有时间意义的基本叙事单元,它是由动态的画面组成的。"根据不同的标准,镜头的分类也是不同的。从取景器内视域范围来区分,镜头可以分为远景、全景、中景、近景和特写五种。远景镜头是景深最大的镜头,拍摄的是距摄像机很远的物体或是人物的一种场面广阔的画面。由于远景镜头拍摄的画面空间开阔、景物层次多,所以远景镜头往往拍摄比较远的事物,让观众看到广阔宏大的景象,一般是用来交代人物身处的环境或是展现社会背景以及场景气氛。远景镜头常出现在史诗片、灾难片、风光片中。全景镜头是将拍摄对象的全貌呈现在银幕上的镜头。这种镜头可以使观众看到人物的全身动作及周边的环境。全景镜头没有远景镜头的取景范围大,但是更有针对性,能够将所表现人或物身处的环境表现得更加清晰。全景镜头适合表现封闭空间的环境,所以适合拍摄室内场景和动画片。例如,影片《精良鼠小弟》(见图 4-14)运用了大量的全景镜头,也相对的节省了制作成本。中景镜头是指摄像机摄取人膝盖以上部分的一种镜头。这种镜头比全景更近,能够让观众更清晰地看到画面中的人物和人物的动作。近景多用于人物对话的拍摄。特写则是拍摄人物肩部以上部位或是极近距离的镜头。特写是取景器所有镜头中距人物最近的镜头,多用来表现人物的面部表情。也可以用来拍摄物或人物局部。特写镜头也称作万能镜头,在与其他镜头组接过程中,他可以被合理地安插在任何位置。电影中的特写镜头常用来表现人物内心情感,它具有极强的艺术感染力,可以形成鲜明、生动、强烈、清晰的视觉形象,起到突出与强调、冲击力和爆发力的最佳效果。

　　从摄影机和被摄体形成的角度可分为仰角镜头和俯角镜头。仰角镜头是指摄影机在仰视的角度拍摄而成的镜头。仰角镜头拍摄的人或物比普通角度拍摄的占有更大的画面,所以多用来表现英雄人物或是建筑物,展现其高大的形象。俯角镜头是指摄像机在俯视角度拍摄的镜头,与仰角相反采用俯角的镜头所拍摄的人或物要比正常的小,在电影中用来表现阴险、狡诈的人物。从摄像机的运动情况可以分为固定镜头、推拉镜头、摇镜头、移镜头、跟镜头、升降镜头。固定镜头顾名思义就是摄像机原地不动,镜头对准拍摄对象后固定拍摄。固定镜头因其稳定性,是电影拍摄中最常用到的镜头,无处不在。摇镜头是摄影机放在原地不动,以三脚架为圆心转动拍摄成的镜头,可以上下左右摇转。摇镜头可以表现人物或是引导观众环视周围环境,也可以根据场面调度需要,介绍被摄对象之间的关系。用来表现主观镜头的时候,也可以造成眩晕或是扫视的感觉。移镜头是指摄像机可以根据场面调度的需要,借以移动车、划轨、升降台等设备,对被摄对象作推进、拉远、跟随、横移或是升降运动的拍摄镜头。跟镜头不同于移镜头,摄影机跟踪运动着的被摄对象,造成连贯流畅的视觉效果。跟拍经常用于展现主观镜头的跟踪场景,带有极强的真实感。推拉镜头是指被摄对象静止不动,摄像机通过调整焦距由远及近或是由近及远的向主体拉伸的镜头。推镜头拍摄时,画面主体由小变大可以突出主题、描写细节,使所要强调的对象从周围环境中跳脱出来。拉镜头拍摄时画面主体由大变小,能够起到介绍环境的作用。

图 4-14 《精良鼠小弟》

“镜头是声画一体的影像结构,运动影像具有声音和形象的双重属性。现实世界只要做出动作,必然伴随着声音,两者密不可分。电影文本中一般也会尽量采用摄录一体机,以保证真实地还原拍摄的镜头。”表意的不完整性是镜头的另一个特点,在数字电影创作中,镜头的表意作用不是独立存在的,往往是从镜头之间的关系中产生。从叙事角度讲,单个镜头在表达意义方面就具有不完整性。电影文本的叙述往往只是靠几个镜头组合成完整的视觉信息。镜头也只有在一系列的镜头中,才会表达出意义。当然,也存在比较特殊的一镜到底的电影,整部影片只有一组镜头,但是这种电影并不常见。

b. 声音符号系统

随着技术的发展,电影从告别默片时代至今,声音符号和画面符号成为电影艺术这一传播媒介不可缺少的两个重要组成部分。"没有声音,再好的戏也出不来"是一句广告语,用来形容声音符号在数字电影中的重要地位非常合适。数字电影中大量的虚拟场景都需要通过声音加以完善,吸引观众投入到画面当中。声音和画面之间的关系,越来越出现变化无穷的境界,新的声画组合方式正在不断地被电影工作者们创造和运用。"数字电影中的声音符号分为:人物同期声、音响、解说词、音乐,这些符号相互配合形成综合的声音效果。"

同期声。数字电影中的人物同期声就是与画面上出现的人物的同步语言,是人物真实的声音。它与视觉符号一起传递信息。同期声是在具体的行为展开的,也就是说时间上声音和画面是同时发出的,空间上声音也要保证与发声动作一致。同期声也能起到对画面的解说作用,并且能表达相对完整的抽象意义。在这里传递声音符号是作为独立表意而存在的,他更主要的是让观众去听画面里人物说了什么,而不是单纯地去看做了什么。

音响。"音响是在数字电影中除声音和音乐之外的所有声音,主要是指生活环境中自然存在的声音和人为音响。"例如,风吹过树叶的声音、雨点打在玻璃上的声音或是玻璃摔碎的声音等。音响具有可感性、表情性、时间性、全方位性等特点。缺乏音响电影画面,是不完整的表意体系,也无法完成对客观现实的复制。

音乐。音乐是一门独立的艺术,发展史远远长于电影艺术。电影艺术把多种媒体杂糅在一起,形成了自己独特的艺术风格和表现形式。对音乐的借鉴,使电影更富表现力和叙事能力。音乐能够解释电影主题思想、电影影片风格、创造意境。数字电影的主题曲,往往都是根据电影的主题和故事的走向进行编辑录制的。有时甚至会出现电影已经成为明日黄花,但电影主题曲却依旧为人们所传唱。电影《泰坦尼克号》的主题曲"我心永恒",伴随着该片的全球大卖得到了世界范围内的传唱,时至今日依旧有很多人将这首歌曲与永恒的爱情联系在一起。歌曲旋律优美,曲调由弱转强,犹如剧情的发展,高潮处和着席琳·狄翁高昂的嗓音,使音乐与情结更加丝丝入扣。有的音乐也可以起到抒发情感、塑造人物、推动剧情发展的作用。音乐还可以起到连贯电影镜头或是叙事空间的作用。如电影中时常出现的桥段——婚礼,当婚礼进行曲响起,我们会看到新娘从教堂外缓缓地走进来,这是音乐就起到了转场的作用。

c. 文字符号系统

数字电影中的文字符号,也就是我们常说的字幕。它是观众通过银幕显现、已阅读的方式来接受的信息。字幕起源于无声电影及幻灯屏幕,当电影还是"伟大的哑巴"时,字幕曾经是电影的主要构成元素之一。没有声音符号的电影只能依托于字幕,才能更清晰地达到表意的作用。字幕的出现为人们接受信息开辟了阅读的通道,增添了一种载体。在视觉语言中,影像符号中,画面的表现功能早已被人们所熟识,追溯到古老的象形文字和岩画,似乎从有记载之日起就伴随着人类对于画面的描绘。而视觉语言中的另一项要素——文字,也就是电影中的字幕,在默片时代,可以说是组成电影文本的重要元素。它不仅在内容表达方面有着强劲的优势,而且在画面构成和节奏构成方面也显示出特殊的魅力。

在数字电影中,字幕必不可少的,它是叙述剧情的文字符号工具。数字电影以虚拟的画面和模拟的音效,讲述超现实、超自然的故事,为了便于观众更好地了解将要看到故事,往往会在片头以字幕的形式,对故事发生的年代、背景、主要人物和故事的起因等进行介绍。而有的电影会在片尾的字幕中讲述电影文本之外的人们接下来的生活,这样做既是为了满足观众的心理需要。就像我们看了白雪公主的故事之后,总会去问王子和公主幸福的生活了之后是什么样子的呢?也是为了保持故事的完整性。这种字幕往往出现在纪录片或是根据真实故事改编的电影之中。

电影《魔戒现身》的片头,用了8分钟的时间讲述魔戒的来历,诺尔多精灵中的杰出工匠凯莱姆布林波在黑暗魔王索隆的指导下铸造了三大精灵戒指、七大矮人戒指和九大人类戒指。此外,索隆又在暗地里铸造了一枚权力无上的至尊魔戒,这枚魔戒可以让持有者隐身并且使其长生不老,但最可怕的是这枚魔戒能够控制余下的十九枚戒指并且具有奴役全世界的力量,正是它帮助索隆将整个中土世界笼罩在黑暗之中。中土的人类联合精灵奋起反抗,最终打败了魔王索隆。人皇的儿子得到了魔戒,也被魔戒所害死于非命,魔戒就此遗失。这些都是为了为故事的铺展做的伏笔。

由此可见,字幕在如今的数字电影中也是起着至关重要的作用。字幕的意义还不止如此,当今的电影全球化已经是不争的事实,对于非英语母语的国家而言,要做到听译显然并不是那么容易,所以字幕成了仅次于图像符号的重要表意方式。观众通过翻译成母语的字幕,加之对画面符号和声音符号的接受,完成整个观影过程。

本 章 小 结

本章提出了数字电影重新界定的问题:数字电影是由数字技术贯穿创作、编辑及放映全过程,并且其场景设置、主要人物的表现和故事的叙述均依靠数字技术参与完成的电影。通过数字技术高保真、高创造性的优势,数字电影开启了电影表现的新纪元,使得电影艺术实现了从"再现现实"到"虚拟现实"、从"真实的神话"到"真实的谎言"、从"逼近生活"到"再造生活"的三大超越。从传播学的角度解析和观照数字电影,有助于我们发现其传播特点和规律,有助于廓清和指引其进一步的发展方向。数字电影的传播属性既有大众传播的一般特点,又具有其自己的独特性。在传播模式上,数字电影能满足拉斯维尔模式的传者、内容、渠道、方式和受者这五大要素,在创新扩散的理论视阈下看来,数字电影的实践特别符合罗杰斯的创新扩散理论。总之,通过对其传播学特征的把握,数字电影的特点、模式和丰富内涵,将在其实践中被逐渐地展开和揭示。

思 考 题

1. 什么数字影视作品?
2. 数字电视的传播特征。
3. 数字电影的传播特征。
4. 数字电影的特点。

参 考 文 献

[1] 郭庆光.传播学教程[M].北京:中国人民大学出版社,1999.

[2] 陈犀和.当代美国电视[M].上海:复旦大学出版社,1998.

[3] 郭镇之.中国电视史[M].北京:中国人民大学出版社,1991.

[4] 黄升民,丁俊杰.媒介经营与产业化研究[M].北京:北京广播学院出版社,1997.

[5] 周鸿铎.电视节目营销策略[M].北京:北京广播学院出版社,2000.

[6] 黄升民.数字电视产业经营与商业模式[M].北京:中国物价出版社,2002.

[7] 赵子忠.内容产业论——数字新媒体的核心[M].北京:中国传媒大学出版社,2005.

[8] 黄升民,王兰柱,罗贵生.中国数字电视报告(上、下卷)[M].北京:华夏出版社,2004.

[9] 黄升民.数字化时代的中国广电媒体[M].北京:中国轻工业出版社,2003.

[10] 黄升民,周艳,王薇.中国有线数字电视试点现状报告[M].北京:中国传媒大学出版社,2005.

[11] 周鸿铎.广播电视经济[M].北京:经济管理出版社,2003.

[12] 吴克宇.电视媒介经济学[M].北京:华夏出版社,2004.

[13] 叶家铮.电视媒介研究[M].北京:北京广播学院出版社,1997.

[14] 昝延全.中国传媒经济[M].北京:科学出版社,2004.

[15] 邵培仁,刘强.媒介经营管理学[M].杭州:浙江大学出版社,1998.

[16] 朱红.信息消费:理论、方法及水平测度[M].北京:社会科学文献出版社,2005.

[17] 喻国明.媒介的市场定位——一个传播学者的实证研究[M].北京:北京广播学院出版社,2000.

[18] 陆地.中国电视产业发展战略研究[M].北京:新华出版社,1999.

[19] 陆小华.整合传媒——传媒竞争趋势与对策[M].北京:中信出版社,2002.

[20] 郭国庆.市场营销学通论[M].北京:中国人民大学出版社,1999.

[21] 高振强.全球著名媒体经典案例剖析[M].北京:中国国际广播出版,2003.

[22] 汤学俊.营销战略规划与管理[M].北京:中国商业出版社,2006.

[23] 夏俊.直复营销管理[M].北京:中国发展出版社,2003.

[24] 唐璎璋.一对一营销[M].北京:中国经济出版社,2005.

[25] 费建平.数据库营销方案设计[M].北京:人民邮电出版社,2006.

[26] [英]艾伦·格里菲思.数字电视战略[M].罗伟兰,译.北京:中国传媒大学出版社,2006.

[27] [美]加尔伯瑞.数字电视与制度变迁[M].罗晓军,译.北京:人民邮电出版社,2006.

第5章
网络媒体

5.1 网络媒体概述

5.1.1 网络媒体的界定

1. 互联网的概念

Internet 是国际计算机互联网的英文名称,它是目前世界上最大、最流行的计算机网络,同时也是目前影响最大的一种全球性、开放的信息资源网。关于 Internet,全国科学技术名词审定委员会于 1997 年 7 月确定中文译名为"因特网",一般译为"国际互联网络",简称为"国际互联网"、"互联网络"或"互联网"。本教材采用其简称"互联网"。

互联网始于 1969 年的美国。它是全球性的网络,是由一些使用公用语言互相通信的计算机连接而成的网络,即广域网、局域网及单机按照一定的通信协议组成的国际计算机网络,是指将两台计算机或者是两台以上的计算机终端、客户端、服务端通过计算机信息技术的手段互相联系起来的结果。

互联网在我们的生活中应用很广泛。利用互联网,人们可以进行即时通信、信息查询、娱乐游戏、购物消费等,互联网给人们的工作、学习、娱乐带来了极大的便利,彻底改变了现代人的生活状态。

互联网的发展无疑与技术的革新密切相关,但对于媒体领域而言,我们更关注的不是它的技术,而是它的信息服务,是它带给信息传播的革命。

2. 网络媒体的概念

互联网媒体这一概念,学术界和实践领域目前有多种提法,如网络媒体、网络新闻媒体等。将互联网称之为"媒体",其缘由是什么呢?

首先,国际互联网具备了传播新闻信息的各种强大功能,包括电子邮件(E-mail)、网络新闻组(Usenet)、万维网浏览(WWW)、网络论坛(BBS)、网络聊天(IM)等,并且在实际生活中扮演了媒体的角色。

其次,国内外各种新闻媒体纷纷开辟网上新闻传播新领域,网络报纸、网络广播、网络电视应运而生,国际互联网被越来越多的媒体使用,逐渐达到了作为大众传播媒体的标准。

基于此,人们将互联网称为"网络媒体";相对于原有的媒体,它被称为一种"新媒体"(New Media);由于其具有数字化传播的特点,又被称为"数字媒体"(Digital Media);因其诞生在报刊、广播、电视这三种大众传播媒体之后,又被形象地称作"第四媒体"。联合国新闻委员会曾在 1998 年 5 月的年会上正式提出"第四媒体"这一概念,指出"第四媒体"是继报刊、广播和电视出现后的互联网和正在兴建的信息高速公路。

有的学者在界定"第四媒体"时认为,"第四媒体"的概念存在广义和狭义之分。从广义上说,"第四媒体"通常就指互联网,而从狭义上说,"第四媒体"是指基于互联网这个传输平台来传播新闻和信息的网站,是"通过互联网传送文字、声音和图像的新闻传播工具"。

这里指出了一个问题:媒体并不是互联网的全部。国际互联网不仅对新闻媒体领域产生影响,在军事、金融、商务、医疗、教育、科研等各个领域,也发挥着变革性的作用。国际互联网并非仅有传播新闻、信息的媒体功能,还具有电子商务等重要功能,有网上银行、商店、医院、学校、图书馆、娱乐场所等,它对人们的生活方式产生了巨大的影响,把互联网完全归结为媒体不够全面。搜狐公司总裁张朝阳曾说过:"我们是为了告诉大家 Internet 不是纯技术,所以才把它说成了媒体。Internet 实质上是以技术来实现很多功能的一个平台。"

综上所述,结合"媒体"的概念,我们可以将"网络媒体"定义为:借助国际互联网这个信息传播平台,主要以计算机为终端,以文字、声音、图像等形式来传播新闻信息的一种数字化、多媒体的传播媒介。从严格意义上来说,网络媒体是指国际互联网被人们所利用的进行新闻信息传播的那部分传播工具性能。

基于以上对网络媒体概念的界定,鉴于"国际互联网"、"因特网"和"网络媒体"等不同称谓之间实质上存在着一定的差别,所以建议使用时区分语境,在计算机与信息科学领域以及社会日常生活中,可以使用"因特网";而在新闻信息传播领域,则以使用"互联网媒体"为宜,也可称为"网络媒体"。

5.1.2　网络媒体的优势

与报纸、广播、电视等传统媒体相比,网络媒体具有显著的优势,主要体现在以下几个方面。

1. 全球性

传统媒体无论是电视、报刊还是广播,基本都针对某一个特定区域进行传播,因此只能对这一特定区域产生影响。但任何信息一旦进入互联网,分布在全世界的数亿网络用户都可以在他们的计算机上看到。从这个意义上讲,互联网是最具有全球影响、传播范围最广的媒体。

2. 全时性

与传统媒体相比,网络媒体在传播过程、信息存储、信息接收方面不受时间限制。网络媒体可以全天候地处于报道状态,对于突发事件、动态事件的报道具有极大优势;网络中的信息可以长时间存储在数据库中,方便随时查询和循环使用;由于网络信息不再是转瞬即逝,所以用户可以随时随地地获取信息,没有了接收时间的限制。

3. 全面性

网络媒体可以使用所有传播手段,包括文字、图片、声音、影像、动画等;网络媒体中涉及各行各业的信息,如教育、医疗、金融、娱乐等;网络媒体几乎无所不能,可以查资料、做生意、找朋友、玩游戏等。

4. 交互性

交互性是网络媒体的最大优势,它不同于传统媒体的信息单向传播,而是信息的交互式传播。网络媒体中的交互既有信息传播者与受传者之间的互动,又有受传者与受传者之间的互动。同时,这种交互是深层次的,受传者不仅可以反馈信息给传播者,而且可以直接参与传播过程,发挥其重要作用。

5. 便捷性

互联网诞生之初曾让很多人望而却步,但随着其越来越人性化的操作设计,普通人都可以轻松地使用它。用户仅用鼠标点击,就可以实现浏览、搜索、购物、聊天、娱乐等,操作非常简单、便捷,几乎是傻瓜式的。

6. 经济性

传统媒体的信息采集与生产、传输与发布几乎都需要专业的或者大型的仪器设备,而且各环节工作都需要专业团队来完成,成本非常高昂。互联网中信息生产与发布使用的主要设备——计算机价格平民,很多环节的工作甚至可以由个人独立完成,所以成本相对低廉,尤其是网民个人的信息生产与发布过程,几乎是零成本的。

5.1.3 网络媒体的发展现状

2014 年 1 月,中国互联网络信息中心(CNNIC)发布了第 33 次《中国互联网络发展状况统计报告》(以下简称《报告》)及其他相关报告。通过报告的数据,可以梳理出中国网络媒体的发展现状。

1. 网民规模趋近饱和状态,量变开始转为质变

《报告》显示,截至 2013 年 12 月,中国网民规模达 6.18 亿,全年新增网民 5 358 万人。互联网普及率为 45.8%,较 2012 年年底提升 3.7%,整体网民规模增速保持放缓的态势。

随着互联网普及率的逐渐饱和,中国互联网的发展主题从"量变"向"质变"转换,从"普及率提升"转换为"使用程度加深",主要表现为推动网络媒体在社会中的地位提升,实现与传统经济的紧密结合以及对网民生活产生更深刻的影响。

2. 社交类应用活跃度下降,高端用户变动剧烈

社交类应用指带有社交元素的互联网应用,包括社交网站(SNS)、微博等垂直应用。《报告》显示,2013 年微博、社交网站、论坛等互联网应用的使用率较 2012 年有所下降,但类似即时通信等以社交元素为基础的综合平台却发展稳定。2013 年,在移动端的推动下,整体即时通信用户规模提升至 5.32 亿,较 2012 年年底增长 6 440 万,使用率达 86.2%。以社交为基础的综合平台除拥有更强的通信功能,还具有信息分享等社交类应用,并且为用户提供了支付、金融等综合性服务,这些服务和功能都有助于增加用户的黏性,保证用户规模的持续增长。

整体上,传统社交网站和微博近一年来活跃度下降的用户比例大于活跃度提高的比

例。社交网站中高端用户(高学历、高收入)活跃度下降的比例最大,而微博的高端用户变动最为剧烈,活跃度下降和提升比例都高于其他群体。根据CNNIC《2013 年中国社交类应用用户行为研究报告》显示,导致社交类网站活跃度下降的因素主要包括:认为"社交类网站浪费时间"、其他应用出现的影响、长期使用导致缺乏新鲜感以及互动的减少。

3. 搜索引擎市场竞争激烈,综合搜索仍是主流

2013 年,国内搜索行业呈现多元化的发展趋势,新进入的搜索引擎企业和现有搜索企业竞争激烈,而不断细分的搜索市场和性能持续提升的终端设备正改变着用户的搜索习惯。根据CNNIC《2013 年中国网民搜索行为研究报告》显示,2013 年,综合搜索引擎仍然是网民最基本的搜索工具,过去半年,搜索网民使用过综合搜索网站的比例达 98.0%。

中国搜索引擎产业半闭环状态正在形成。搜索引擎产业半闭环状态是指搜索引擎一部分搜索结果指向自身相关内容,而非外部网站资源。随着搜索引擎行业竞争加深,为了应对行业竞争、拓展业务范围及规模、更好地满足用户需求,搜索引擎企业开始通过一系列方式推动半闭环状态的形成,包括:首先,利用自身优势,开发搜索结果类产品,如百科、知道、文库、经验、问答等;其次,开发垂直产品并利用搜索引擎导入流量,如推出音乐频道、地图频道、阅读频道、旅游频道、应用频道、游戏频道、贴吧、空间、软件、购物、素材等;最后,并购或控股其他垂直产业以扩大自身闭环产业范围,通过自身搜索引擎导入流量以实现双赢,如并购网址导航、在线旅游、应用分发、音乐、视频、文学等行业网站。

4. 网络视频行业变化显著,多方力量助推发展

2013 年,中国网络视频行业在基础环境、网民行为、企业竞争等方面都发生了变化。网络视频企业的竞争向纵深方向发展,除了横向并购外,还与上游内容制作、下游硬件厂商结合,发展模式更加丰富。

围绕互联网电视的争夺战变得激烈。电视屏幕是继电脑、手机之后的第三块网络视频显示屏,是网络视频企业争夺视频显示出口的又一大焦点。当前,不少网络视频企业已经推出了机顶盒、路由器、智能电视以及围绕互联网电视产生的配件产品,以此布局互联网电视产业。网络视频进入电视渠道,不仅能解决当前网络视频广告规模较小的问题,而且能拓展网络视频用户,让部分非网民也能接触到网络视频。

网络视频用户开始逐步向移动端转移。逐步成熟的各方面条件初步满足了视频网民在移动环境播放视频的要求:首先,2013 年末 4G 牌照的发放标志着中国 4G 时代的到来,如果 4G 网络覆盖范围扩展、资费下调,将进一步促进用户在非 Wi-Fi 环境下在线收看视频;其次,大屏幕手机密集推出、价格平民,逐渐渗透到中低收入群体;最后,视频网站在移动端的发展步伐进一步加快,纷纷推出体验更好的视频播放服务。

电视热播综艺节目线上播放版权成为网络视频企业争夺的焦点之一。随着国内电视选秀、亲子、婚恋等综艺节目的热播,综艺节目的影响力与日俱增,而其线上播放版权的争夺也变得更加激烈。版权费一直是网络视频企业主要的成本之一,而激烈的竞争更是让费用水涨船高,视频企业不得不通过扩大资源共享、加大自制剧的制作等方式来降低成本。尽管如此,网络视频企业仍然热衷于购买线下热播节目,因为它们能带给企业诸多益处,如提升点播量、增加广告收入,带来用户增长、扩大覆盖面,提高网站影响力、带动其他视频点播等。

5. 网络游戏行业发展放缓,手机端游戏热度高

2013年中国网络游戏用户增长速度明显放缓。《报告》显示,网络游戏用户规模为3.38亿,增长数量仅为234万,与此同时,手机网络游戏用户的增长却十分迅速:截至2013年12月,我国手机网络游戏用户数为2.15亿,较2012年年底增长了7 594万,年增长率达到54.5%。

网页游戏基本达到顶峰,未来发展空间有限。2011年开始,网页游戏得到了迅速发展,但其劣势却也逐步突显:游戏体验上拼不过客户端游戏、使用便捷性又不如手机游戏。未来网页游戏的发展前景不容乐观。根据CNNIC《2013年中国网民游戏行为调查研究报告》,在多端并存的游戏类型中,网页游戏是用户占比最低的,比例为40.6%。

客户端游戏用户黏性下降,但仍是市场主流。客户端网络游戏由于其自身的游戏特质,使其用户多为高黏性深度玩家,但根据CNNIC《2013年中国网民游戏行为调查研究报告》,客户端网络游戏用户中游戏年限最长的群体(5年以上),最近半年玩游戏的时间"越来越长"的比例却很小,只有5.9%,用户黏性明显下降。不过,尽管受到手机游戏、网页游戏的市场分化,但客户端网络游戏的高品质让它仍具有不可替代性。客户端网络游戏仍然是目前游戏市场的主流之一,带给游戏领域最大的营收价值。

手机端游戏热度持续走高,社交元素增强了游戏黏性。目前,由于硬件环境的改善、社交元素地融入以及手机自身的随身性等优势,手机游戏用户的黏性增强,手机端游戏发展空间巨大,势必对网页游戏、客户端游戏形成冲击。

5.2 网络媒体传播概述

5.2.1 网络媒体传播的特征

网络媒体传播的特征,可以从不同角度进行分析。

1. 从内容及形式来看

(1) 数字化

网络媒体是真正的数字化媒体。数字化是互联网媒体存在的前提。正像原子是构成物质 世界的基本单元一样,比特是构成信息世界的基本单元。在互联网上,无论是文字、图像、声音还是视频,归根到底都是通过"0"和"1"这两个数字信号的不同组合来表达。

数字化的革命意义不仅是便于复制和传送,更重要的是方便不同形式的信息之间的相互转换,如将文字转换为声音。

(2) 开放性

网络媒体的传播具有一种开放性的特征,它的信息传播是面向全球的,信息接收也同样是全球化的,它打破了传统媒体的传播范围多限于本地、本国的束缚,其受众遍及全世界。

网络媒体的开放性、全球化是由其技术结构决定的。互联网是按照"包交换"的方式连接的分布式网络。因此,在技术的层面上,互联网不存在中央控制的问题。也就是说,不可能存在某一个国家或者某一个利益集团通过某种技术手段来完全控制互联网的问

题。反过来,也无法把互联网封闭在一个国家之内——除非这个国家不打算建立互联网,
而是要建立别的什么网络。

（3）海量性

网络媒体的海量性既指存储空间的海量,也指由空间的海量带来的信息的海量。网
络的存储特点使其较少受到传统媒体容量不足的困扰,这为信息内容的丰富提供了基础。
伴随着大量用户生产内容涌入互联网,网络媒体的信息数量越来越庞大,甚至一定程度上
产生了信息过载的问题。

（4）易复制

尼葛洛庞帝曾指出:信息社会的基本要素不是原子,而是比特。比特与原子遵循着完
全不同的法则。比特没有重量,易于复制,可以以极快的速度传播。在它传播时,时空障
碍完全消失。比特可以由无限的人使用,使用的人越多其价值越高。

（5）可检索

网络媒体通过超文本链接的方式,将无限丰富的信息加以贮存和发布。因此,尽管网
络中的信息是海量的,但用户却可以通过输入关键词的方式快速检索信息,从信息的海洋
中筛选出符合自己需求的内容,这为网络用户获取信息提供了极大的便利。

2. 从传播方式来看

（1）迅捷性

网络媒体的信息制作与发布相对便捷,周期较短,加之互联网传播速度快捷,因此,网
络媒体在新闻传播上具有明显优势。网络媒体可以随时发布新闻,在突发性事件以及持
续发展的动态事件报道上比传统媒体更加迅捷,新闻的时效性很强,基本达到实时传播的
效果。

（2）多媒体性

网络媒体是真正的多媒体,它整合了报纸、广播、电视三大媒介的优势,将文字、图片、
音频、视频、动画等多种媒体信息集合于一体,又将这些多媒体信息借助计算机、手机、电
视等多种媒体渠道进行传播。

（3）互动性

网络媒体传播中,传播者与受传者之间的关系、地位都发生了巨大变化。尼葛洛庞帝
曾这样描述这种变化:"数字化会改变大众传播媒体的本质,'推'(pushing)送比特给人们
的过程将转变为允许大家(或他们的电脑)'拉'(pulling)出想要的比特的过程。这是一个
剧烈的变化,因为我们以往媒体的整个概念是,通过层层的过滤之后,把信息和娱乐简化
为一套'要闻'或'畅销书',再抛给不同的'受众'。"

由"推"到"拉"看起来只是动作的改变,实际的意义却十分重大。用户再也不是被动
接受信息的"受众",而是在世界性的"信息超级市场"中自由选择、主动获取信息的"网
民"。

3. 从传受关系来看

（1）多元性

传统大众传播的传播者都是具有一定资质的专业媒体机构,而在网络世界中,网络作
为一种公共传播资源,可以为任何上网的人利用。因此,除了专业的新闻网站外,政府、企

事业单位、各种组织甚至个人都可以成为新闻传播的主体,他们共同参与了网络媒体中信息的生产、发布、扩散等环节。

（2）自由性

网络媒体中,用户不仅可以根据自己的需要"拉"出内容,选择自己喜欢的信息或服务,更重要的是,用户的媒介消费行为是不受时间、空间限制的,解除了传统媒体中信息接收的多重束缚,用户可以自主安排自己获取信息的行为,这让信息接收的过程变得更自由和轻松。

（3）个性化

传统媒体的传播方式是"点对面",个体只是作为所有受众中的一员而存在,媒体的内容也是针对大多数的用户需求而设计的。而网络媒体中"点对点"的传播成为可能,网络可以为网民"量身定做"他们需要的信息,满足每个个体的个性化需求。

5.2.2 网络带给新闻传播的变革

网络媒体的诞生促成了新闻传播领域的变革,网络新闻传播的主体、内容、载体与形式都与传统媒体大相径庭。

1. 网络新闻传播的主体

传统的新闻传播主体是指报社、电台、电视台、通讯社、新闻电影制片厂等大众传播机构,而网络新闻传播主体则主要包含三股力量:具有传统媒体背景的新闻网站(如人民网、新华网)、具有新闻登载资质的商业新闻网站(如新浪、网易)以及网民。这三股力量相互渗透、相互作用,形成了中国网络媒体新闻传播的格局。

2. 网络新闻传播的内容

传统新闻媒体是由专业的新闻传播工作者来完成内容的采集、加工、发布,所有内容都经由传媒组织的层层把关,最终呈现给受众。由于传媒组织具有公开可靠的信源,加之其广为认可的行业规范,他们所提供的新闻内容在真实性、客观性和权威性上是有保证的。而网络新闻的生产中因大量业余传播者——网民的介入,一方面极大地丰富了新闻信息,提供了来自当事人、现场目击者、专业人士等多种来源的一手信息,另一方面也带来了新闻内容碎片化、主观化等问题,甚至导致虚假新闻乘虚而入,对网络新闻的真实性提出了挑战。

3. 网络新闻传播的载体

传统的报纸以纸张为载体,电视、广播以无线电为载体,而网络新闻的载体则是以电子技术、数字技术以及诸如 TCP/IP 协议等网络技术为特征的国际互联网络。由于这种新的载体的鲜明特征,给新闻的传播带来显著变化。

4. 网络新闻传播的形式

传统媒体的新闻传播形式比较单一,广播媒体、电视媒体中的新闻节目,报纸媒体中的新闻报道是承载新闻传播的主要形式。网络传播中不仅有新闻网站作为新闻传播的主体形态,而且还有即时通信、博客、搜索引擎、社交网站等,都可以作为新闻传播的补充形式。

5.3　网络媒体传播的典型形式

5.3.1　网站传播

1. 网站概述

（1）网站的概念

网站是 20 世纪 90 年代初以来被人们最广泛地采用的一种网络传播形式。利用 Web 页面组成的网站可以发布各种信息、提供各种服务，并与受众进行互动。网络中的很多其他传播形式都可以嵌入到 Web 网站中。网站传播既可用于大众传播，也可用于组织传播等。

网站（Web site）是指在因特网上，根据一定的规则，使用 HTML（超文本标记语言）等工具制作的用于展示特定内容的相关网页的集合。简单来说，网站是一种沟通工具，人们可以通过网站来发布自己想要公开的资讯，或者利用网站来提供相关的网络服务，人们也可以通过网页浏览器来访问网站，获取自己需要的资讯或者享受网络服务。

（2）网站的类型

从不同的角度，可以把网站分为不同的类别：根据网站所用编程语言的不同，可以将网站分为 ASP 网站、PHP 网站、JSP 网站等；根据网站用途的不同，可以将网站分为门户网站（综合网站）、行业网站、娱乐网站、教育网站等；根据网站功能的不同，可以将网站分为单一网站（企业网站）、多功能网站（网络商城）等；根据网站所有者的不同，可以将网站分为个人网站、企业网站、政府网站等；根据网站商业目的的不同，可以将网站分为营利型网站和非营利型网站。

（3）网站的发展

1989 年，蒂姆·伯纳斯-李（Tim Berners-Lee）成功开发出世界上第一个 Web 服务器和第一个 Web 客户机。这个 Web 服务器虽然很简陋，但它是一个所见即所得的超文本浏览/编辑器。1989 年 12 月，蒂姆·伯纳斯-李为他的发明正式定名为 World Wide Web，即我们熟悉的 WWW（万维网）。

1991 年 8 月 6 日，蒂姆·伯纳斯-李建立了世界上第一个网站 http://info.cern.ch/，它解释了什么是万维网，如何使用网页浏览器和如何建立一个网页服务器等。这个网站没有图片，只有一些链接，它可以分享一些想法。到 1992 年，蒂姆·伯纳斯-李为网站添加了首张图片，但当时用户极为有限。1993 年，蒂姆·伯纳斯-李和原子核研究委员会（CERN）官方正式宣布：每个人都可以打开网站。

随后几年，网络浏览器兴起，如 Mosaic、Netscape Navigator 及 Internet Explorer，懂得 HTML 语言的人都可以轻松制作网站，越来越多的人开始通过网站获取信息。

1994 年 5 月，中国科学院高能物理研究所的计算机网络正式加入国际互联网，设立了国内第一个 Web 服务器，并建成我国第一个 WWW 网站。该网站除介绍中国高科技发展外，还有一个栏目叫"Tour in China"。此后，该栏目开始提供包括新闻、经济、文化、商贸等更为广泛的图文并茂的信息,并改名为《中国之窗》。

早期的网站是由最原始的静态页面组成,内容较少,页面简陋,提供的服务极少。经过数年的发展,图像、声音、动画、视频,甚至 3D 技术都可以通过网站得到呈现,网站拥有了丰富的内容、美观的页面以及完善的功能。

2. 网站的传播特点

前文中提到:网络媒体是指国际互联网被人们所利用的进行新闻信息传播的那部分传播工具性能。网络中承担新闻信息传播的主要形式是各类新闻网站,包括具有传统媒体背景的新闻网站和具有新闻业务资质的商业新闻网站。

与传统的新闻媒体相比,新闻网站的传播具有自己的特征,包括以下几个方面。

(1) 双向传播成常态

1948 年,传播学先驱拉斯韦尔提出著名的"5W"模式,之后单向的线性传播一直被认为是传播活动的主流,尽管后续又有学者提出了双向互动传播理论,但因为传媒运作体系本身的特点,双向传播在大众传播中一直无法成为制度性的常规模式。

网络媒体的出现解决了双向传播的难题。新闻网站利用先进的技术,为用户提供多种信息反馈和参与互动的渠道,用户在获取新闻信息后,可以通过跟帖、点赞、分享、保存、收藏、转发、评论、推荐、参与调查、提供线索等,与新闻传播者、其他用户之间进行交互,不仅让传播者及时把握用户的反馈,方便调整传播策略,而且为用户与用户间的双向甚至多向交流提供了平台。

(2) 传播时效性增强

新闻传播出现以来,时效性作为其特性,一直是衡量新闻价值的一个重要标尺,对时效的追求也成为新闻媒体的使命。

传统媒体中的新闻传播往往是滞后的。报纸媒体即便是日报也只能赶在定版印刷前报道重大新闻,而对于之后发生的新闻事件则只能隔天报道;电视媒体在时效性上稍有改善,但仍然由于技术限制、播出时间设置、制作周期等原因无法有大的突破。网络新闻传播中时效性问题得到彻底解决。网站的新闻信息制作周期短、发布流程简单、不受时间空间限制,因而能够在第一时间进行新闻报道,实现同步传播。近年来,在重大新闻事件的报道中,新闻网站已经充分显现其时效性的优势。

(3) 把关人作用弱化

传播学者怀特提出了新闻筛选过程的"把关"模式,该模式指出:大众传媒的新闻报道不是也不可能是"有闻必录",而是一个取舍选择的过程。传媒组织会形成一道"关口",通过这道"关口"传达到受众那里的新闻只是众多新闻素材中的少数。

"把关人"理论强调的是媒体的把关。如果超越"媒体把关"这个视角,更全面地分析网络中的"把关",我们会看到,在网站的新闻传播中,不仅有网站在微观层面的把关,还有政府从宏观层面的把关以及网民的自我把关。也就是说,"把关人"在网络新闻传播中仍然存在。但是,由于网络技术的特点,政府对网络新闻信息的直接控制力相对减弱,网民的自我把关也很难约束和控制。更重要的是,由于媒介内部机制的不健全以及从业人员规范性不足等问题,导致部分新闻网站在商业利益的驱使下屡屡突破新闻伦理底线。假新闻屡见不鲜、新闻过度娱乐化、新闻缺乏筛选几乎有闻必录,这些都说明网站对新闻传播的把关作用相对弱化。

3. 网站实例分析

网易:做"有态度"的门户网站。

门户网站一般指通向某类综合性互联网信息资源并提供有关信息服务的应用系统。在激烈的市场竞争下,门户网站为争夺用户和市场,不断拓展业务类型,以致现在门户网站的业务包罗万象,新闻、搜索、邮箱、游戏等,应有尽有。国内门户网站经过 10 余年的竞争发展,市场格局已基本清晰,新浪、网易、搜狐、腾讯成为公认的四大门户,它们提供的业务类型基本相似,各自拥有较为固定的忠实用户。

在这种背景下,门户网站的发展需要用差异化的内容,满足用户高层次、多元化需求。作为四大门户中最早成立的网易,率先提出做"有态度的门户网站",开始走出一条差异化竞争的道路。

2010 年 10 月 11 日,网易提出"有态度的门户网站"的定位,力求满足用户对网站高层次的信息需求,新闻、财经、科技、体育、娱乐这些主要资讯频道均推出了"有态度"的相应内容。2012 年 10 月,网易又发布了新的视觉广告,向用户传递"态度"的内涵。(见图 5-1、图 5-2、图 5-3 和图 5-4)目前,网易"有态度"的定位已经深入人心。

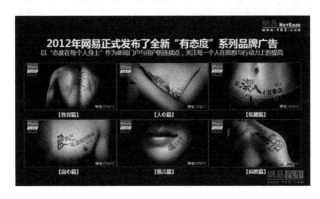

图 5-1　网易"有态度"系列广告(1)

图 5-2　网易"有态度"系列广告(2)

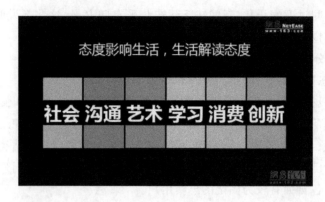

图 5-3　网易"有态度"系列广告(3)

图 5-4　网易"有态度"系列广告(4)

网易提出的"有态度"既是媒体自身标准,又是对社会的一种呼吁。媒体的态度体现在要做专业新闻、良心新闻、深度新闻;而"有态度"的呼吁是希望提醒每一个网民能够积极思考,去深入认识很多的新闻事件,实现"态度影响生活、生活解读态度"。

网易的"有态度"不仅有媒体的"态度",还包含网民的"态度"。网易提供各种平台和途径,让网民可以表达他们的"态度",网站通过整合网民的"态度",将有意义的、有价值、个性化的"态度"集合起来,发挥更好地传播效果。

网易提出"有态度"的网站定位,也体现出了它的新闻传播理念和特色,具体表现在以下几个方面。

第一,媒体传播"从传播事实到传递观点"。

从新闻的定义来看,新闻就是新近发生的事实的报道。新闻的报道是关于"事实"的报道,强调新闻的真实性、客观性。但在实践中,新闻是由人采、人写、人编、人播的,每一个环节都有人的参与。人是有情感、有认知、能思维的,那么一定是有态度的。每一个环节,不同的人参与就会带入自己不同的态度,所以制作出的新闻,不仅仅是有态度的,可能态度还是复杂的。可以说,凡是新闻都是有态度的,一方面,它代表播出或发布平台的立场,另一方面也有制作者的个人情感。网易提出"有态度",是充分意识到了这种"态度"的必然存在。

另外,"有态度的新闻"和"有态度的媒体"是两种不同的表述。新闻作为媒体的产品,从技术上讲,必须客观、真实,而媒体本身却是应该有其立场与态度的。从这个角度来说,网易提出"做'有态度'的门户网站"是非常明智的。

第二,用户观点"从放任自由到积极利用"。

网络传播中用户生产了大量的信息内容,对于这些内容,尤其是新闻网站中的用户评论、跟帖等,网站一般的做法是除了言论的控制和管理之外,基本放任自由,导致大量有价值、有意义的信息淹没在信息的海洋中。网易提出"有态度"的口号,将用户的态度、观点、立场充分利用起来,让那些精彩的言论、独到的见解能够彰显它们的魅力,得到更广泛的传播。网易新闻客户端《每日轻松一刻》栏目用轻松的方式解读每日的新闻事件,栏目中汇集了大量网民的精彩言论、互动内容,体现了网民们的幽默与智慧,展示了网民们的生活与情感。在这里,个体的"态度"得到尊重与展现,充分发挥了其价值。

5.3.2 即时通信传播

1. 即时通信概述

(1) 即时通信的概念

即时通信(Instant Messaging,IM)是一种基于互联网的即时交流消息的业务,允许两人或多人使用网络即时的传递文字信息、文件以及进行语音、视频的交流。

随着即时通信的发展,它的功能日益丰富,逐渐集成了电子邮件、博客、音乐、电视、游戏和搜索等多种功能。即时通信不再是一个单纯的聊天工具,它已经发展成集交流、资讯、娱乐、搜索、电子商务、办公协作和企业客户服务等为一体的综合化信息平台。如今,即时通信已经从计算机与计算机的交流,发展到计算机与手机、手机与手机等终端之间的交流。即时通信不仅为人际交流提供了全新的渠道与方式,也在潜移默化地影响着人们的生活与工作。

(2) 即时通信的发展

最早的即时通信软件是 ICQ,ICQ 是英文中 I seek you 的谐音,意思是"我找你"。1996 年 7 月,几个以色列青年成立 Mirabilis 公司,并在 11 月发布了最初的 ICQ 版本,在 6 个月内有 85 万用户注册使用。早期的 ICQ 很不稳定,尽管如此,还是受到大众的欢迎。雅虎公司推出了即时通信软件——Yahoo! Pager(雅虎通),美国在线也将具有即时通信功能的 AOL 即时通包装在 Netscape Communicator(Netscape 公司开发的最为流行的浏览器软件之一),而后微软公司更将 Windows Messenger 内建于 Microsoft Windows XP 系统中。

Windows Live Messenger 曾是全球最流行的即时通信工具之一。Windows Live Messenger(俗称 MSN,前身为 MSN Messenger)是微软开发的即时通信软件。第一版的 MSN Messenger Service 是在 1999 年 7 月 22 日发布的,它仅仅包含了基本的功能,如简单的文字交谈以及简略的好友清单。之后,MSN Messenger 的功能不断丰富,并于 2005 年 12 月更名,推出 Windows Live Messenger 的第一个测试版。2005 年 5 月,微软和上海联和投资有限公司合作,将 MSN 正式带入中国,MSN 迅速成了国内办公环境中即时通信工具的首选。发展高峰时期,MSN 曾占有全球超过 60% 以上的市场份额,一度是全球最大的即时通讯软件。但 2013 年 3 月 15 日,MSN 却因发展低迷宣布关闭,除中国大陆市场因特殊原因继续保留外,MSN 的 1 亿多名用户被整合到微软收购的 Skype 中去。

随着移动互联网的发展,即时通信也在向移动端扩张。微软、AOL、Yahoo 等主要的即时通信提供商都开通了手机即时通信的业务,用户可以通过手机与其他已经安装了相应客户端软件的手机或电脑收发消息,即时通信的移动化进程加速。

在我国,1999 年 2 月,腾讯公司即时通信服务开通,最初名称为"OICQ",后改名为腾讯 QQ。QQ 注册用户由 1999 年的 2 人(马化腾和张志东)到如今已经发展到数十亿人。QQ 已经成为腾讯公司的代表之作,是中国目前使用最广泛的即时通信软件。

尽管腾讯 QQ 领跑国内同类软件,但即时通信市场却从来不乏竞争者。不甘沦为管道的电信运营商早已对即时通信市场虎视眈眈,中国移动、中国电信、中国联通等电信运营商相继推出自己的即时通信产品(飞信、天翼 live、沃友),而针对不同人群、行业或功能进行细分的即时通信越来越丰富(阿里旺旺、网络飞鸽、YY 语音等)。随着即时通信向手机终端的发展,主打移动即时通信的产品竞争也越发激烈(手机 QQ、微信、易信等)。

2. 即时通信的传播特点

即时通信工具在网络中的应用越来越普及,已经成为网络传播中一种非常典型的形式。即时通信工具主要运用于人际传播,但同时,它也成为群体传播、组织传播乃至大众传播的工具。它能够构建一个强大的社会网络,在各种传播类型中发挥重要作用。

即时通信传播的特点体现在:

(1)交流时效的实时性

即时通信在交流时效上是实时的,传播与接收几乎是同步进行的。虽然与面对面的交流相比它还存在一定的时间差,但在网络条件正常的情况下,这种时间差几乎可以忽略不计,这让远隔千里的交流就如同身处一室的面对面沟通。信息传播的即时、实时是即时通信工具吸引人们的重要原因。

不仅如此,即时通信还具有延时性。目前即时通信基本都具备脱机留言、离线传输等功能,交流双方在没有同时在线的情况下,也可以延时完成交流过程,这成为实时交流的一种很好的补充,能够更好满足人们多元的需求。

(2)交流手段的多样性

随着即时通信工具的发展与成熟,越来越多的信息手段开始出现在即时通信交流中。从最开始的文字,到图片、音频、视频、动画,各种交流手段都可以被调用起来,这样形式丰富、手段多样的交流能够带来高质量的人际沟通,几乎可以媲美面对面的人际传播。

(3)交流网络的复杂性

即时通信中的传播有人际传播、群体传播、组织传播,甚至是大众传播,这导致即时通信的交流网络相互交织、错综复杂。同时,即时通信中既有与熟人之间的沟通,又有与陌生人之间的交流,这种"强联系"与"弱联系"的交流共同存在的状况,也让即时通信的交流网络变得复杂。

3. 即时通信实例分析

QQ：中国即时通信的领军者。

腾讯 QQ（简称"QQ"）是腾讯公司开发的一款基于 Internet 的即时通信软件，标志是一只戴着红色围巾的小企鹅（见图 5-5）。

图 5-5　腾讯 QQ 标志

腾讯公司董事会主席兼首席执行官马化腾表示："过去我们希望通过互联网让天南地北、天涯海角的人们可以自由地通信，能够不再隔阂。今天则是希望互联网能够像水和电一样融入人们的生活中。你可能觉得所有的企业和用户已使用了互联网，但是你又不觉得它存在。我觉得只有做到这样，才能够发挥互联网最大的价值"。

据媒体报道，截止到 2013 年 11 月 21 日，QQ 累计用户数超过了 20 亿，这个数字已经超越了三大运营商用户之和。2014 年 4 月 11 日 21 点 11 分，QQ 在线人数突破 2 亿。

在移动即时通信领域中，QQ 同样是市场中的领头羊。艾瑞咨询发布的《2014 年中国移动即时通信应用用户调研报告》中显示：2013 年中国用户使用最多的移动即时通信应用为手机 QQ，占比为 82.6%。

以上数据表明：正如马化腾所言，即时通信软件 QQ 已经全面融入人们的在线生活。而且，它不仅有超强的即时交流功能，还包罗了资讯、娱乐、购物、邮箱、支付等诸多服务，几乎无所不能，QQ 已经完成了从沟通工具到生活助手的角色蜕变。

那么，腾讯 QQ 为何能取得这样的成功呢？

QQ 的成功，缘于它准确的心理分析和需求定位。QQ 的出现，可以让相对内敛的国人克服面对面交流的顾虑和障碍，扩展个人交往圈，可以为人们提供情感释放和精神解压的场所，可以满足人们免费进行远距离、快速沟通的需求。

QQ 的成功，缘于它准确的市场分析和受众定位。根据统计分析，中国的网民群体中，年轻人和学生是主力军，而 QQ 也将目标客户群锁定在这部分最具有消费潜力的年轻人身上，它所提供的社交空间和各种娱乐平台充分考虑和满足了受众的需求，让他们流连忘返。

QQ 的成功，源于它准确的功能定位和特色打造。腾讯在打造"在线生活的一站式平台"的定位下，提供给用户聊天、文件传输、游戏、音乐、浏览器、博客、购物、支付等多种功能。尽管功能多样，QQ 从来没有放弃对最基础的聊天功能的更新和完善，竭力打造最强大的聊天功能。

QQ 的成功,还源于它面对竞争时的积极应对,源于它不断地与时俱进。今天的这只小企鹅早已今非昔比,这个聚集着大量潜在客户的平台,也同时意味着可能兑换为现实资产的无形财富。

5.3.3 微博传播

1. 微博概述

(1) 微博的概念

微博是微型博客(Micro Blog)的简称,即一句话博客,是一种通过关注机制分享简短实时信息的广播式的社交网络平台。微博是一个基于用户关系进行信息分享、传播以及获取的平台。用户可以通过 Web、WAP 等各种客户端组建个人社区,以 140 字符以内的文字更新信息,并实现即时分享。

理解微博,首先需要理解博客。博客(Blog)就是以网络作为载体,简易快捷地发布自己的心得、及时有效地与他人进行交流并且集丰富多彩的个性化展示于一体的综合性平台,是一种传播个人思想、带有知识集合链接的出版方式。

与博客相比,微博作为一种分享和交流平台,不仅篇幅短小,而且更注重时效性和随意性,更能表达出每时每刻的思想和最新动态,而博客则更偏重于梳理用户在一段时间内的所见、所闻、所感。

在博客、微博之后,又出现了"轻博客"的概念。轻博客与博客、微博有什么联系与区别呢?

轻博客是介于博客与微博之间的一种网络服务。博客倾向于表达,微博倾向于社交和传播,轻博客则吸收了双方的优势,成为一种全新的网络媒体。轻博客突出简单的发布流程与交互方式、精致的内容以及美观的视觉设计,相较于交互更注重内容及其展示。具体而言,轻博客是简化版的博客,去掉第一代博客复杂的界面、组件和页面样式,用极简的风格重点展示用户产生的文字、照片等内容。同时,轻博客也是扩展版的微博,它突破了140 字的限制,保留了微博的转发等社区特性。有人形象地对比三者称:微博是一份报纸,博客是一本书,那么轻博客则是一本杂志。

成立于 2007 年的 Tumblr(汤博乐)是目前全球最大的轻博客网站,也是轻博客网站的始祖,作为一种介于传统博客和微博之间的全新媒体形态,它既注重表达,又注重社交,而且注重个性化设置,成为当前最受年轻人欢迎的社交网站之一。2013 年 5 月,雅虎公司以 11 亿美元收购了 Tumblr。在国内,2011 年推出的点点网是最大的轻博客平台,也是中国轻博客模式的创建者和领导者,它将博客融于社交化、移动化、开放化和简单化,代表了博客产品未来的发展趋势。目前,国内轻博客网站还有网易"LOFTER"、新浪轻博客"Qing"、人人网打造的轻博客"人人小站",凤凰新媒体推出的"凤凰快博"等。

博客、微博、轻博客在内容、关系、展示、界面等方面可以做如下对比(见表5-1)。

表 5-1 博客、微博、轻博客对比

	博客	微博	轻博客
内容	全部支持	文字、图片、音频、链接、视频	文字、图片、音频、链接、视频等
关系	无	单向关注；公开对等交流	单向关注；非公开非对等交流
展示	自定义	缩略富媒体	突出富媒体
界面	自定义	可更换背景	自定义
用户群	全民、大众	偏低端、大众	精英、小众
时效性	最弱	最强	较强
复杂度	高	最低	低

（2）微博的发展

最早也是最著名的微博是美国的推特（Twitter）。2006 年 3 月，博客技术先驱创始人埃文·威廉姆斯（Evan Williams，1972 年—）创建的公司 Obvious 推出了 Twitter 服务。Twitter 允许用户将自己的最新动态和想法以移动电话中的短信息形式发布，可绑定 IM 即时通信软件。所有的 Twitter 消息都被限制在 140 个字符之内。

Twitter 吸引了很多名人注册使用，美国总统奥巴马就曾利用其 Twitter 账号作为对外宣传的重要工具。据 2014 年的最新数据显示，Twitter 的用户注册总量超过 10 亿，月活跃用户量超过 2 亿。但 Twitter 的用户增长正在放缓，而且留住已有用户也成为一个难题。

在中国，2007 年 5 月推出的饭否网成为第一家提供微博服务的网站，被称为中国版Twitter。之后，各种微博在国内如雨后春笋般出现：滔滔、嘀咕、叽歪、做啥、同学网、品品米、随心、网络之声 OhMyVoice、EasyTalk……有报道称，全盛时期超过 30 家网站在运营微博产品。

2009 年 8 月，正当饭否、叽歪、嘀咕等微博纷纷关闭或转型时，国内门户网站新浪网推出"新浪微博"内测版，成为门户网站中第一家提供微博服务的网站，微博正式进入中文上网主流人群视野。之后的 2010 年，网易、搜狐、腾讯几大门户网站纷纷推出微博服务，微博逐渐成为中国网民上网的主要活动之一。

经过几年的微博大战，新浪微博由于其强大的明星资源、良好的热点运营能力以及媒体经验，最终形成一家独大的局面。据新浪微博官方的统计数据显示，2012 年 3 月，新浪微博用户规模为 3.24 亿；2013 年 3 月，用户规模增长到 5.365 亿，同比增长 65.5％左右。2012 年 3 月，新浪微博活跃用户规模为 3 016 万；2013 年 9 月，该数值增长到 6 020 万，一年半时间里接近翻番。

2. 微博的传播特点

微博是微型博客，也就是博客的迷你版。但是微博的发展速度和受欢迎程度却大大超越博客，甚至引发了全民"织围脖"的热潮。究其缘由，与其传播特点有直接的关系。

（1）低门槛

微博的内容限定为 140 字左右，内容简短，不需长篇大论。相对于博客而言，微博的内容只是简单的只言片语，在语言的编排组织上也没有博客的要求高，那些因为没有时间、文笔一般而对博客望而却步的网民自然转而选择微博,导致了微博用户的激增。

(2)迅捷性

微博信息生产及发布速度很快,在任何时间、任何地点都可快速生产信息并即时发布信息,速度远超传统媒体及网站、博客等网络媒体。微博信息的传播与共享的速度也很快,通过转发、评论等,信息迅速扩散,信息的影响也随之扩散。

在一些重大的突发事件或全球关注的大事发生时,身处现场的微博客们可以利用微博进行"直播报道",其实时性、现场感几乎超越所有其他媒体。

(3)原创性

在微博上,无论是大文豪,还是小学生,140字的限制会将大家放到同一水平线上,没有人会从文学的角度去考究一篇微博的价值,大家更关心微博传递出来的信息。这一特点导致了大量原创内容井喷式地被生产出来。这些内容可能是零散的、碎片化的,有的甚至只是个人的生活琐事、情绪宣泄,但是它给了平民大众表达、展示的舞台,其意义不可小觑。

(4)互动性

微博既是一种传播手段,同时更是一种人际互动的工具。2009年7月29日,微博的鼻祖Twitter把首页那句经典的"你在做什么?"(What are you doing?)换成了"分享和发现世界各处正在发生的事"(Share and discover what's happening right now anywhere in the world),新浪微博的口号也是"随时随地分享身边的新鲜事儿",这些宣传语都特别强调了"分享"的重要。微博中的转发、关注、评论等功能是实现传播、分享、交互的手段,能够充分激活、调动起人们的社会关系网络,有利于形成广泛的信息交流与人际互动。

3. 微博实例分析

微博(weibo.com):从"新浪微博"到"微博"。

2013年之后,在微博市场整体用户规模呈下降趋势、部分微博运营企业不得不撤出微博市场转战其他社交应用时,新浪微博仍保持了其良好的发展态势。截至2014年3月,新浪微博月活跃用户1.438亿,日活跃用户6660万,是中国活跃度最高的社交媒体。新浪微博上有超过8万个政府机构及官员的微博账号、40多万家企业认证账号和70多万个个人认证账号。2014年第一季度,新浪微博整体营收达到6750万美元,其中主要为广告,同比增长160.6%。

新浪微博的成功不仅体现在其市场效益上,更突出地表现在以它为代表的微博平台对网络传播带来的巨大影响。

微博成为信息发布的重要渠道。政务微博、媒体微博、明星微博活跃在网络中,许多消息第一时间从微博传出,继而传遍整个网络,又引发传统媒体的报道活动。2011年7月的温州动车事故中微博是最早的信息来源,巨大的传播力量对事故救援等工作起到了积极作用。

微博成为公众讨论热点事件的重要平台。马航MH370飞机失联事件中,20多天里微博中相关话题的阅读量超过18亿。

微博成为引导社会舆论的重要力量。由各级党政机关及领导干部开设的微博平台凭借其独有的权威性,在重大事件、突发事件的信息传播中发挥着积极的舆论引导作用。

2014 年 3 月 27 日,"新浪微博"正式更名为"微博",拿掉"新浪"两个字之后的"微博"在架构上成为独立公司,与新浪网一起构成新浪公司的重要两级(见图 5-6)。新浪微博的更名给微博领域带来不小的震动,作为国内微博市场一枝独秀的新浪微博,此次去掉"新浪"二字,推出新的 LOGO 标识的举动,让其希望成为微博领域的代名词、完成一统江湖的野心昭然若揭。

图 5-6　新浪微博更名

对此举动,新浪方面表示,更名是为了保证微博这一产品的持续健康发展,为网友提供更好的用户体验,使微博获得长足的发展。互联网业内人士认为,通过改名可以让微博更加独立,褪去新浪带给微博的光环,让微博走上独立发展的道路,为其 IPO(首次公开募股)提速。

新浪微博更名 20 天后,2014 年 4 月 17 日,微博在美国纳斯达克正式挂牌上市。

纵观互联网媒体的成长历史,其经历了三个阶段的发展:门户时代、搜索时代、社交媒体时代。十五年前,新浪成为中国互联网的领跑者,而如今的微博成为社交媒体时代的弄潮儿,此次微博上市,就鲜明地打出了"中国首家社交媒体"的标签。

对新浪而言,微博既是它竭尽全力培育的后代,也是它重回行业巅峰的助手。如今新浪微博从母体独立并成功上市,有业界人士认为:新浪微博上市是新浪的终结,幸运的是,是新浪终结了自己,新浪因此获得了新生。

5.3.4　搜索引擎传播

1. 搜索引擎概述

(1) 搜索引擎的概念

搜索引擎是指根据一定的策略、运用特定的计算机程序从互联网上搜集信息,在对信息进行组织和处理后,为用户提供检索服务,并将检索结果展示给用户的系统。互联网上的信息浩瀚万千,而且毫无秩序,所有的信息就像汪洋上的一个个小岛,网页链接是这些小岛之间纵横交错的桥梁,而搜索引擎则为用户绘制一幅一目了然的信息地图,供用户随时查阅。

搜索引擎不仅为人们在网络中寻找和获取信息提供了快捷的通道,而且不断地影响和改变着人们信息消费的行为模式,并推动了网络信息传播格局的变化,形成了以搜索引擎为基础的"定向索取"传播模式。

（2）搜索引擎的类型

搜索引擎包括全文索引、目录索引、元搜索引擎、垂直搜索引擎、集合式搜索引擎、门户搜索引擎与免费链接列表等，其中最主要的是全文搜索引擎、元搜索引擎和垂直搜索引擎。

a. 全文搜索引擎（Full Text Search Engine）

全文搜索引擎是通过从互联网上提取各个网站的信息（以网页文字为主）而创建的数据库，当用户以关键词查找信息时，搜索引擎会在数据库中进行搜寻，如果找到与用户要求内容相符的网站，便采用特殊的算法——通常根据网页中关键词的匹配程度、出现的位置与频次以及链接质量——计算出各网页的相关度及排名等级，然后根据关联度高低，按顺序将这些网页链接返回给用户。Google、百度都属于全文搜索引擎。

b. 元搜索引擎（Meta Search Engine）

元搜索引擎是通过一个统一的用户界面帮助用户在多个搜索引擎中选择和利用合适的（甚至是同时利用若干个）搜索引擎来实现检索操作，并将结果返回给用户。在搜索结果排列方面，有的直接按来源引擎排列搜索结果，有的则按自定的规则将结果重新排列组合。360 综合搜索属于元搜索引擎。

c. 垂直搜索引擎（Vertical Search Engine）

垂直搜索引擎是针对某一个行业的专业搜索引擎，是搜索引擎的细分和延伸，是对网页库中的某类专门的信息进行一次集成，定向分字段抽取出需要的数据进行处理后再以某种形式返回给用户。淘宝、京东等电子商务平台的购物搜索属于网上购物领域的一种垂直搜索引擎。

（3）搜索引擎的发展

搜索引擎的鼻祖是 1990 年加拿大麦吉尔大学（University of McGill）计算机学院的师生开发出的 Archie。Archie 是第一个自动索引互联网上匿名 FTP 网站文件的程序，但它还不是真正的搜索引擎，用户必须输入精确的文件名搜索，然后 Archie 会告诉用户哪一个 FTP 地址可以下载该文件。在 Archie 之后，伴随技术的进步，几乎每年都有新的搜索引擎出现。搜索引擎成为网络中重要的导航者，不断影响着网民信息消费的行为与方式。

1998 年 10 月，著名的搜索引擎 Google 诞生。它是目前世界上最流行的搜索引擎之一，也是互联网上最大、影响最广泛的搜索引擎，在全球范围内拥有无数的用户。Google 提出"整合全球信息，使人人皆可访问并从中受益"的使命，并以"完美的搜索引擎、不作恶（no evil）"为口号。2006 年 4 月 12 日，Google 宣布其中文名字为"谷歌"，由此正式进入中国。四年后的 2010 年 3 月 23 日，谷歌宣布停止对谷歌中国搜索服务的"过滤审查"，并将搜索服务由中国内地转至香港。之后，谷歌又在中国市场关闭了音乐搜索、购物搜索等服务。

全球最大的中文搜索引擎——百度（baidu）于 2000 年 1 月创立于北京中关村，创建者是资深信息检索技术专家、"超链分析"专利唯一持有人——李彦宏及其好友——在硅谷有多年商界成功经验的徐勇博士。百度以自身的核心技术"超链分析"为基础，超链分析就是通过分析链接网站的多少来评价被链接的网站质量，这保证了用户在百度搜索时，越受用户欢迎的内容排名越靠前。之后的十余年间，搜狗、搜搜、有道、360 搜索等搜索产品相继出现,尽管百度始终处于国内搜索引擎市场的绝对优势地位,但市场一直呈现此消彼长的态势,竞争十分激烈。

随着移动互联网的普及,搜索市场的竞争已悄然从 PC 端渐渐发展到移动端。由于移动设备的用户唯一性、随身性,移动互联网搜索可以通过移动设备使用者的网络消费行为,如上网的时间习惯、操作习惯、内容喜好等去勾勒该使用者的特征信息,并以此为依据判断用户的真正查询请求,从而提供满足用户需求的搜索结果。因此,基于移动互联网的搜索引擎将更加个性化,体现用户为中心的特点,当不同用户输入同一个查询请求后,可能得到不同的查询结果,甚至同一个用户查询同一个关键词,也会因为其查询时间和所在场合的不同而得到不同的结果。要实现这样精准到个人需求的搜索,需要对用户行为习惯背后的“动机”与“特征”了如指掌,这就不再是个单纯的技术问题,而是涉及消费者行为学、社会心理学等多门学科的综合问题。

2. 搜索引擎的传播特点

搜索引擎本身并不生产和发布信息,它是信息的导航者。在网络信息日益超载的情况下,它顺应了人们快速查找特定信息的需求,让受众可以自由地主动“拉出”信息。搜索引擎传播中有以下特点。

(1) 信息传播者的集中化与显性化

和别的传播形式不同,搜索引擎自身不是信息的传播者,而那些真正提供信息内容的传播者又是分散的、隐藏的,搜索引擎的作用就是发现这些分散的、隐藏的传播者,使他们在同一个信息搜索的目标下集中起来、显现出来。

搜索引擎对传播者的集中与显现,提高了传播内容的曝光率、扩大了内容的传播范围,有可能实现更好地传播效果。对用户而言,搜索引擎不仅提高了用户获取信息的效率,避免被海量的信息困扰,而且提供给用户更丰富、更全面的信息,便于用户选择符合需求的内容。

(2) 传播信息的不确定与相对无序

搜索引擎对信息的排序是基于技术算法,如关键字出现频率或者网站被链接数量等,而不是基于对信息内容的真伪、质量等把关的结果。因此,搜索引擎传播的信息具有一定程度的不确定性,用户需要对搜索引擎排序的信息内容进行真伪辨别、质量判断。目前,搜索引擎还未能实现完全精准地满足用户个体的搜索需求,尚不能保证与用户请求的搜索目标最相关的信息总是排在搜索结果的最前列,搜索结果可能出现与用户请求相关度不高的情况,体现出信息的相对无序。

(3) 搜索行为的独立性与关联性

网络中进行搜索的用户根据自己的需求独立发出搜索请求,从这个角度看,用户的搜索行为是相对独立的。但这些独立的搜索行为又不是完全孤立的,搜索引擎提供给用户的“相关搜索请求”、“搜索关键词排名”、“热门搜索”等,都可能影响用户的搜索行为,使其与其他用户的搜索行为之间产生关联。

同时,搜索引擎的系统后台会将分散的、个人的搜索行为集合起来,这些数据不仅可以反映人们对不同信息的关注程度,而且能够为受众研究、市场研究甚至社会发展动向分析提供重要的参考。

3. 搜索引擎实例分析

百度与 360 的搜索市场之争。

国内搜索引擎市场在谷歌隐退之后,就一直处于百度一家独大的局面。凭借过硬技术积累和产品革新,百度在框计算、实时搜索、开放平台等方面的创新不断面世,而知道、贴吧、文库等产品的成功运营也为百度提供了优质的内容资源作为反哺,形成了良好的协同优势,加上多年来不断形成的品牌形象、用户习惯和成熟营销体系,百度已经成为中文搜索的代名词。虽然在中国互联网搜索市场,有道、搜狗、搜搜曾掀起过涟漪,但都未曾真正触动到百度的垄断地位。就在大家认为搜索引擎市场必将延续这一趋势时,360 的加入在搜索引擎领域掀起了一场市场大战(见图 5-7)。

图 5-7　百度与 360 的搜索大战

2012 年 8 月 16 日,360 低调推出综合搜索。

8 月 20 日,360 综合搜索引擎成为 360 网址导航的默认引擎,360 浏览器的搜索框中,360 综合搜索也成了默认搜索引擎。上线 5 天内,360 搜索流量呈爆发式增长,迅速拿下国内接近 10％的搜索市场份额,一举超越搜狗,成为国内第二大搜索引擎;而百度市场份额大跌,股市表现也开始下行。

8 月 28 日,百度对 360 搜索业务展开反制,用户通过 360 综合搜索访问百度知道、百科、贴吧等服务,将会强行跳转至百度首页。

8 月 29 日,360 也展开对攻,用户在 360 浏览器中使用 360 综合搜索时,点击来自百度相关服务的搜索结果,会被直接带至"网页快照"页面。8 月 29 日,360 综合搜索官方微博发布了题为"建设一个安全、干净、有效竞争的互联网搜索市场"的声明,声明中表示:360 致力于成为搜索市场的重要参与者,致力于建立一个安全的、有效竞争的搜索市场。

至此,3B(360 与 Baidu)大战爆发。360 以"干净的搜索"掀起的战役,直接冲击了百度的霸主地位。接下来的两年里,百度与 360 上演了一场针锋相对的大战,矛盾持续不断,并引发了多起互诉不正当竞争的官司,可见战火之猛烈,引来无数网民的围观。

从 CNZZ(中文互联网数据统计分析服务提供商)的数据显示:至 2014 年 6 月,百度搜索引擎的占有率为 57.35％,排名榜首;360 搜索的占有率为 26.03％,位居第二;新搜狗的占有率为 14.73％,三家搜索引擎瓜分了 98％以上的搜索市场。360 搜索尽管与百度在市场占有率上还有较大差距,但仍然是百度最大的竞争对手,不断蚕食百度的市场份额。

在 360 与百度的这场拉锯战中,争夺的对象是市场份额、是用户,而在争夺过程中,用户的体验却屡遭破坏,失去了用户的支持,相信只会落得两败俱伤的结局。百度 CEO 李彦宏曾就 3B 大战作出表态,称用户感受是搜索引擎市场最终决定因素。既然如此,结束不良竞争、不断优化用户体验才是百度与 360 的发展之道。

5.3.5　SNS 传播

1. SNS 概述

(1) SNS 的概念

对 SNS 通常的解释有三种:

• SNS(Social Networking Service),即社会性网络服务,是旨在帮助人们建立社会性网络的互联网应用服务。

• SNS(Social Network Site),即"社交网站"或"社交网"。

• SNS(Social Network Software),即社会性网络软件,是一个采用分布式技术,通俗地说是采用 P2P 技术,构建的下一代基于个人的网络基础软件。

我们常说的 SNS 主要指第一种——社会性网络服务,它是基于"六度分隔"理论(Six Degrees of Separation)的一种应用。1967 年,美国社会心理学家米尔格兰姆(Stanley Milgram,1933—1984 年)创立了六度分隔理论,又称六度空间理论以及小世界理论等。六度分隔理论指出:你和任何一个陌生人之间所间隔的人不会超过六个,也就是说,最多通过六个人你就能够认识任何一个陌生人。

按照六度分隔理论,每个个体的社交圈都可以不断放大,最后成为一个大型网络,这是社会性网络(Social Networking)的早期理解。后来有人根据这种理论,创立了面向社会性网络的互联网服务,通过"熟人的熟人"来进行网络社交拓展,这就是现在我们所说的 SNS——社会性网络服务。

但是,社交拓展不能仅仅依靠"熟人的熟人",所以 SNS 所提供的社会性网络服务也并不是局限于"熟人的熟人"这个范畴,而是包括因为共同的话题、爱好、经历甚至某次相同的出游计划等方式聚集而实现的社交拓展。

SNS 网站一般都提供信息分享的基础服务,包括状态、主页、相册、日志、音乐、视频等应用;SNS 网站都设计了交互功能,包括投票、转帖、礼物等,推动用户之间的交流与互动;社交游戏也是 SNS 网站集聚人气、促进互动的重要平台,SNS 网站都十分重视游戏产品的开发与运营,开心农场、抢车位都是曾火爆一时的社交游戏;SNS 网站一般还提供其他一些应用,主要是为满足用户多元的网络需求,如记账、硬盘、位置服务等。

(2) SNS 的发展

2003 年 3 月成立于美国的 Friendster 被业界称为全球首家社交网站,它在推出后悄然走红,以致大批网站跟风模仿,在全球范围内掀起 SNS 的热潮。

SNS 领域真正的集大成者是 Facebook。2004 年 2 月,当时还是哈佛大学学生的马克·扎克伯格(Mark Zuckerberg,1984 年—)创办了 Facebook,从一开始仅限哈佛学生注册，到最后扩展到非大学网络，Facebook 的影响力不断扩大。截至 2012 年 5 月，Facebook 拥有约 9 亿用户，是全球第一大社交网站。同时，作为世界排名第一的照片分享站点，截至 2013 年 11 月，Facebook 每天上传约 3.5 亿张照片。

致力于向全球职场人士提供沟通平台的 LinkedIn(领英)于 2003 年 5 月上线，并成长为全球最大的职业社交网站。LinkedIn 的使命是连接全球职场人士，使他们事半功倍，发挥所长，也包括为全球 33 亿劳动力创造商业机会。截至 2014 年 4 月，LinkedIn 全球注册会员突破 3 亿。2014 年 2 月，LinkedIn 推出了简体中文测试版，并正式启用中文名称——"领英"，旨在为中国用户提供更好的本地化服务，短短数月，LinkedIn 在中国的用户数已经突破 500 万。

当国外社交网络如火如荼发展之际，我国本土的社交网络产品也相继出现，如 2005 年成立的人人网(原名校内网)、2008 年创建的开心网。SNS 市场的红火吸引了门户网站的加入，几大门户也纷纷推出自己的 SNS 产品，如腾讯的朋友网、搜狐的白社会等。

人人网是由国内最早的 SNS 网站——2005 年成立的校内网更名而来。人人网从定位校园用户(校内)到扩展到所有用户(人人)，如今又回归到校园定位，继续打造年轻人的 SNS 品牌。据人人公司发布的数据显示，截至 2013 年 12 月 31 日，人人网的累计已激活用户总数约为 2.06 亿。

开心网(kaixin001)创办于 2008 年 3 月，是国内第一家以办公室白领用户群体为主的社交网站，公司愿景就是"帮助更多人开心一点"。据开心网网站数据显示，截至 2014 年 7 月，其注册用户数超过 1.6 亿。

朋友网是腾讯打造的真实社交平台，原名为 QQ 校友，于 2009 年 1 月上线，2011 年 1 月更名为腾讯朋友，2011 年 7 月再次更名为朋友网。由于归属于腾讯系列产品，腾讯朋友网的用户大多是基于熟人的关系而建立的，而且凭借 QQ 强大的导入能力，朋友网的用户数也相当庞大。

白社会是搜狐旗下的社交产品，于 2009 年 5 月正式推出。白社会定位的人群是白领，白领扎堆的地方被称为"白社会"，白社会中贯穿着所谓的"白"文化，包括代表正直诚信的"洁白"文化、简单坦率的"直白"文化、求知上进的"白丁"文化和分享协作的"白板"文化。

2013 年，随着即时通信等以社交元素为基础的综合平台的崛起，社交网站的使用率开始呈下降趋势。而在移动互联网迅猛发展的背景下，国内外的 SNS 巨头们都开始将目光投向移动社交领域。未来 SNS 市场的竞争，将在移动互联网中继续演进。

2. SNS 的传播特点

(1) 身份的真实性

在 SNS 普及之前，网民多是采用 ID(Identity，身份标识号码)的方式在网络中进行交流，多数互动发生在陌生人之间。SNS 则主打熟人之间的网络交流，它们大多采用实名方式，建立基于真实身份的熟人之间的互动。

由于身份的真实，SNS 中的网络交往虚拟性减弱、现实性加强，网络成为现实的一种延伸，网络与现实社会的交融更加深入。从这个角度来说，网络作为一种新型社会的属性越发明显。

（2）互动的多元化

SNS 建立的初衷就是为了将人们在现实生活中的互动搬到网络中来，进一步增进这种互动。而 SNS 的互动与其他网络传播形式不同，它的互动形式非常多元。除了文字的交流外，SNS 用户还通过分享图片、音乐，加入游戏阵营，发起及参与调查等多种形式来实现互动。其中，游戏一度成为最具代表性的互动方式。风靡网络的社交游戏——"偷菜"游戏曾让无数网友废寝忘食、沉迷其中，而且线上的互动又延续到线下的真实生活中，以致"你偷了吗？"成为大家见面的问候语，一时间，全民偷菜的热潮席卷网络。这足以证明游戏在社交网络中发挥的互动价值。

3. SNS 实例分析

人人网：竞争下的蜕变——从"校内"到"人人"再回归"校内"。

人人网被称为"中国的 Facebook"，其早期的成长经历与 Facebook 如出一辙。2005年 12 月，校内网成立，它的创始人是几位来自清华大学和天津大学的学生。校内网早期的定位正如其名字所示，是面向校园里的学生群体。之后，它于 2009 年 8 月 4 日更名为"人人网"（见图 5-8）。更名后的人人网面向社会上所有人开放，跨出了校园的范畴，发展成为给所有互联网用户提供服务的 SNS 社交网站。

图 5-8　"校内网"更名为"人人网"

作为国内社交网站的领军者，人人网曾经红极一时，至 2010 年 4 月，人人网日登录活跃用户约 2 000 万，"开心农场"游戏于 2008 年在人人网推出后玩家最多时曾超过 1 亿人。2011 年上市前，人人已经形成其主体的四大业务：人人网、糯米网、人人游戏以及经纬网，这四大业务分别对应国外的 Facebook、Groupon、Zynga、LinkedIn。2011 年 5 月 4日，人人网在美国纽约交易所成功上市。上市伊始，人人网曾是中概股中最为风光的几家公司之一，但很快，人人网的股票一路狂跌，从 2011 年开盘当日的市值 74.82 亿美元跌到如今的 12.5 亿美元（2014 年 7 月 25 日数据）。

事实上，上市之后人人网就一直忙着应对各种问题，首先是来自社交网站开心网、朋友网的同行竞争，之后微博、微信等侧重移动终端的社交工具飞速发展更是让人人网的生存环境变得恶劣。人人网耗费心力建立的社交网络优势，在移动互联网时代被一举破解。手机社交 APP 直接从用户的手机里调取通讯录，自动帮助用户搭建一个社交网络，而人人网的手机端还停留在对网页版的照搬上，从内容到体验都毫无亮点。

这一时期，人人网将自己的重心放在了游戏领域，在游戏开发方面投入了大量金钱与精力。但结果是：人人网自主研发的游戏精品并不多，其风靡一时的《开心农场》游戏也是第三方游戏公司开发的。自 2013 年 8 月《开心农场》下线后，人人网再无更加惊艳的产品，而游戏收入也出现下滑，颓势不减。

随着微信等应用的市场份额越来越大，人人网终于意识到：只有走差异化的道路才能在行业中占有一席之地。人人网的扩张之梦已经破灭,开始重拾校园策略,重新聚焦到年轻人市场,试图把自己打造成酷的、年轻的品牌。在人人网最新版的移动客户端上,重新将90后年轻群体作为人人网的核心用户人群。在产品设计上充分考虑16～26岁在校学生的需求,如用户可通过订阅公共账号来获得分数、课程、食堂菜谱等信息服务。

今天的人人网不得不借助广告攻势,试图重新占领高校。在距离北京海淀高校园区最近的地铁站——海淀黄庄站里,"懂你的人在人人"的广告牌贴满了几面墙壁(见图5-9)。标榜"年轻、个性"的人人网广告开始投放在各大电影院和湖南卫视的《天天向上》。高校校园中,人人网通过举办校园开放平台大赛来收集学生的优秀创意和创业项目,以重建人人网开放平台……

图 5-9 《懂你的人在人人》系列广告之一

在绕道五年之后,人人网重新回到原点。全新出发的人人网前景如何？我们拭目以待。

5.3.6 网络广告传播

1. 网络广告概述

（1）网络广告的概念

网络广告就是在网络上做的广告,是以网络为载体传播信息的全新的广告形态,是利用网站上的广告横幅、文本链接、多媒体等方法,在互联网刊登或发布广告,通过网络传递到互联网用户的一种高科技广告运作方式。

自1994年网络广告在美国问世以来,全球网络广告的市场以惊人的速度增长,网络广告已取得与传统媒体广告相抗衡的实力。互联网的成熟与发展,为广告提供了一个强有力的、影响遍及全球的载体,它超越地域、疆界、时空的限制,使商品的品牌传播全球化。网络广告无论是在国外还是国内,都是一个蓬勃发展的产业,以网络为依托的网络广告大发展是挡不住的潮流。

（2）网络广告的类型

根据投放渠道与表现形式的不同,网络广告可分为:展示广告、搜索广告、社会化广告、电子邮件广告、富媒体广告、视频广告等。

展示广告:展示广告是一种按每千次展示计费的图片形式广告,这种广告业内通常称作 CPM(Cost Per Mille,每千人成本)广告。

搜索广告:搜索广告是指广告主根据自己的产品或服务的内容、特点等,确定相关的关键词,撰写广告内容并自主定价投放的广告。当用户搜索到广告主投放的关键词时,相应的广告就会展示(关键词有多个用户购买时,根据竞价排名原则展示),并在用户点击后按照广告主对该关键词的出价收费,无点击不收费。搜索引擎广告包括关键词广告、竞价排名广告、地址栏搜索广告和网站登录广告等形式。

社会化广告:社会化广告就是广告中包含社会化信息,在广告中实现社会化交互。社会化广告不仅有"暂停"和"重播"这样简单的互动设计,而且还添加了"转发"、"评论"等点击选项,把人群引向微博、微信等,依靠微博、微信的快速裂变性传播,让企业收获更多的"免费媒体",促成更大面积的社会化营销传播。

电子邮件广告:电子邮件广告是指通过互联网将广告发送到用户电子邮箱的网络广告形式,它针对性强、传播面广、信息量大,其形式类似于直邮广告。

富媒体广告:富媒体(Rich Media)是指将声音、图像、文字等多种媒介形式的组合,以富媒体制作的广告称为富媒体广告。

视频广告:网络视频广告是采用先进的数码技术将传统的视频广告融入于网络中,它同时具有电视广告与网络广告的优势。

(3) 网络广告的发展

1994 年,美国著名的 Wired(《连线》)杂志开辟了网络版的 Hotwired,开始推出一种全新的广告商业模式。1994 年 10 月,Hotwired 的主页上出现了 AT&T(美国电话电报公司)等 14 个客户付费的 Banner(旗帜广告),标志着网络广告的正式诞生。

在网络广告的经营上,Hotwired 借鉴了传统的电视广告业的做法,即一方面为网络用户提供丰富多彩的免费信息,以便吸引来大量的用户;另一方面以大量的用户数来吸引企业在自己的网站上刊登广告并收取佣金。这种做法从此奠定了网络广告的雏形。

1996 年,美国互动广告局(Interactive Advertising Bureau,IAB)成立,接下来的十余年间,网络广告行业跟随着网络媒体的高速发展而发展。根据 IAB1996—2011 年发布的《美国网络广告收入报告》,我们可以看到美国网络广告的发展轨迹:美国网络广告市场整体规模从 1995 年不足 6 000 万美元成长到 2010 年的 260.4 亿美元,16 年间增长 400 多倍;网络广告在发展中,市场份额一步步超越其他媒体广告,2001 年超过户外广告、2007 年超过广播广告、2008 年超过杂志广告、2010 年超过报纸广告。

2014 年 4 月,实力传播发布的《2014 年 Q1 全球广告市场预测报告》指出:未来三年广告业仍将保持强劲发展势头,2014 年全球广告支出总额将达 5 370 亿美元,同比增长 5.5%;其中电视媒体仍居主导地位,2013 年,电视广告支出占全球广告总支出的 40%,近互联网广告支出(21%)的两倍。但互联网仍是增长最快的媒介。2014—2016 年互联网广告将以 16% 的年均增长率增长。其中,展示广告是增长最快的细分类型,预计 2014—2016 年其年均增长率为 21%。另外,移动广告发展迅猛,由于智能手机和平板电脑的普及,2013—2016 年移动广告的年均增长率预计将达 50%。2013 年全球移动广告支出占互联网广告总额的 12.9%,占全球广告支出总额的 2.7%。预计到 2016 年,移动广告支出将增至 450 亿美元,占全球广告支出总额的 7.6%。这意味着,移动互联网将于 2016 年,超过户外、广播和杂志广告,成为世界第四大广告媒体。

中国的第一个商业性的网络广告出现在 1997 年 3 月,传播网站是天极网(Chinabyte),广告表现形式为 468×60 像素的动画旗帜广告。Intel 和 IBM 是国内最早在互联网上投放广告的广告主。1998 年 5 月,天极网开始使用第三方在线广告统计系统对网上广告加以统计分析,成为国内第一家使用 CPM 来计算广告价格的中文站点。

我国网络广告一直到 1999 年年初才稍有规模。历经多年的发展,网络广告行业在数次洗礼后已经慢慢走向成熟。根据艾瑞咨询的报告数据,2003 年中国网络广告市场规模达到 10.8 亿元,比 2002 年的 4.9 亿元增长了 120%。而十年后,据艾瑞咨询最新发布的《中国网络广告行业年度监测报告》数据显示,2013 年,中国整体网络广告市场规模为 1 100 亿元,同比增长 46.1%,已突破千亿大关。随着移动互联网的发展,移动互联网将成为全新的广告投放渠道,相应的广告投放将出现爆发式增长。

网络广告市场规模不断扩大,并保持迅猛增速,对整个互联网行业而言,将是一大利好。因为广告收入仍是多数互联网企业的主要收入,并且所占比重很大。因此,网络广告市场规模的扩大以及不断增长,将确保互联网企业获得稳定和持续的收入来源,使互联网企业和行业保持长久的创新活力,得以健康发展。

2. 网络广告的传播特点

(1)交互性

交互性是网络媒体的最大优势,它不同于其他媒体信息的单向传播,而是信息的互动传播。用户只需简单地点击鼠标,就可以从厂商的相关站点中得到更多、更详尽的信息。用户也可直接填写并提交在线表单信息,让广告主随时得到宝贵的反馈信息。因此,网络广告可以实现用户与广告主之间快捷的零距离交流,这是传统媒体广告无法实现的。

(2)多元性

网络广告是多元的,它的表现形式多种多样,包括网幅广告、文本链接广告、电子邮件广告、赞助式广告、插播式广告等;它的传播手段多种多样,包括图片、视频、动画、游戏等;它的交互方式多种多样,包括在线体验、参与调查、试玩试用等;它的付费模式也是多种多样,包括 CPM(每千次印象费用)、CPC(每次点击的费用)、CPA(每次行动的费用)等。

(3)针对性

通过提供众多的免费服务,网站一般都能建立完整的用户数据库,包括用户的地域分布、年龄、性别、收入、职业、婚姻状况、爱好等信息。这些资料可帮助广告主分析市场与受众,根据广告目标受众的特点,有针对性地投放广告,实现定点投放和跟踪分析,对广告效果做出客观准确的评价。

(4)受众广泛性

网络广告不受时空限制,传播范围极其广泛,突破了传统媒体广告传播范围的局限。国际互联网络可以 24 小时不间断地把广告信息传播到世界各地。只要具备上网条件,任何人在任何地点都可以随时随意浏览广告信息。

(5)效果精确化

广告大师约翰·沃纳梅克曾说过:"我知道我的广告费有一半是浪费的,但我不知道浪费的是哪一半。"这句至理名言堪称广告营销界的"哥德巴赫猜想"。然而,随着互联网广告投放技术和精准化程度的不断提高,浪费的广告费正在被不断地找回。

利用传统媒体投放广告,很难精确地知道有多少人接收到广告信息,而在互联网上通过先进的技术手段,可以精确统计出每个广告的受众数,以及这些受众查阅的时间和地域分布。广告主能随时监视广告的浏览量、点击率等指标,跟踪广告受众的反应,及时了解用户和潜在用户的情况,正确评估广告效果,制订或修订广告投放策略。

（6）成本低廉化

与传统媒体广告相比,网络广告制作成本和投放费用都相对低廉。网络广告制作周期短,成本相对较低,另外,传统媒体广告发布后很难更改或者更改需要付出很大的经济代价,而网络广告可以按照客户需要及时变更广告内容,保证企业经营决策的变化能够快速实施和推广。网络广告的投放周期灵活而且价格相对低廉,要获得同等的广告效应,网络广告的成本远低于传统媒体广告。

3. 网络广告实例分析

微电影广告:网络广告的新宠儿。

微电影广告是新兴的广告传播形式,它是为了宣传某个特定的产品或品牌而拍摄的有情节的、时长一般在 5～30 分钟的、以电影为表现手法的广告。

微电影广告是微电影与广告结合的产物。要理解微电影广告,首先要理解微电影与广告两个概念。

微电影(Micro Movie),即微型电影,微电影是微时代——网络时代的电影形式,脱胎于国外早已有之的"短片"。微电影之"微"在于:微时长、微制作、微投资,以其短小、精练、灵活的形式风靡于互联网。

广告即广而告知,是为了某种特定的需要,通过一定形式的媒体,公开而广泛地向公众传递信息的宣传手段。广义的广告包括非经济广告和经济广告,狭义的广告仅指经济广告,又称商业广告,是指以盈利为目的的广告,是企业为扩大经济效益、与消费者之间沟通信息的重要手段。

微电影广告采用了电影的拍摄手法和技巧,但它本质是广告,具有宣传或商业的目的,因此,产品是电影的主角或是线索。微电影广告由于增加了广告信息的故事性,能够更深入地实现品牌形象、理念的渗透和推广,达到"润物细无声"的境界。

第一家使用微电影广告进行营销并取得成功的公司是宝马公司。2001 年,宝马公司不惜重金,集结了 8 位世界级的一流导演,拍摄了 8 部超炫的网络广告短片——《The Hire》系列。8 部短片均由克里夫·欧文出演主角,情节主线均是由欧文驾驶宝马车系,完成一系列惊心动魄的冒险。《The Hire》系列网络短片的制作取得了巨大的成功,它不仅将各种广告大奖收入囊中,而且为宝马公司带来了高涨的销售业绩。

《The Hire》系列网络短片虽然是宝马公司出资拍摄的带有广告色彩的影片,但是由于商品宣传与影片情节的完美结合,观众不会感受到赤裸裸的商业目的,而是在欣赏高质量的电影过程中潜移默化地接收到商品信息。与观众对广告惯常的排斥态度不同,《The Hire》的高品质、娱乐性吸引了无数观众的观看。据统计,影片推出四年内,观看的次数超过 1 亿次。直至今日,该系列电影仍在互联网上不断被下载和观看,其广告效应仍在延续。

在国内,从 2010 年开始,充满草根气质的微电影广告开始登堂入室,成为广告市场的新宠：吴彦祖主演的《一触即发》和莫文蔚主演的《66号公路》是凯迪拉克的定制作品；筷子兄弟的微电影《老男孩》，背后是雪佛兰的冠名；姜文执导的《看球记》是与佳能的合作；贺岁片《把乐带回家》更是百事量身定做的广告短片……

微电影的接收范围广、传播速度快、互动参与性强，迎合了人们在媒介传播碎片化时代的消费需求。越来越多的企业通过微电影广告宣传产品或品牌，以商业营销为导向，借助网络平台来推广企业形象。在传统广告市场竞争日益激烈的情况下，微电影营销凭借强大的互联网传播平台和优越的表现形式，成为备受业界关注的广告营销新阵地。

5.3.7 维基传播

1. 维基概述

（1）维基的概念

维基（Wiki）概念的发明人是沃德·坎宁安（Ward Cunningham，1949年—）。Wiki-Wiki一词来源于夏威夷语的"wee kee wee kee"，原本是"快点快点"（quick）的意思。

维基技术指的是一种超文本系统，这种超文本系统支持面向社群的协作式写作，同时也包括一组支持这种写作的辅助工具。也就是说，这是在互联网上支持多人协作的写作工具。维基站点可以有多人（甚至任何访问者）维护，每个人都可以发表自己的意见，或者对共同的主题进行扩展或者探讨。

在维基页面上，用户可以对文本进行浏览、创建、更改，所有的修改记录都会被保存下来。维基允许使用者根据自己感兴趣的话题，从不同的角度来表达自己的想法。如果遇到有相同观点的用户，后者会接着把这种观点进行展开，因此维基网站就像是一个辐射状的思想库、知识库。维基还能把相关的话题进行汇总，由于参与维基的人员观点不同、经验背景不同、知识储备也存在差异，因此维基所提供的相关话题丰富、多元。另外，维基在新闻传播尤其是突发新闻的报道中也逐渐体现出自己的作用和价值，许多新闻事件以维基条目的形式呈现，并通过网民尤其是新闻现场的目击者、新闻当事人等参与编辑，为网民全面了解新闻事件提供了新的渠道。维基技术作为Web 2.0时代最具革命意义的技术之一，正影响着媒体新闻的传播，推进着公民报道时代的到来，体现了维基精神的社会监督价值。

（2）维基的发展

维基技术最成功和最典型的应用就是维基百科。维基百科（Wikipedia）是一个基于维基技术的多语言百科全书协作计划，也是一部用不同语言写成的网络百科全书，其目标及宗旨是为全人类提供自由的百科全书——用他们所选择的语言书写而成，构建起一个动态的、可自由访问和编辑的全球知识体。

英文版的维基百科自2001年1月15日开始建设，由非营利性质的维基媒体基金会负责维持。2001年5月开始，非英语维基百科版本计划实施，维基百科开始向全球各地区扩展。截至2014年7月，维基百科整个项目总共有285种各自独立运作的语言版本，总共收录了超过3 000万个条目，条目数最多的英文维基百科已有超过400万个条目，总登记用户数约3 500万，而总编辑次数更是超越10亿次。中文版的维基百科建设始于2002年10月，截至2014年7月，中文版维基百科有近80万个条目。

在我国，维基技术的应用主要体现在互动百科、百度百科等平台上。互动百科是于

2005 年创建的中文百科网站。互动百科号称全球最大的中文百科,致力于建设全球最好、最全的全人工中文百科。截至 2014 年 7 月,互动百科词条超过 800 万条(互动百科官方网站数据)。百度百科是百度公司推出的一部内容开放、自由的网络百科全书,其正式版本在 2008 年 4 月 21 日发布,截至 2014 年 7 月,百度百科词条数超过 900 万条(百度百科官方网站数据)。

2. 维基的传播特点

(1) 协作性

维基本质就是在互联网上支持多人协作的写作工具,它是以促进网民的共同协作为基本目标的,网民通过在维基中的协作,共同完成维基条目的编写,实现知识、信息的分享。这种协作写作的模式与博客、微博的独立写作方式截然不同。在维基中,信息的传播者不是某个个体,而是参与写作的群体,传递的信息也不是单一的内容,而是多角度、多层次的多元内容。维基的协作式写作让我们看到知识不再是专家、学者等少数人的专利,而是人类共同智慧的集成。

(2) 互动性

维基中每个用户根据自己的理解对词条进行编辑,从用户个人的写作来看,这是一个独立写作的过程,没有与其他用户的直接交流。而当我们把这个写作过程放大到整个词条甚至所有词条的编辑过程来看,用户与用户之间的交互却是显而易见的。当用户针对词条已有内容做出修改时,他既接收了先前编辑者分享的信息,又通过编辑行为将自己的观点传播出去,而新的内容又将再次引发与其他用户的信息交换,维基中的每一个词条就是在这样的交互过程中创建、充实以及完善的。

(3) 开放性

维基提供的是一种开放、平等的工具,它面向互联网上的所有用户,每一个参与者都以平等、自由的方式加入进来,并且可以对几乎所有的条目进行编辑。维基的编辑者针对同一词条提供不同角度、不同观点、不同层次的内容,而网民在获得全面、多元信息的同时,也能够看到一个开放、平等的对话过程。

3. 维基实例分析

互动百科:从"中文百科网站"到"词媒体"。

互动百科,原称互动维客,是由潘海东博士于 2005 年创建的商业中文百科网站。互动百科是中国维基行业的启蒙、开拓与领军者,致力于为数亿中文用户免费提供海量、全面、及时的百科信息,用维基改变全球中文用户分享知识的方式,建设全球最好、最全的全人工中文百科。

2010 年,互动百科首创"词媒体"概念。"词媒体"是指以"词"作为核心传播内容的全新媒体形态,它的主要特性是抓住要点、简练,其利用"词"具有的对特定时间、地点、人物、事件进行超浓缩、利于口口相传的特性优势,最大限度地加快媒体信息的传播和记忆速度。

"词媒体"是继翻翻时代、标题时代之后的微文化时代的产物,从另一个角度来说,"词媒体"是网络时代的必然产物。当互联网传播越来越趋向碎片化发展之时,词媒体这种微阅读方式的优势就突显出来:对单一事件超强的总结性、对相同性质事件的统一概括性以及对公众记忆和公众情绪超强的调动性。它就像是一个又一个接头暗号,每个掌握词媒体真正含义的人,都会对其指向和寓意心照不宣。而这些热词、锐词的频繁闪现,使其迅速普及到广播、电视、报纸、期刊、图书等领域。

2010 年 5 月 7 日,互动百科向外界公布了其"词媒体"的全新定位,同时,互动百科宣布已经与 500 家媒体达成内容合作协议,并开始为这些媒体提供词媒体输出服务,携手众多传统媒体和新媒体共同打造"知识媒体联盟"(见图 5-10)。由此,互动百科开始承担起"词媒体内容服务输出者"的全新角色,把互动百科中最具代表性的内容传递给传统媒体,帮助传统媒体更加理解互联网中新的网络词汇,拉近与年轻读者的距离。

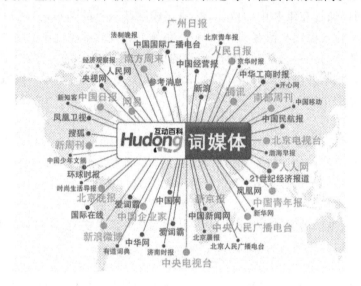

图 5-10　互动百科的"词媒体"定位

互动百科创始人潘海东表示:以前互动百科从维基百科角度来将自身定义为百科网,是一个底层的、海量知识的中文知识库,而如今随着网络热词的广泛流行,凭借热词所具有的精炼概括热点事件和社会现象的特点,互动百科发现自身开始具有互动词媒体的属性,因此要顺应发展向这个定位进行转变。事实上,这两者之间并不矛盾,而是一种传承,词媒体的定位以海量知识库为基础,而不断更新并传播的新词条则赋予互动百科新的媒体属性。

如今,打造"词媒体"定位的互动百科已经逐渐成为新词的汇集地和传播地,截至 2014 年 7 月 17 日,互动百科共有 7 640 875 位专业认证"智愿者"编辑了 8 449 000 个词条。

本 章 小 结

网络媒体是数字媒体中最重要的分支,它借助国际互联网这个信息传播平台,以计算机为终端来完成多媒体信息的传递。作为"第四媒体",网络媒体在新闻信息传播领域已经具有举足轻重的地位,因此理解网络媒体的传播十分重要。本章的重点内容是网络媒体传播典型形式的介绍与分析,教材选取了网站、即时通信、微博、搜索引擎、SNS、网络广告、维基等七种形式,梳理了七种传播形式的概念、发展情况、传播特点等基本信息,并结合最新的实例剖析各种传播形式的发展动态以及市场趋向。

网络媒体的发展日新月异、瞬息万变,我们必须对网络媒体保持长期地关注,才能及时了解网络媒体的变化,而要深入理解网络媒体,则需要我们积极参与到网络媒体的传播过程中,亲身体验网络媒体传播。

思　考　题

1. 网络媒体的概念及优势是什么? 谈谈你自己的理解。

2. 结合案例阐述网络媒体传播的特征。

3. 针对教材中介绍的网站、即时通信、微博、搜索引擎、SNS、网络广告、维基等网络媒体传播形式,分别选取新的案例进行实例分析。

参 考 文 献

[1]　百度百科.互联网[EB/OL].[2014-06-20].http://baike.baidu.com/view/6825.htm? from_id＝272794&type＝syn&fromtitle＝Internet&fr＝aladdin.

[2]　百度百科.网络媒体[EB/OL].[2014-06-20].http://baike.baidu.com/view/190707.htm? fr＝aladdin.

[3]　中国互联网络信息中心.第 33 次中国互联网络发展状况统计报告[R].中国互联网络信息中心,2014.

[4]　百度百科.互联网媒体[EB/OL].[2014-06-21].http://baike.baidu.com/view/1998103.htm.

[5]　彭兰.网络传播概论(第三版)[M].北京:中国人民大学出版社,2012.

[6]　百度百科.网站[EB/OL].[2014-06-21].http://baike.baidu.com/view/4232.htm? fr＝aladdin.

[7]　网易.网易:有态度的门户网站[EB/OL].[2014-06-24].http://tech.163.com/11/1212/21/7L3RTMM1000915BF.html.

[8]　百度百科.即时通信[EB/OL].[2014-06-22].http://baike.baidu.com/view/1088645.htm.

[9]　百度百科.微博[EB/OL].[2014-06-24].http://baike.baidu.com/subview/1567099/11036874.htm? fr＝aladdin.

[10]　百度百科.博客[EB/OL].[2014-06-24].http://baike.baidu.com/subview/1509/4904688.htm? fr＝aladdin.

[11]　百度百科.轻博客[EB/OL].[2014-06-24].http://baike.baidu.com/view/5326681.htm? fr＝aladdin.

[12]　百度百科. Twitter[EB/OL]. [2014-06-24]. http://baike. baidu. com/view/843376. htm? fr＝aladdin.

[13]　网易. 新浪微博更名"微博"[EB/OL]. [2014-06-25]. http://news. 163. com/14/0329/02/9OFICQCC00014AED. html.

[14]　百度百科. 搜索引擎[EB/OL]. [2014-06-27]. http://baike. baidu. com/view/1154. htm? fr＝aladdin.

[15]　维基百科. 搜索引擎[EB/OL]. [2014-06-28]. http://zh. wikipedia. org/wiki/%E6％90％9C％E7％B4％A2％E5％BC％95％E6％93％8E.

[16]　和讯网. 360不依不饶,百度会做出"艰难的决定"么[EB/OL]. [2014-07-01]. http://tech. hexun. com/2012-09-24/146186092. html.

[17]　百度百科. SNS[EB/OL]. [2014-07-03]. http://baike. baidu. com/subview/8258/5896174. htm? fr＝aladdin.

[18]　百度百科. Facebook[EB/OL]. [2014-07-04]. http://baike. baidu. com/view/409608. htm.

[19]　百度百科. LinkedIn[EB/OL]. [2014-07-04]. http://baike. baidu. com/subview/1291207/13862216. htm.

[20]　百度百科. 人人网[EB/OL]. [2014-07-06]. http://baike. baidu. com/view/2615985. htm? fr＝aladdin.

[21]　新浪网. 陈一舟反思过往,人人网重返校园[EB/OL]. [2014-07-06]. http://tech. sina. com. cn/i/2014-07-07/02399479301. shtml.

[22]　百度百科. 网络广告[EB/OL]. [2014-07-10]. http://baike. baidu. com/view/9184. htm? fr＝aladdin.

[23]　李海峰. 数字媒体概论[M]. 北京:清华大学出版社,2013.

[24]　199IT互联网数据资讯中心. IAB:数字解读美国网络广告16年[EB/OL]. [2014-07-11]. http://www. 199it. com/archives/27515. html.

[25]　199IT互联网数据资讯中心. 实力传播:2014年Q1全球广告市场预测报告[EB/OL]. [2014-07-11]. http://www. 199it. com/archives/208817. html.

[26]　艾瑞网. 2014年中国网络广告行业年度监测报告[EB/OL]. [2014-07-11]. http://report. iresearch. cn/2130. html.

[27]　百度百科. 微电影广告[EB/OL]. [2014-07-13]. http://baike. baidu. com/view/5405837. htm.

[28]　百度百科. 微电影[EB/OL]. [2014-07-13]. http://baike. baidu. com/view/4342291. htm? fr＝aladdin.

[29]　百度百科. 广告[EB/OL]. [2014-07-13]. http://baike. baidu. com/view/2324. htm.

[30]　百度百科. 维基百科[EB/OL]. [2014-07-15]. http://baike. baidu. com/view/1245. htm.

[31]　维基百科. 维基百科[EB/OL]. [2014-07-15]. http://zh. wikipedia. org/wiki/%

E7％BB％B4％E5％9F％BA％E7％99％BE％E7％A7％91.

[32]　互动百科.互动百科[EB/OL].[2014-07-17].http：//www.baike.com/wiki/％
E4％BA％92％E5％8A％A8％E7％99％BE％E7％A7％91.

[33]　互动百科.词媒体[EB/OL].[2014-07-17].http：//www.baike.com/wiki/％E8％
AF％8D％E5％AA％92％E4％BD％93？prd＝so_1_doc.

[34]　新华网.维基模式的中国味道[EB/OL].[2014-07-18].http：//news.xinhuanet.
com/eworld/2010-06/28/c_12272035.htm.

第6章
移动媒体

6.1 移动媒体概述

6.1.1 移动互联网概述

1. 移动互联网简介

互联网和无线通信的发展给我们的生活带来了巨大的变化,人们可以通过计算机与互联网的无线连接获取信息,随时随地地交流与沟通。如今,由于移动互联网的高速扩张和普及,越来越多的人因为职业和生活的需要,通过最新技术随时随地连接无线网络收发电子邮件、查阅新闻、股市行情、订购各种急需商品,真正实现"把互联网装进口袋里"的梦想。在这一互联网技术革命周期的发展之初,财富开始聚集于新周期最先抢占市场份额的赢家手上,并且将会比上一个互联网时代创造出更多的价值。

移动互联网的概念主要有以下几种。

• 工业和信息化部电信研究院总工程师余晓辉认为从本质上来说:移动互联网是以移动通信网作为接入网络的互联网及服务。

• 中兴通信公司在《移动互联网技术发展白皮书》中认为:"狭义的移动互联网是指用户能够通过手机、PDA 或其他手持终端通过通信网络接入网络。广义的定义是指用户能够通过手机、PDA 或其他手持终端以无线的方式通过各种网络(W-LAN,WIMAX,GPRS,CDMA 等)接入互联网。"

• 艾瑞咨询认为,移动互联网从技术层面定义是指以宽带 IP 为技术核心,可同时提供语音、数据、多媒体等业务服务的开放式基础电信网络。

综上所述,移动互联网是指移动通信终端与互联网相结合成为一体,是用户使用手机、PDA 或其他无线终端设备,通过 2G,3G(WCDMA、cdma2000、TD-SCDMA)或者 WLAN 等速率较高的移动网络,在移动状态下(如在地铁、公交车等)随时、随地访问 Internet 以获取信息、使用商务、娱乐等各种网络服务。

2. 移动互联网的兴起与发展

移动通信和互联网成为当今世界发展最快、市场潜力最大、前景最诱人的两大业务。它们的增长速度都是任何预测家未曾预料到的。

2000 年 9 月 19 日,中国移动和国内百家 ICP 首次坐在了一起,探讨商业合作模式。12 月 1 日,中国移动通信集团开始施行的"中国梦网"计划,这成了 2001 年年初最让人瞩目的事件。

2001 年 11 月 10 日,中国移动通信的"移动梦网"正式开通。

2006 年 9 月,工信部针对二季度电信服务投诉突出的情况,推出新的电信服务规范,严格要求基础电信运营企业执行。

2008 年 3.15 晚会对于分众无线(分众传媒全资子公司,一家数字化媒体集团)的打击,更加使得业界对于移动互联网的发展持谨慎态度。12 月 31 日上午,国务院常务会议研究同意启动第三代移动通信(3G)牌照发放工作,明确指示工业和信息化部按照程序做好相关工作。

2009 年 1 月 7 日,工业和信息化部举办了牌照发放仪式,为中国移动、中国电信和中国联通等三家运营商发放 3 张第三代移动通信(3G)牌照。200 年成为我国的 3G 元年,我国正式进入第三代移动通信时代。

2010 年,在移动互联网进入快速发展的新时期,中国移动加快 3G(第三代移动通信)网络建设。

2011 年,以 iPhone 和 HTC 智能手机、ipad 平板电脑为代表的移动终端首次超越了台式机和笔记本,在全世界范围内迅速占据市场,掀起了互联网革命的新浪潮。

2012 年,中国移动 TD-SCDMA 网络基站总数预计超过 30 万个。中国移动互联网步入深化发展轨道,这不仅体现在用户规模持续地快速增长,还主要体现在以下三个方面:体现在移动互联网产品和应用服务类型不断丰富上;体现在众多传统互联网企业纷纷加入移动互联网战场,开始积极的布局,移动互联网将成为未来 10 年的发展趋势;各科技公司都开始云计算布局,面向用户的云计算服务市场影响较好。

3. 移动互联网的主要特征

(1) 交互性

用户可以随身携带和随时使用移动终端,在移动状态下接入和使用移动互联网应用服务。

(2) 便携性

相对于 PC,由于移动终端小巧轻便、可以随身携带两个特点,人们可以装入随身携带的书包和手袋中,并使得用户可以在任意场合接入网络。

(3) 隐私性

移动终端设备的隐私性远高于 PC 的要求。

(4) 定位性

移动互联网有别于传统互联网的典型应用是位置服务应用。

(5) 娱乐性

移动互联网上的丰富应用,如图片分享、视频播放、音乐欣赏、电子邮件等,为用户的工作、生活带来更多的便利和乐趣。

（6）局限性

移动互联网应用服务在便捷的同时，也受到了来自网络能力和终端硬件能力限制。

（7）强关联性

由于移动互联网业务受到了网络及终端能力的限制，因此，其业务内容和形式也需要匹配特定的网络技术规格和终端类型，具有强关联性。

（8）身份统一性

这种身份统一是指移动互联用户自然身份、社会身份、交易身份、支付身份通过移动互联网平台得以统一。

4. 移动互联网商业模式

（1）"终端＋业务"一体化商业模式

在"终端＋业务"一体化商业模式中，终端设备厂商整合大量的应用与服务等资源，一方面通过直接销售终端设备获得一次性利润，或通过与运营商签订协议，在帮助运营商获得绑定用户提高用户规模和收益的基础上，获得运营商的收入分成；另一方面，还可以通过提供基于终端设备的内容及增值服务获得持续性的收入，同时通过提供的优质业务吸引更多的用户，进而拉动其设备的销售。

（2）移动互联网内容盈利商业模式

在个人移动互联网生态系统中，其价值链主要是四个环节：内容生产、内容搜集、内容发送、内容接收。移动互联网的内容商业模式可以认为是内容提供商通过对用户收取信息、音频、游戏、视频等内容费用盈利。

（3）服务类商业模式

在移动互联网时代，服务类产品的运作及盈利模式分为前向收费、后向收费及衍生收费模式三种。前向收费就是向服务使用方收费，即向直接用户收费。后向收费是指不直接向用户收费，而向受益的合作商家或企业收取一定费用。衍生收费是指服务提供者在其产品拥有较大用户规模及较强用户黏度的基础上，吸引用户尝试新的产品和服务，从而实现新产品收费或向新产品服务提供商收费的模式。

（4）广告类商业模式

移动广告平台的收费方式主要有以下三种：CPM，按访问人次收费已经成为移动广告平台的惯例；CPC，以每点击一次计费；CPA，CPA 计价方式是指按广告投放实际效果，即按回应的有效问卷或订单来计费，而不限广告投放量。

（5）移动电子商务类商业模式

按照开展移动电子商务活动主体的不同，移动电子商务商业模式可大致分为以下五种类型。

- 传统电子商务企业移动化模式，即传统电子商务进军移动互联网领域，将已有的互联网业务移植至移动设备。
- 独立移动电子商务模式，通常出现在一些不具有传统电子商务运作经验的新型企业。
- 平台集成商模式，平台集成商开展移动电子商务主要集中于某个熟悉的行业，是指由平台集成商自主发展商业客户,建设与维护业务平台,同时向多个运营商提供业务接入服务。

- 金融机构主导模式,即由金融机构布放 POS 机、开发平台和发展用户,用户与金融机构直接发生联系。
- 运营商与金融机构合作模式,这种模式在日韩等国发展较为成功。它是指银行和移动运营商通过建立合作来发挥各自的优势。

6.1.2　移动媒体的概念

移动媒体,主要指不同于传统媒体,利用数字传输技术播出、满足流动性人群视听需求的新兴媒体。移动媒体是新媒体的一部分。网络媒体和移动媒体构成了新媒体。移动媒体的发展为传统媒体带来挑战的同时也带来了发展机遇。在当今信息与传媒高速发展的时代,移动媒体已经越来越凸显其重要作用。

媒体融合的"大传播时代"即将到来。在麦克卢汉笔下,"媒介是人体的延伸"是在《理解媒介:人的延伸》中提出的概念。他认为,媒介是人的感觉能力的延伸或扩展。印刷媒介是视觉的延伸,广播是听觉的延伸,电视则是视听觉的综合延伸。传统媒介是对人类感官的延伸,而移动媒体同样也是人类感官的延伸只不过不是在传统的固定的环境里进行延伸,而是在新出现的流动的环境里延伸,将人体的感官调动,使媒体对其产生影响。

1. 手机媒体概念及特点

国外著名学者保罗·莱文森在其著作《手机——挡不住的呼唤》中的突出成就表现在媒介演化的"人性化趋势"理论、"补偿性媒介"理论。其中,"补偿性媒介"理论认为:"任何一种后继的媒介,都是一种补救措施,都是对过去的某一种媒介或某一种先天不足的功能的补救和补偿。"对于媒介的演变而言,文字印刷、报纸是对口头传播的补偿;广播使远距离传播成为可能;电视又是对广播不能呈现图片的补偿;网络是对报纸、广播和电视的补偿、而手机媒体是对以前所有不能移动的媒体的补偿。保罗·莱文森认为:"人类有两种基本的交流方式:说话和走路。可惜,自从人类诞生之日起,这两个功能就开始分割,直到手机横空出世。"明了在这之前的所有媒体,都把说话和走路、生产和消费分割开来。只有手机媒体把这两种相对的功能进行整合,从而实现一边走路一边说话。手机媒体这种双向传播的优势使得信息在传者和受众之间快速传播,它具有其他媒体无可比拟的传播优势。伴随着计算机技术的发展,手机媒体越来越人性化和智能化,手机不仅能打电话,而且还具有互联网的一切功能,它是网络的延伸。

(1) 手机媒体的定义

在我国,最早由移动运营商提出手机是媒体,随后,有的学者从新闻传播学的角度提出手机媒体这一概念。对于手机媒体,不同的学者有不同的定义。国内著名学者匡文波说:"所谓手机媒体,是借助手机进行信息传播的工具;随着通信技术(如 3G)、计算机技术的发展与普及,手机就是具有通信功能的迷你型计算机;而且手机媒体是网络媒体的延伸。"这个定义强调了手机媒体作为通信工具的作用,同时也指出了伴随计算机技术的发展,手机媒体与网络媒体的结合,手机媒体除了具有网络媒体具有的功能之外,还有自身独特的优势,它是网络媒体的延伸。经过以上分析,综合各种角度,我们可以为手机媒体下一概念,即手机媒体是以手机为视听终端,以手机上网为平台的个性化信息传播载体。

（2）手机媒体的特点

在理解手机媒体定义的基础上,我们再来分析手机媒体的特点。手机媒体作为网络媒体的延伸,它最基本的特征是数字化。特点可以概括为以下几点。

第一,移动性与便携性。这是手机媒体区别于其他媒体最突出的特点,也是手机媒体最大的优势。手机媒体之前的所有媒体,都把人拘束在室内,正是手机媒体把人从室内解放出来,它具有高度的移动性与便携性。手机媒体的传播不受时间、空间的限制,实现了任何时间、任何地点的灵活性传播。无论是清闲的周末,还是繁忙的工作日;无论是在高山,还是草原,你都可以使用随身携带的手机了解世界。

第二,交互性。这是手机媒体区别于网络之前的媒体的特点,过去的报纸、广播、电视等传统媒体大都是单向传播,无法实现传者和受众的有效互动。而手机媒体具有充分的互动性,它改变了传播的单向性,形成了互动性的传播体系,实现了传授双方的双向交流,受众不再处于被动接受信息的地位,而是反过来对传者产生影响。受众编写和发送手机短信、使用移动博客、进行网络聊天,从而实现了任何人在任何时间、任何地点、向任何人传播信息,传统的传受双方之间的话语壁垒得以突破。

第三,分众性。在新媒体时代,消费者接触媒体的种类越来越多样化,因此对媒体传播的信息也越来越细化,这就要求媒体对受众及传播的信息进行细分,根据受众的兴趣、爱好等进行分类,然后对相同特征的受众传递同样的信息。由此,传统的广大受众开始分割为兴趣相同、厉害相关的"小众"。手机媒体往往是根据受众的个性需求提供个性化的内容,同时传播过程中的"多对多"的信息交流方式可以使有相同兴趣的受众交流,从而实现新媒体时代下的"小众"传播。手机媒体的这种传播方式恰好契合了数字化背景下的分众化的传播趋势。

第四,多媒体融合。随着计算机技术的发展和3G时代的来临,手机媒体成为信息传播的重要平台。新媒体时代,手机媒体融合了报纸、广播、电视和网络的传播形式和内容,它既能实现人际传播也能实现大众传播;既能单向传播也能双向传播;既能一对一、一对多,也能多对多。同时手机媒体与传统媒体融合而成的手机报、手机广播和手机电视成为其传播的主要方式,它集文字、图片、声音、视频等多种功能于一身,从而实现多媒体传播,这种多媒体传播可以给受众带来更加逼真的感觉。随着3G技术的不断完善,手机媒体的多种功能更能为不同需求的用户提供不同的内容,满足了受众的个性化需求。

第五,传播效果强大。由于手机媒体小巧、方便携带,因此可以称它为一种个人化的媒体,它具有鲜明的个人色彩及很强的私密性,这一特征就决定了手机媒体信息传播的精准性,可以根据受众的不同需求传播不同的信息,从而满足受众的要求,同时人们对手机媒体的信赖程度较高,使得这种传播具有强大的效果,进而影响人们的思考和行动。手机媒体"多对多"的传播方式可以使受众个性化的交流,这种信息共享使得手机媒体的传播效果更强大。

2．交通移动媒体概念及类型

（1）交通媒体的概念

交通移动媒体，主要是指采用数字广播技术（主要指地面传输技术）播出，接收终端安装在各类汽车、火车、地铁、飞机、船舶和电梯等交通工具上，以满足流动人群的视听需求为主的新型媒体。具体的形式有移动电视、GPS 播报、车载框架 2.0 等，目前比较成熟的是移动电视。

（2）交通移动媒体的传播类型

交通移动媒体的发展起步相对较晚，但是，交通移动媒体的种类多，发展速度快，并且品牌意识强。交通移动电视的数量及规模扩张是近年来新兴媒体行业的一大亮点，无线数字地面传输技术还未在家庭电视上开始大规模转换，就已经透过各种交通工具进入了寻常百姓的生活中。目前，交通移动媒体主要有以下类型。

第一，公交类移动媒体是指使用数字传播技术、能在公交车上同步接收广播电视机构播放节目的车载广播电视媒体。这类媒体在中国乃至全世界都只有几年的历史。2001年移动电视技术首先在新加坡投入商用，2002 年 4 月在上海的公交车上试播了国内第一台移动电视，随后我国的移动电视网络规模迅速扩大，目前我国已有近 60 个大中城市开展了车载广播电视业务。

第二，列车类移动媒体主要是指安装在铁路客运列车内、以铁路乘客为接收对象的广播电视媒体。我国是世界上铁路旅客最多的国家，每年发送旅客数以 10 亿计人次。庞大的客流量显然是列车类移动媒体、特别是移动电视媒体发展的强大动力。2004 年以来，我国以北京、上海、广州为核心，依托贯通全国的铁路网络，在全国近 500 列空调列车上安装了 8 万多台高清晰度液晶电视，装车网络贯穿全国 30 个省、自治区、直辖市，覆盖 500个经济活跃城市，目前已构建起一个全国性的列车类移动电视媒体网络。

第三，地铁类移动媒体主要是指安装在城市地铁车厢中、以地铁乘客为接收对象的广播电视媒体。虽然受到我国建立地铁客运交通系统的城市数量限制，地铁类移动媒体的发展远没有像公交电视和列车类电视那样普及。但从 2005 年 10 月北京地铁移动电视首车成功试播开始，到目前为止，我国已经在 8 个经济最发达城市的 28 条地铁上安装了 34 000 多个电视终端，而正在建设的地铁线路上也已经做好安装架设准备。

第四，航空类移动媒体主要是指安装在民航飞机机舱内、以飞机乘客为接收对象的广播电视媒体。飞机机载广播电视媒体可分为闭路播放和开路接收两种。闭路播放的广播电视媒体也早已存在多年了，实时播放的数字广播电视媒体则发展时间不长。我国现已在全国 52 家主要机场，12 家航空公司，2 100 多条航线上安装了 2 万多块电视屏幕，已构建起了一个全国性的航空移动媒体网络

（3）交通移动媒体的传播优势

第一，受众覆盖面广泛。基于各类交通工具的交通移动媒体，受众覆盖面广、接触频率高。我国各城市的公交人口占城市人口的比例达到了 75％以上，使得公交类移动媒体的受众覆盖面最大，基于公交人口分析，目前公交移动电视媒体的总体到达率直逼电视，达 95％左右；我国铁路移动媒体日覆盖旅客超过 150 万人次，年覆盖 6 亿多人次；航空移动媒体年覆盖旅客近 3 亿人次；即使数量有限的地铁类移动媒体，每日资讯即时传播也

达到了2千万人次。这些庞大的数字之下蕴含的是交通移动媒体巨大的收视人群和发展空间。

第二,时空再造性优势。交通移动媒体针对的是一个特殊的群体——移动人群。这部分人群的移动行程恰好处于传统媒体特别是传统电视覆盖的盲区,是移动电视主要的服务对象。移动电视覆盖交通工具,将大大延伸电视媒体在时间和空间上对受众的覆盖范围,既拓展了电视媒体的社会及经济利益空间,也大大增加了受众接受信息和学习知识的时间与空间。

第三,交通移动媒体所具有的特殊优势。由于处于空间封闭性的媒体稀缺环境中进行传播,交通移动媒体具有了以下一些特殊的优势。

封闭性效果:封闭的空间、枪弹式的效果,这种情况尤以航空、地铁类移动媒体更为明显。

无选择性效果:移动电视剥夺了观众手中的"遥控器",不能调换频道、不能屏蔽广告,无可选择的接受传播。

强制性效果:强制收视,不以人的意志为转移,体现出一种强制性和垄断传播的特点。

即时性效果:广告信息、促销信息、随时移动、随时收看。

第四,受众群体性导致的分众传播优势。当媒体不是面对普通大众进行单一且广泛的传播,而是面向特定的有清晰特征的群体进行有针对性的沟通,应属于分众传播。交通移动媒体的受众会因时段、地域以及乘坐交通工具的不同而呈现出差异化的特征,以前单一的大众市场也由此分裂为不同的"分众市场"。不同类型的交通移动媒体可以针对不同"分众市场"传播不同的节目和信息,从而获得分众传播优势。

第五,数字传输优势。交通移动媒体采用先进数字传输技术,实现了高画质、高音质、多频道、高性能,能给受众全新的视听感受。

第六,良好的广告传播优势。由于具有媒体覆盖面广、接触频率高、环境封闭、频道唯一、"强制性"视听、广告成本较低以及分众传播等特点,使得交通移动媒体广告具有了得天独厚的传播优势。

总之,交通移动媒体业务刚刚起步,还面临着技术、政策、内容,产业链建构等诸多问题的解决,但是它毕竟具备诸多的传播优势代表着一种新媒体的发展趋势。相信随着技术、硬件的逐步改善,相关产业链的不断健全,结合科学、可行的传播策略,交通移动媒体在未来数年将获得飞速发展。

6.1.3 移动媒体发展现状

中国移动媒体将会成为主流的媒体发展形态。根据中国互联网发展的规律,最新的商业成功往往来自于对美国模式的复制。移动媒体已经率先在美国进入大众消费主流,根据调查,美国消费者对移动媒体设备的需求已经相当高,智能手机、计算机以及平板设备都是广受欢迎的移动媒体设备。这个趋势在中国形成也只是时间的问题,现今线上新闻、线上广告、线上媒体围绕在我们身边,移动传播已经无处不在。

移动媒体对中国传媒业发展的影响近年来愈加增大,在新旧媒体融合的时代,在广告业高速发展的时代,在出版印刷业面临危机的时代,移动媒体的出现以及高速发展对传媒行业的发展起了毋庸置疑的促进作用。根据中国互联网络信息中心(CNNIC)发布的数据,截至2010年年底,我国网民达4.5亿人,其中,手机网民达到3.03亿人。我国移动电话用户已达到8.59亿户。可以推测,无论是网络用户还是手机用户,他们都有可能转化为手持终端用户。移动媒体就在他们手中。2013年,国内移动互联网市场规模将突破3 000亿。移动媒体的发展使互联网会成为向移动媒体渗透的主力军。基于移动媒体的新生姿态,未形成体系的产业模式将会被各种商业模式和商业手段所丰富,如同盖大楼一样,将移动媒体产业与互联网行业紧紧相连。其次,运营商之间的移动争夺愈演愈烈。2G到3G时代终端加平台的竞争使移动媒体成为必须。最后,传统媒体也将加入移动的大趋势中来(以下举例说明)。

- 新闻出版方面——从2011年11月25日开始,一些重要媒体打造的移动媒体新产品正式入驻最新的"云端读报"。这些媒体包括中国日报、中国教育报等报刊。云端读报不是一个简单的媒体,而是完整的移动媒体出版平台。不同的媒体都可以利用这个平台,快速出版自己的移动新媒体,并获得从内容管理到订阅收费、用户监测等全方位的服务。云端读报9月15日正式上线,是光明网与方正公司联合研发的最新成果,并获得了中国移动集团的大力支持。

- 广告经营方面——移动互联网的发展为移动营销奠定了很好的基础。2011年,在智能手机普及、平板移动设备以及广告形式多样化等多种因素的驱动下,移动广告市场发生了颠覆性的变革。广告的营销是获利的一个非常重要的手段,利用移动媒体的伴随特点进行广告传播,相对于传统广告模式有更广泛的受众和更便利的条件。

- 地方媒体方面——随着各大中城市移动电视的兴起,太原公交移动电视也发展得如火如荼。2004年12月25日起,太原移动数字电视正式开播;2005年4月,经原国家广电总局批准,由山西广播电视无线管理中心、太原市广播电视总台、山西泰森科技股份有限公司共同出资组建山西大众移动电视有限公司,负责公交移动电视终端的安装和公交电视的运营;2008年2月3日,山西大众移动电视有限公司与华视传媒签订合同,山西大众移动电视有限公司将太原市的公交移动电视平台的独家广告经营权承包给华视传媒。太原公交移动电视由多个关系方合作运营,这是时代经济特征所决定的,同时这也促进了公交移动电视的发展。2012年,太原市公交系统引进600辆新公交车,完成公交系统的全面提升。截至2013年1月,公交移动电视系统的载体即公交车数量由原先的2 070辆、终端屏数2 243辆,提升到公交车2 619辆、终端屏数2 619个,日乘客流量达150万人次。同时,太原市公交移动电视分布在太原186条公共交通线路上,其中城区线路142条、城际线路4条、专线汽车1条、机场巴士2条、村村通线路17条、清徐线路20条,覆盖范围包括城区、飞机场、清徐县、榆次老城及周边村镇。

6.1.4　移动媒体发展趋势

我国移动媒体产业发展水平与发达国家相比还有一定的差距,虽然拥有目标客户群体,但是目前的技术与产业模式还不能够完全支撑起巨大的群体,存在诸多漏洞和不足,产业发展很不成熟。因此整体水平也有待提高,需要完善移动媒体行业的各个环节。

由于技术限制,我国上网速度与发达国家相比,也不占优势。过慢的上网速度导致很多移动媒体缺乏大规模营销,我国受众也是对略贵的上网费用有所顾忌,因此无法放心大胆地使用新兴的移动媒体。移动媒体想要完全发展起来还有很长的一段路要走。

媒介融合正在进行却还未成熟，正处于摸索中的发展阶段。网络的兴起，使传统媒体得到新的发展，看到新的希望。但是传统媒体与新兴媒体的结合仍然是一件不容易的事情。二者各有各的特点，在一定层次上有一定的矛盾。但是二者的一致性是毋庸置疑的，所以，媒介融合无法真正完成和成熟，移动媒体的时代就无法完全降临。

囿于体制、理念等因素，移动媒体在发展过程中遇到些困难，但这只是暂时的。我国移动媒体将会得到巨大发展。现今移动媒体的发展有如下探索。

• 以"内容为王"，传播有市场的内容，以受众诉求为中心。受众是传播中的一个重要环节，虽然受众的一些固有观念对移动媒体的发展不利，但是只要以受众为中心，赢得受众的欢心，满足受众的需求，移动媒体就能占领市场，并且形成一定数量的群体基础。而这种传播是一种循序渐进不可操之过急的过程。受众的接受是依靠传播内容而逐渐增长的，人们对移动媒体的新奇还有跃跃欲试都是我们可以借来发展的心理，当我们抓住受众的心理时，移动媒体便走向了真正的发展之路。

• 改善传播环境，提高硬件技术，尽可能降低不良环境影响。移动媒体的发展需要一个良好的平台，好的技术条件是一个重要的保证，如果无法提供一个稳定的合适的移动端，移动媒体也是无法发展起来的。例如，公交电视需要保证信号质量，使乘车旅客能够及时看到电视画面。我国网络的发展也是移动媒体发展的一个保证，借助于网络的移动媒体必须依靠互联网技术，网速的提高与上网的便捷也是一个需要提高的方面。

• 促进广告业的发展，形成良好的赢利模式，提升自身的平台形象。每一个移动终端的赢利除了依靠合作媒体的内容得到受众的关注度外，还要将广告模式看得非常重要，广告赢利是媒体赢利的一个主要组成部分。提高广告质量，进行创意设计，在传播中加强对广告的质量监督和产品保证，使得移动媒体产业链的形成更有保障。移动媒体的发展是多方面全方位有方向的发展，在发展的同时赢利能够给予产业更强的发展动力。

• 促进媒介融合，传统媒体与新兴媒体共同发展，形成新的媒体力量。传统媒体与新兴媒体各有各的特点，二者的联系非常巨大，传统媒体可以依靠新兴媒体再度繁荣，而新兴媒体可以借助传统媒体更加成熟。移动媒体就为传统媒体提供了一个新兴的平台，使传统媒体的发展有了新的出口，同时移动媒体的发展也有了一定的基础。媒介融合是媒体发展的必然趋势，利用双方的优势弥补不足，才能使媒体行业得到更大的发展。

由于移动媒体在业界普遍认为是手机媒体，下面章节的分析主要围绕手机媒体展开。

6.2 手机媒体的传播

6.2.1 手机媒体的传播模式及特性

1. 手机媒体的传播模式

传播模式是传播学研究的理论基础，手机媒体引发了传统传播模式的重新建构，进而形成了一种具有个性化特征的、新型的信息传播模式。

首先,在传统的传播模式中信息传播是单向的,传者与受众的身份和行为是区分明显的。而在手机媒体的信息传播中,传者和受者的角色是可以互换和融合的,从而使得信息传播的速度不断提高。随着 3G 网络技术的普遍运用,手机媒体将发展成为人们传递信息和交流的主要工具,使信息的循环传播成为现实。传统意义上的受者也可以转变为信息的传者,而传者又会在新一轮的传播活动中成为受者。这样迅速的、循环的传播过程,不但增强了手机媒体的工具性作用,也使得人们越来越依赖手机媒体。

其次,在传统的传播模式中,传播效果始终处于最终环节,对传播效果的衡量也要建立在传播活动整体实现的基础上。但是,在手机媒体的传播模式中,传播效果的实现不再依赖传播过程的整体实现,传播活动一旦发生就会产生传播效果。信息转发产生的无限随附性(手机短信可随时转发和回复并且可以随用户地点的转移而转移)使得传播效果的影响更为广泛,进而提升了信息传播的实际到达率和有效性,同时也极大地降低了信息传播的成本。手机传播的爆炸性流量,呈现了比核裂变还可观的信息蘑菇云状态。人与人之间的距离大大缩短,同时传播的无限性决定了手机媒体成为随时随地的全球化媒体,即个体的全球化传播工具和全球化传播的群体工具。

由此对比可以解读出,手机媒体的信息传播模式包含了四个环节:信息、信息接受者、信息传播者、传播媒介。信息是手机媒体传播模式的首要环节,是影响到接受者能否向传播者发生转变的关键因素;第二环节是接受者,接受者作为信息的受众和直接接收者,成为传播活动发生的关键性环节;再者是传播者环节,传播者是信息的主动传播源,也是手机媒体传播模式的典型特点所在。在最后一个环节中,角色的转变和融合是引发传播发生的关键,媒介是手机媒体传播模式中信息得以传播的手段和途径,是激发传播发生的客观前提。其中,对手机媒体传播模式的研究中,最关键的是对接受者向传播者这种身份转变的强调,接受者和传播者身份作用的不断转换使信息的传播循环累加,进而对社会的发展以及人们的精神物质生活产生巨大的影响。

手机传播打破了传统大众传播主体的机构性、权威性,进而呈现出了传受主体的多元交互性及其在新的传播模式中权利的分解与集中的特征(见图 6-1)。

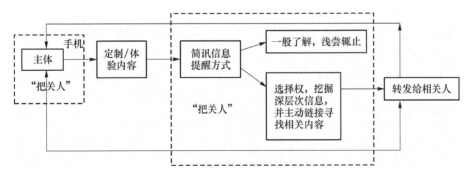

图 6-1　手机媒体传播模式

在"点—点"的人际传播模式中,个体既是信息的发送者,又是信息符号的还原者,具有双重身份。"把关人"的权力在这里分解出无数个人传播主体,这是一种多元而矛盾的主体,同时也是分散的主体,个体与个体之间的交流是互动的,并且在信息的接受者和发送者之间没有第三者介入,信息的发送—接收—反馈的过程十分迅速,双方的地位也是平等的。在"点—面"的大众传播模式中,SP、I-mode、WAP、3G 网站又成为传播者,对信息进行搜集、加工处理、过滤发送,并在这一过程中起到"把关人"的作用,手机媒体面对的是广大受众。

手机媒体的应用是信息广泛接收的阶段,受众端的重要性得到进一步的体现。这种重要性主要体现在,受众接收信息的意愿以及对信息的选择能力加强,此过程可以用 C2B模式(受众对媒体型,Customer-to-Business)来解释。C2B 模式表达了受众与媒体的需求关系,受众对媒体要求提高交互能力,以满足趣味性、娱乐性、知识性、即时性的强烈愿望。它认为受众不是被动接受媒介影响,而是主动地利用媒介内容,这样,受众个人在很大程度上负责挑选媒介以满足需要,并且知道他们自己的需要,也知道如何满足需要。主体在接受信息的同时也充当了"把关人"的角色处于主导地位,受众对媒介的使用和对传播内容的接受是一个积极主动的过程,受众一方面具有自主性和选择性,另一方面则受到一系列主客观因素的制约,如受众所处的社会环境、受众接触媒介的程度等,受众受到情感、动机等方面因素的影响,最后才保留对自己有价值的信息。

案例 6-1:微信是一种生活方式。

在 2011 年年底你会惊奇地发现,在街道旁、校园中、地铁上、公交车里,身边的很多人都开始对着手机讲短信,通过一种能够语音聊天的手机应用客户端来随时随地传情达意。没错,这款风靡的应用软件就是微信。

想要深入了解微信,就不得不提 Kik。Kik 是一款基于手机通讯录功能的即时通信软件,它跨越了运营商壁垒、硬软件壁垒和社交网络壁垒,使手机、iPad 等移动终端成为新的社交平台。虽然它不能发照片,也不能发附件,但在 2010 年 10 月 19 日登录 App Store 和 Android Market 后,它就在短短的 15 天内拥有了百万用户,其受欢迎程度让不少手机应用望尘莫及。

国内最早出现的类似 Kik 应用的是语聊软件——米聊,它在国内市场最早发布公测客户端,其新颖的沟通模式也使它一开始就受到了用户热捧。随后盛大网络等 SNS 运营商闻风而动,2011 年 1 月 21 日,腾讯正式推出基于 QQ 用户的微信,这款通过网络快速发送语音短信、视频、图片和文字,支持多人群聊的手机聊天软件,使用户可以通过微信与好友进行形式上更加丰富的类似于短信、彩信等方式的联系。在实际操作中,微信仅收取流量费,从运营商提供的数据来看,微信通过互联网的后台运行每小时只需要 2.4k 流量。讲短信、免费、无距离限制……这些功能无疑具有强大的市场吸引力。在这场语聊工具大战中,飞聊、口信、翼聊、个聊等类似产品纷纷亮相,最终微信强势取代米聊,成为新霸主。

微信可以说是介于手机 QQ 和微博之间的第三种社交关系,它正在改变着人们的社交生活方式。在累计经过 40 余个版本升级后,微信自身形成了一个三维沟通矩阵:X 坐标是语音、文字、图片、视频;Y 坐标是手机通讯录、智能手机客户端、QQ、微博、邮箱;Z 坐标是 LBS 定位、漂流瓶,摇一摇,二维码识别。纵横交错立体化的社交链,覆盖了工作、生活的多层次需求面,并且在这个三维空间里,各沟通链条完全交叉、各平台互通共享,这是其他任何 IM 工具都无法比拟的。"今天,你微信了么?"正如其广告语所言,微信已然成为一种生活方式。

下面结合拉斯韦尔提出的"5W 模式"中的前四个要素来分析微信的信息传播模式。

（1）Who——控制分析

微信传播典型地体现了传播的双向性和互动性。微信是基于 QQ 平台的应用软件，因而在它的信息传播模式中，传受双方的关系特点传承了 QQ 平台的特质。首先，传播主体即用户群体更加精确。微信主要依托智能手机等移动平台，手机 QQ 用户是其主力军。智能手机用户和手机 QQ 用户的庞大，使微信在推广中具有无可比拟的优势。截至 2011 年 12 月底，中国手机网民规模达到 3.56 亿，同比增长 17.5%，其中，智能手机网民规模达到 1.9 亿，渗透率达 53.4%。在不同品牌的移动 IM 即时通信中，手机 QQ 占据 99.5% 的市场份额。另外，米聊等语聊软件需用户注册账号，微信相比而言则更为便捷，QQ 号与微博、微信、邮箱、音乐等应用相关联，手机 QQ 用户可直接用 QQ 号码登录，可谓是"一号通天下"。

其次，传播主体呈现出年轻化、高学历的特点。出于学习、工作等方面的需要，支持多种应用的软件的智能手机在学生、白领等高学历的群体中颇受欢迎。在对北上广深四地智能手机 3G 网民的相关调查发现，20～29 岁这一年龄段成为最主流的手机网民群体，学历大多在大学本科以上。对于微信这种 IM 领域的"新星"，学生群体和上班族等时尚人群更容易接受和推广。用户最初玩儿微信在于其"新"和"奇"，语音对讲这种时尚联系模式在年轻人中备受追捧，而微信抓年轻人心理推出的其他娱乐功能更是进一步俘虏了这一群体。

最后，信息传受双方的关系更为亲密。腾讯的用户资源拥有很强的感性意识和情感黏性，在这种传播模式中，传受双方的关系更为亲近和密切。在社交模式上，用户最初喜欢 QQ 是希望借助此平台"和陌生人说话"，当失去新鲜性之后才扩展到熟人层面形成稳定的社交圈；而微信恰好相反，它最初从已相对稳定的熟人群体出发"和亲近人说话"，然后再逐渐扩展到陌生人层面。微信的主要功能是类似于电话联系的语音对话，从用户的心理和习惯来讲，使用语音进行聊天的传受双方关系会更为亲密，在精确化的交际圈里，微信的传受双方以亲人、闺蜜、朋友、同事为主，这也就决定了双方通过媒介传递与反馈信息内容的特殊性。

（2）Say what——内容分析

微信传播内容具有私密性和即时性的特点。由于传者和受众的特殊关系，微信信息交流内容也更为私密。在微博上，粉丝可以看到所关注用户发布的相关信息，而微信信息停留在传受双方的移动终端上，只有传受双方可以看到听到，其他用户无法在自己界面获知。另外，微信整合了 QQ 和微博的功能，其内容发布具有即时性，只要用户在线，就能够对信息进行快速接收和反馈，而且微信还支持 QQ 离线消息的接收，在信息传达上比较迅捷。微信传播方式还具有多元化的特点。文字聊天原有的障碍在于，传受双方在聊天中不能真切地感受到文字背后的"表情"，不能准确了解到对话者的心情和语气，这在一定程度上造成了信息的不对称。早在很久之前，中国移动推出了"移动对讲机"功能。如果要发语音短信，需要拨打服务代码加上对方电话号码，用户在听到语音提示后说出需传达的内容，最终以提示短信的形式到达信息接收者的手机，接收者则需要回拨相关代码来听取信息内容。这种烦琐的流程在一定程度上反而造成了沟通障碍，而在当时通信条件下信息能否顺畅到达也难以保证。微信主打语音聊天，点对点的语音交流类似于现场直播,通过声音来传达情感,能够更好地把握传受双方的心理,相对于单纯的文字来讲更有优势。经过多个版本的升级后,今天的微信可以通过语音、文字、图片以及视频来传播信息,在 iPhone 等高端智能手机上还可以直接视频通话,在媒介融合背景下,微信引领了3G 时代信息传播的潮流。

(3) Which channel——媒介分析

可以预见的是,以智能手机终端为主要载体的移动媒体在未来将具有巨大的发展空间,而未来的信息传播媒介也将会是多媒体平台的优化集成,就目前而言,微信的信息传播媒介正是这一方向的有益探索。3G 时代智能手机得到迅速普及,现在智能手机的推广已经从中高端市场转向了低端市场。微信使智能手机的功能得到最大化利用。微信的语音对讲对应的是麦克风和扬声器,二维码和图片分享对应的是手机高清摄像头,手写输入对应的是多点触屏,摇一摇对应的是重力感应器,查看附近的人对应的是 GPS 定位。相关数据表明,Symbian、Android 和 iOS 三大系统目前占据 95% 以上的智能手机市场份额。微信现在拥有多个版本的客户端,已经基本上实现了多种手机系统的全覆盖。除对手机基本功能的最大化利用外,微信同时实现了传播渠道的拓展和优势平台的集中。微信相继推出了二维码 LBS 定位等功能,其中二维码是身份认同,在摄像头前扫描即可辨别用户身份信息,而 LBS 定位功能则可以用来找朋友。另外,微信的系统插件已经打通了手机通讯录,QQ 通讯录、QQ 邮箱,QQ 微博等产品,表现出了移动互联网时代成为平台型产品的潜质。优势平台的集聚共享,基本上将人们日常使用的所有通信工具都囊括在内,因此微信可以说是这些通信工具的"集大成者",其优势不言而喻。

(4) To whom——受众分析

如果按远近亲疏来将人们现实生活中的社交关系归类的话,那么虚拟社交模式中可以通过实距将社交圈归为近距离、中距离和远距离三类。微信通过实现三个断面的全面覆盖,形成了全方位、立体化的社交网络,人们可以根据需要更加精确化地分配社交精力。近距离——熟人交际圈。微信最初的受众是熟人,即 QQ 好友。基于 QQ 好友已经相对成熟的社交关系,传受双方在微信沟通中感情黏性进一步增强,由此形成稳定、成熟、联系最为频繁的熟人交际圈,而微信广告也恰恰利用了用户之间的这种"口碑传播"得到了进一步推广。中距离——千米交际圈。微信设计了"查看附近的人"的功能,在用户所在位置 1 000 米范围内的微信用户都能看到。它为用户提供了附近人的头像、昵称、签名及距离,让微信走近用户生活,以便用户之间产生进一步联系,也方便结识身边的朋友,向身边的人寻求帮助,或者推广工作业务。

远距离——陌生人交际圈。二维码、LBS 定位、摇一摇和漂流瓶功能将微信的社交圈由熟人推向陌生人。同时,微信整合了腾讯微博功能,与微博用户实现了对接,用户可以通过微信进入微博平台,享受微博用户的待遇。

可以说,在这三大交际圈中,微信信息的受众分层十分明显,信息传播者可以在未来的沟通中更加精确化地有针对性地分配社交精力,确定传播内容。

新的信息传播媒介的产生改变了人类的生活方式和生存方式。在媒介融合的背景下,微信的信息传播模式代表了未来社交平台发展的走向。随着手机互联网的发展和智能手机的进一步推广,便携式媒体这片市场在未来一定大有可为。以微信为代表的社交方式变革未来将会走向何方,让我们拭目以待。

2. 手机媒体的传播特性

(1) 手机媒体的人际传播特性

人际传播的含义:人际传播是个人与个人之间的信息传播活动,也是由两个个体系统相互连接组成的信息传播系统。人际传播具有几个重要的特点:第一,传递和接受信息的渠道多,方法灵活;第二,信息的意义更丰富和复杂;第三,双向性强,反馈及时,互动性频度提高;第四,是一种非制度化的传播。

"使用与满足"理论:传播学中"使用与满足"理论研究把受众成员看成是有着特定"需求"的个人,把他们的媒介接触活动看成是基于特定的需求动机来"使用"媒介,从而使这些需求得到"满足"的过程。"使用与满足"研究是从受众角度出发,分析受众的媒介接触动机以及这些接触满足了他们怎样的需求。在考虑社会条件因素的重要性的基础上,传播学家 E.卡兹等人在 1974 年发表《个人对大众传播的使用》一文中,将媒介接触行为概括为一个"社会因素＋心理因素→媒介期待→媒介接触→需求满足"的因果连锁过程,提出了"使用与满足过程的基本模式"。1977 年,日本学者竹内郁朗对这个模式做了补充(见图 6-2)。

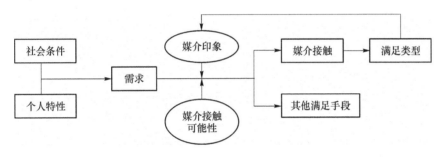

图 6-2 "使用与满足"过程的基本模式

在这个模式中,"需求"成为接触媒介的主导因素,媒介类型——接触的难易程度(接触的可能性)是满足需求的一个主要方面。随着高新科学技术的发展,手机逐渐成了普通民众日常生活中不可少的通信工具,成为普通民众最容易接近的媒体。根据美国行为科学家马斯洛(A. H. Maslow)提出的需求层次论将人类的需求分为由低到高的 5 个层次,即生理需要、安全需要、社交需要、尊重需要和自我实现需要,美国另一位心理学家奥尔德佛(C. P. Alderfer)的"ERG"理论提出人同时存在三种需要,即存在的需要(Existence),关系的需要(Relationship)和成长的需要(Growth)。需要是人们交际的前提,根据人们的需求,可以将手机媒体的人际传播行为分为满足性人际传播和手段性人际传播。

a. 手机媒体的满足性人际传播

满足性人际传播是指以交流行为本身而不是以功利性或实用性为目的的传播活动,经由交流达到一种自我满足。典型的满足性人际传播的基本特质在于它主要着重于交流过程本身,以及交流对于人的一般社会性需要,尤其是人际感情需要的满足功能。手机信息传播中这种满足性人际传播行为主要体现在问候、情感交流、闲聊、娱乐等方面。

据中国互联网信息中心调查也显示出：在短信息使用中，节日问候的占 57.9%，日常联系占 50%，沟通交流占 37.3%，享受娱乐占 22.2%。北京移动公布了 2009 年春节期间的短信和彩信发送量，其短信发送量达到了日均 1.25 亿条的天量，而 7 天内彩信发送总量超过了 6 700 万条，实现了接近 100% 的增长

b. 手机媒体的手段性人际传播

手段性人际传播是指将人际交流的根本着眼点置于把交流本身视为手段和工具，以寻求某种功利性的结果或目的事实上，在手机媒体的使用中，两种性质的人际传播活动混为一体，或一种交流在实施过程中向另一种交流转换，都是很常见的。因此，手机作为人际传播的工具，是由于手机传播自身具有信息的流动性与控制无中介和双向性、发送者和接受者在交换信息时通常是平等参与，时间无须安排计划，通常由参与者共同决定；其形式不仅仅依赖于语音方式的口头传播，还有作为人际传播口头延伸形式的文本、图片信息，其传播形式是自由的，互动的，即时的，虽然在一定程度上受到空间和地域的限制，但机动性强，传受双方依附于原有的人际关系，即在熟悉的人群中进行传播，可信度高，心理接受程度较好。同时，手机作为个人终端通信工具，可以称为"自媒体"，它以一种自主性、交互性、自由化的方式实现了参与、表达和沟通的愿望，以这种方式使信息交流更加便利、及时成本较低，人与人的沟通更加私密性和个性化，构筑了比较理想的人际交往空间，在一定程度符合中国人含蓄委婉的表达方式，也以一种更加本真的状态实现了对社会的既定表达，甚至是解构与颠覆了大众媒体所代表的文化价值与思想诉求。

（2）手机媒体的大众传播特性

大众传播的含义：所谓大众传播，就是专业化的媒介组织运用先进的传播技术和产业化手段，以社会上一般大众为对象进行的大规模信息生产和传播活动。随着手机媒体技术的不断进步，手机媒体的大众传播功能必会日益凸显。从现阶段的发展状况来看，手机媒体的大众传播功能正被逐步开发。

（3）手机媒体对社会公共话语空间的建构

社会学家哈贝马斯（Habermas）所提出的"公共领域"概念本质上是一个对话性的概念，它是以一个共享的空间中聚集在一起、作为平等的参与者面对面地交谈的相互对话的个体观念为基础。其本质是为人们提供自由、公共的话语交流的互动平台，即公共话语空间。哈贝马斯假定的理想言说情境包含若干原则：第一，任何具有言说及行动能力的人都可以自由参加此对话；第二，所有人都有平等的权利提出任何他想讨论的问题，对别人的论点加以质疑，并表达自己的欲望与需求；第三，每一个人都必须真诚地表达自己的主张，既不刻意欺骗别人，也不受外在权力或者意识形态所影响；第四，对话的进行只在意谁能提出"较好的论证"，我们应该理性地接受这些具有说服力的论证，而不是任何别的外在考虑。大众媒体能为这一情境的营造提供特殊载体和环境。大众媒体具有引导和掌控社会舆论的能力，代表统治阶级的统治意图，但由于受经济、文化及地域因素的影响，社会话语权更多的是掌握在社会精英阶层手中。手机媒体的出现，为大众提供了一个良好的平台，它可以为各个阶层所掌握，公共话语空间的范围不断扩大。

平民话语权：在传统媒体中，公共领域的声音基本处于失语状态。传统媒体的话语权主要掌握在媒介资源的控制者手中，报纸和电视表达得更多的是经过筛选后的"公共意见"，或者说是与政府保持一致的主流意见。这与社会公共领域所崇尚的机会均等、平等参与、自由讨论的理想状态有者很大的现实差距。手机媒体的出现无疑为公众舆论提供了新的拓展平台，它使普通民众包括弱势群体、边缘群体也拥有了某些话语权，在表达民意的同时也增加了很多私密性，它本有所具有的媒体易接近性，使得社会各个阶层都有掌握它的可能，因此，它比其他媒体更贴近民意，有助于实现受众接触媒介的民主参与模式。

在我国，最明显的例子就是国家在"两会"期间，人民网、政协网与全国数十家主流网站媒体全天候开通的手机短信交流平台，吸引手机用户热议"两会"。手机媒体带来的公共话语空间使得"意见表达"有了更为便捷和迅速的途径。作为社会整体结构的重要组成部分，手机媒体所建构的公共话语空间对社会的发展有着特定的参照价值和内在含义。

a. 人文关怀

迅捷、高效的传播优势使手机从私人工具向组织化和大众化的传播工具拓展。一方面，2003 年"非典"期间短信和手机联络所引发的谣言散布和集体恐慌说明了运用手机等通信工具，普通大众可以绕过大众传媒，同样能够超越时间和空间的限制获得需要的信息，从而打破了大众传媒的信息垄断，加上人际传播的高可信度，也会形成类似广播节目"世界大战"。

在突发灾害事件和其他涉及公众利益的重大事件发生时，利用手机短信、网络等现代传播手段，及时告知公众相关信息，这种公益化、贴心化、贴身化的服务，恰好体现了手机媒体在人们社会生活中的人文主义关怀，既是各级政府应有的意识，更是各级政府应当采取的必要措施。借助手机的大众性获得公益性传播效果，已经得到了中国主流意识形态的认可。

b. 经济效应

利用手机媒体的互动进行短信评论、短信投票、短信竞猜以及提供新闻线索的形式不仅增强了公众参与社会公共事务的积极性而且还带来了强大的社会经济效应。2005 年由湖南卫视及上海天娱传媒有限公司主办的第二届"超级女声"造就了大众的短信狂欢，举国上下从没有这么密切地关注过普通电视人物。在 8 月 26 日的总决赛中，李宇春获得 3 528 308 票成为冠军，此场总决赛的短信总票数超过 815 万张，整个比赛的总短信票数达到了数千万。据信息产业部的统计，2005 年前 11 个月，中国短信发送总量达到 2 743 亿条，比去年同期增加 40%，其中"超级女声"功不可没。"超级女声"现象也成为手机媒体与传统大众媒体融合互动的经典范例。

（4）手机媒体的整合传播形态

传播学领域中有关传播形态的研究将传播分为个人传播、人际传播、组织传播以及大众传播四种形态（见图 6-3）。

通过以上对人类社会传播系统的认识可以发现：人际传播是个体及个体之间的信息交流活动，其最大优势就是互动性强，从而使人际传播可以达到非常深入的实时互动的效果。大众传播通过传播媒介把信息传播给数量众多、地域分散的广大受众，虽因其传播单向性,无法实现信息的及时反馈和互动,但传播效果能达到一定的广度。作为手机媒介的传播方式强调的是在自我主体前提下的人际传播(Personal Communication)和大众传播(Mass Communication)的结合使得人类社会的诸种形态得以充分整合。手机媒体传播形态一方面具备大众传播的深度,另一方面具备人际传播的范围和人际传播的信息资源,因此,是一种高度整合的社会性传播。在这种新型的传播形态下,信息在人与人之间的流动真正成为传播的核心,其具体方式和手段则成为条件性的影响因素。这种传播模式加快了信息传播的速度,加强了信息传播的效果,降低了信息传播的成本,在现实应用领域,其内部经济效应恰好成为业务开发及营销的最大卖点。

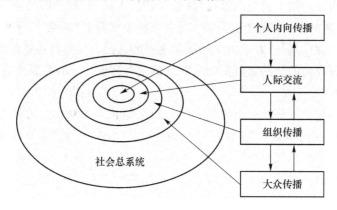

图 6-3　手机媒体的整合传播形态图示

案例 6-2:LBS 的新媒体。

LBS(基于地理位置的信息服务,Location Based Service)是基于移动通信技术、网络技术、地理信息技术的进一步发展和结合运用后产生的新媒介形态,可供用户随时随地、即时自主的接收、传播、分享各类信息,特别是与自身的现实地理位置有关的信息。因此,LBS 具备新媒体的共性特征。

(1)快速高效的即时信息传播

在印刷媒介时代,日报是信息传播时效性最高的媒体,信息通过采写、编排、印刷成报纸,以"天"为单位传递到读者手中;在电子媒介时代,广播和电视取代了报纸成为效率最高的媒体,通过较短时间的编制,信息在数小时或数分钟后到达听众和观众;而在如今的互联网传播时代,信息传递的速度缩短至以"秒"为单位,即时传播成为一种常态。与其他互联网媒体一样,LBS 也是建立在数字通信技术和网络传播技术等高新技术之上的数字化信息传播,具有高效、快速的即时信息传播特征。用户可以通过移动终端上的 LBS,随时随地进行与自身即时地理位置相关的信息搜索、查询、获取、发布和分享;在信息从 LBS 的传者发出,到通过信道传递给受众,再到包括反馈的整个传播过程中,时间上没有任何延迟。

由于 LBS 是利用移动互联网技术、基于地理位置的信息传播服务。与传统互联网相比,处于移动状态的用户对信息的需求是根据自身位置的变化而时刻发生改变的,对于空间信息的时效性要求就会更高。因此,信息传播的即时性对于 LBS 更加至关重要。例如,用户 A 到达了某一陌生地点,想立刻找一家离自己最近的餐厅用餐。在网络速度得以保证的情况下,用户 A 不需要知道自己所处地点的具体名称,就可以通过装在自己手机上的大众点评客户端的 LBS 功能自动定位并搜索附近的美食,即时获得距离自身位置一定直径范围内多家餐厅的相关信息,包括实际距离、人均消费、餐厅特色、营业时间、交通信息和顾客评价等;然后通过筛选排序功能的帮助,用户 A 可以更快速地对这些餐厅进行比较,选出最符合自身要求的餐厅;最后,在 LBS 的地图及路线导航功能的引导下,用户可以快速到达目标餐厅进行用餐,信息获取过程示意图见图 6-4 和图 6-5。可以说,从用户 A 到达某一地点后产生了去附近最近的某家餐厅这一需求,到通过 LBS 进行搜索,再到获得有效信息的整个信息传播过程是即时的。因此,LBS 的信息传播是快速高效的。

图 6-4　信息获取过程示意图(1)

图 6-5　信息获取过程示意图(2)

（2）传受一体化的互动参与式传播

在传统媒体当中，信息由传者通过大众媒体单向的、自上而下传播给受众，受者在信息传播过程中的能动性很差；传者和受者之间界限分明，处于时空隔离的状态。当 Web 1.0 发展到 Web 2.0 后，传统的自上而下的集权式控制主导体系发生了重大变革，用户不再仅仅具备利用浏览器获取信息的权利，还同时拥有了创造、发布和传播信息的权利。"在传播进程中，参与者能交换角色、并对他们的双边话语具有控制的程度。"埃弗里特·M. 罗杰斯在互联网刚刚兴起时就提出了对交互性的定义，他认为新传播技术的非同步性（它们不再受时间的限制）使互动交流成为可能。在 Web 2.0 的理念下，交互性成了互联网信息生产、传播的重要特征之一，每个人的身份都可以既是受者也是传者；传者与受者之间、受者与受者之间建立起了一定程度的直接、双向信息传播。

LBS 从出现到发展至今，其互动性程度逐渐提高。发展之初，LBS 的互动性更多体现在为用户提供更准确的位置信息及更丰富的周边兴趣点信息，让用户拥有更多自主选择，也就是说用户可以按照自己的需要控制相关信息的获取时间、方式以及内容；随着签到（Check In）、点评功能的兴起，如今 LBS 的互动性更多体现在用户的主动参与方面，也就是用户更多地进行信息的反馈、制造、传播和分享。例如，某用户根据自己的需求，通过新浪的 LBS 应用——微领地的 POI 查询功能搜索到附近的某家餐馆后，除了可以获得该餐馆公开发布的基本信息之外，还可以通过查看之前到过这家餐厅的顾客分享的攻略、照片和评语等更丰富的信息（见图 6-6）。另外，当某一用户到一家餐馆消费之后，也可即时通过 LBS 应用进行签到并写下自己对于此餐馆的体验点评，分享给 LBS 好友，并通过 QQ、微博、人人等社会化媒体转发给更多的朋友，打开点评手机界面的截图（见图 6-7）。在这个过程中，每一个 LBS 的使用者既是信源也是信宿，既发布、分享了信息，表达了感受，也通过搜索和查看获取了自己需要的内容。虽然 LBS 是以"我"的即时地理位置为出发点传播媒介，但这丝毫不影响信息在人际网络中的互动流通，反而因为信息的位置限定性，增强了人群的聚集和信息的有效利用性。每一个拥有不同经济实力、文化背景、社会地位的人在进入了这个或那个位置后，都可以自由、平等的生产、交换、消费有关此位置的各种信息。

（3）用户自由自主的个性化信息选择

无论是印刷类还是电子类的传统大众媒体，信息的传播者一般都是具有一定规模和组织的专业机构，传播的内容也不是针对某一个人的需要而是针对某一类人群的；信息传播的模式是一对多的单向传播，受众在整个过程中更多的只是被动地接受。虽然传统大众媒体的传播效果绝不可能达到像魔弹论形容的那么直接速效：不仅能左右受众的意见态度，还可以影响受众的行为。但由于传统媒体对信息的垄断，受众的自主选择权和表达权都受到了极大的制约，获取信息的渠道相对单一，可供选择的内容少。而在 LBS 中，移动网络中的海量信息和强大的搜索功能让用户获得了极强的自主性，享受个性化的信息服务。首先，大部分的信息是用户共同创造的，用户可以自由地选择传播信息的时间、地点和形式，LBS 就像是一个基于位置的移动信息交流平台；其次，传播模式是双向的、多对多的，每一个人都可以根据自己的需求和意愿，平等自主地选择获取、反馈、发布或分享信息；最后，LBS 的信息推送功能还能根据用户需求提供有针对性的信息服务。例如，通

过新浪微博手机软件的 LBS 功能,某用户可以即时搜索到自己"周边的微博"和周边的
"微博用户",除了可以看到这些用户距离自己有多远(精确到米)和上次登录的时间,还可
以进一步查看这些用户的自我介绍和以前发布的其他信息,对他们进行进一步的了解(见
图 6-8)。

图 6-6　其他用户分享的信息

图 6-7　位置信息分享

图 6-8　位置周边的人和周边的信息

　　如果对其中的某个或某些用户感兴趣,可以评论其发布的微博,或者对其进行关注以获取他或他们的即时动态信息,还可以更主动地同他或他们打招呼、发信息请求互相关注。另外,用户除了可以有选择性地查看自己即时位置附近的用户、自行决定是否与其进行信息交流之外,还可以决定是否让其他用户获取自身的位置信息,以防止骚扰和保护个人隐私安全。米聊的 LBS 转换功能和微信的位置信息清除功能(见图 6-9)。总之,作者发现在 LBS 的信息传播中,基于某地的用户拥有较强的自主性。

图 6-9　位置信息保护机制

　　其次,LBS 还具有新媒体大众传播的小众化特征。传统大众媒体如报纸、电视、广播等在面对有着千差万别的受众时,呈现的内容或提供的信息和服务完全一样。而 LBS 是通过完全私人化的移动终端进行的信息传播,因此,每一个用户获取的位置信息以及其他与位置相关的附加信息,完全是根据其自身处在不同地理位置时产生的不同需求提出的;加上用户对信息有最终的控制和选择权,因此 LBS 传播的信息有很强的个性化特色。另外,虽然 LBS 存在一对多、一对一以及多对多的信息传播形式,但总的来说,它是更偏向于个体性的媒介,偏向于人际传播和群体传播,用户有机会发布和接收完全个性化的信息。

(4) 打破时空限制的海量信息传播

用户可以随时随地通过移动终端参与信息的全球传播。从这个意义上来说,LBS 的信息传播方式同时体现出了偏向时间和偏向空间的媒介偏向。正因为互联网在时间上和空间上的开放性以及在技术上的独特优势,其巨大的数据存储空间可以在纵向上容纳历史信息,横向上容纳与世界上任何一个位置相关的所有信息。因此,用户通过 LBS 这种基于移动互联网和无线通信等技术产生的媒体接收和传递的信息是海量的。以专注于成都本地生活服务的 LBS 应用——IN 成都为例,在进行自动定位以后,用户在纵向方面可以获得自己的即时位置以及周围 5 千米范围内的所有地点不同形态的历史记录信息,包括照片、用户的点评、好友动态、历史活动、商家折扣优惠等;而从横向方面看,这些信息种类多样、覆盖面广,包括中餐、火锅、快餐等餐饮信息,电影院、KTV、公园等休闲娱乐信息,加油站、银行、地铁站等生活服务信息,商场、超市、菜市场等购物信息和连锁企业信息等。另外,通过不同类型的 LBS,用户可以获得如天气、交通、工作等更丰富、更多样化的位置信息。研究发现 LBS 信息的海量性主要通过两个方面体现出来。首先,从深度和广度上来说,用户通过 LBS 从移动互联网中获取的有关某个地理位置的信息是海量的,既不像传统地图、书籍、图片或其他纸质媒体受到版面和容量限制,也不像广播、电视等电子媒体受到播出时段和内容限制。其次,从信息的更新程度上来说,由于 LBS 传播主体的多元化,任何人都是信息源,都能即时传播关于某一地理位置的新体验、新感受等各种信息,因此,关于某地的信息总量是源源不断增加、实时更新的。以基于地理位置的社交应用——街旁为例,根据 2012 年 7 月底的一篇相关报道介绍拥有优秀算法和精心维护 POI (Point of Interest) 的街旁是当前市面上的开放 POI 中提供信息最清晰和全面的;其能够具有海量的 POI 信息以及较高的精准性,在很大程度上都归功于街旁用户的贡献,他们不仅长期持续记录自己的足迹日记,也维护着 POI 数据的精确性。街旁的联合创始人杨远骋介绍说:"街旁的总 POI 现在已经超过了 200 万,这一数字还在以每周 14 000 个的数目在递增;街旁上每天都有超过 2 500 个新的地点由用户创建,也有大量用户提交的订正请求、去重请求,每一个新建、每一条订正或去重,都会经过街旁编辑团队的审核,以确保精确性。"

从目前的情况来看,移动终端的存储空间和网络带宽或许是影响和限制 LBS 信息容量的因素,但随着无线网络通信技术的进一步发展,这些问题都将不是问题。尼古拉斯·尼葛洛庞帝说:"在数字化空间,人类可以随时随地完全按自己所需获取更加大量、更加清晰的信息,不再受现实社会中信息传播的时间、地点的困扰。"

(5) 媒介融合的多媒体信息传播

书籍和报纸等印刷媒介通过文字符号等传播信息,广播和电视等电子媒介通过声音和图像画面传播信息。网络技术的开放性和数字技术的快速发展使信息的传播呈现出"包罗万象"的多媒体性。与传统媒体比较单一的信息传播方式不同,产生于移动互联网的 LBS 突破了各种媒介之间的界限,不仅可以通过文字,而且可以通过图像、声音、视频影像和动画等多种形式进行有关位置信息的传播。因此,用户在通过 LBS 搜索或传播有关某一地理位置的信息时,不仅可以借助单一形式的信息实现,还可以通过综合的多媒体信息,在调动人体的多种感官下,获得或传播有关某一位置更加丰富、立体、真实的信息。例如,使用墨迹天气进行自动定位之后,用户可以通过文字、图像、实景照片和声音等多种方式获知自己所在城市的即时天气情况和与天气相关的生活信息(见图 6-10)。

图 6-10　墨迹天气手机页面截图

具体来说,主界面上除了有以文字和数字形式传达的即时温度、湿度、风向、风力等天气信息之外,通过天气动画,用户还可以通过简单的动画形式看到所在位置的即时天气状况,通过穿衣助手,用户可以参考卡通人物的着装情况选择适合即时天气的服装,通过语音播报用户还可以定时收听自身位置的天气状况和与天气相关的生活服务信息。通过由文字、数字和彩色折线图构成的趋势图表,用户还可以获知当天和未来 4 天自身位置的温度和风力状况。另外,用户不仅可以即时分享基于自身地理位置的实景天气图片,还可以通过其他用户上传的实景照片更直观地看到所处城市不同位置的天气状况,并对其进行评论和转发。再如,从街旁或者嘀咕上,用户可以获得文字符号和图像照片形式的位置信息;在百度或者高德地图上,用户可以获得动态图像和语音导航形式的位置信息;通过米聊或者微信,用户可以获取周边的陌生人或好友信息,并可进一步通过文字、图片、动画表情、语音留言和视频短片等方式交流和传播有关即时位置的相关信息。总之,用户通过不同的 LBS 可以获取、发布或者分享形态多样的即时位置信息。除了丰富、多元化的信息传播方式,LBS 还体现了新媒体的集纳性。从目前的发展来看,LBS 广泛应用到搜索、BBS、即时通信、SNS、微博、游戏以及电子商务等众多领域当中。LBS 与搜索相结合出现的附近 POI 搜索是基于用户即时位置的移动互联网搜索,有效缩小了信息搜索的范围,在一定程度上提高了搜索的效率;LBS 与 SNS 的结合出现了基于实际地理位置的社会化交往,由于在虚拟网络的社会化交往中增加了真实世界的地理位置,不仅增加了陌生用户之间对于彼此的信任感,而且由于实际位置的相同或距离的接近也容易产生亲近感和可沟通的话题;LBS 与微博的结合将信息传播的即时性和开放性与位置的确定性有效结合起来,提高了区域性信息传播的精确性;LBS 与电子商务的结合有效地提高了广告信息的及时性和精准性。可以说,基于移动互联网的 LBS 可以与传统媒介以及多种网络新媒介的功能和特点结合在一起,构建更加立体、多元的信息传播方式。例如,谷歌推出的服务"Google Now",整合了谷歌所挖掘的用户全部信息,并了解用户的各种习惯和正在进行的动作,因此在其地图和地图上庞大的现实社会数据支持下,Google Now 会根据用户的即时地理位置自动为其提供相应的服务,下班时,会告知用户去健身中心的交通状况、建议路线以及需要的时长,健身后回家途中经过超市时,会告诉用户记得购买家里需要购买的面包、牛奶等食物,路过书店会提醒用户之前预定的《生死疲劳》和《蛙》到货了,周末外出前建议用户取消郊游计划因为当天有暴雨……用户在现实世界中的即时地理位置就像是其进入移动互联网世界的一个入口和使用移动互联网服务的一个出发点,而 LBS 就像是串联起线上与线下的数据和服务,并能与多种媒介融合的平台。

6.2.2 手机媒体传播要素分析

1. 手机媒体的传播载体

一种技术手段之所以能够发展成为一种公共传媒,其自然传播属性必须符合主流的大众传播要求。无论报纸、广播、电视,乃至网络媒体,其诞生并成功的首要条件,是它们能够提供适合于进行大众传播的信息载体、传播方式与传播工具。而手机媒体进行传播的工具主要包括两个部分:一是支撑传播的移动终端设备,以手机、PDA 为代表;二是信息传播的载体,如短信、彩信等。

手机媒体通过适合的载体来实现信息传播,反过来说,这些载体就是手机媒体传播信息的工具,通过这些工具与受众进行沟通与互动。

(1) 短信:"请稍后,短消息已发送"

短信的英文名 SMS 是 Short Messaging Service 的缩写,是最早的短消息业务,也是现在普及率最高的一种短消息业务。它是指用户通过手机或其他电信终端直接发送或接收的文字或数字信息,是伴随数字移动通信系统而产生的一种电信业务,通过移动通信系统的信令信道和信令网,传送文字或数字短消息,属于一种非实时的、非语音的数据通信业务。短信业务在我国最早亮相是在 1995 年,当时它的名称叫作"中文短消息"业务。目前,这种短消息的长度被限定在 140 字节之内,这些字节可以是文本的。SMS 以简单方便地使用功能受到大众的欢迎。

短信可以由移动通信终端(手机)始发,也可由移动网络运营商的短信平台服务器始发,还可以由与移动运营商短信平台互联的网络业务提供商 SP,包括 ICP(Internet Content Provider,互联网内容提供商)、ISP(Internet Service Provider,互联网服务提供商)等始发。从实现短信业务功能的技术手段而言,通过手机终端发送和接收点对点消息虽然占据主流地位,但并非唯一形式,像小灵通和互联网正在成为新的工具和载体,如中国移动推出的"飞信"业务。

除了点对点的即时短信,还有小区短信以及集团短信等。小区短信是通过手机定位和信令检测分析技术来获得手机客户的位置变动状态,并利用移动通信网络及短消息发布平台将信息发布在特定的地点,为用户提供富有个性化的短消息服务。如你到外地机场购票、登机或到商场购物、入住酒店,很可能会因为不了解相关的信息或不熟悉环境而往来奔波,而此时小区短信就可以轻轻松松地让你获知当地的票务、购物等消息。集团短信服务则具有用户信息发送、信息管理、资料查询等功能,企业或机构可用电脑同时向拥有手机的员工或客户传达通知、信息、公告等,员工或客户可利用手机从企业或机构的数据库里获取资料。企业还可充分利用行业专有信息资源,通过短信的方式向有需求的公众提供信息服务,使企业信息资源价值化。

现阶段,短消息是手机媒体的一种重要存在形式。如今,运用短信技术和庞大的手机群体为电台、电视台互动节目服务,已成为电台、电视台提高互动节目质量,建立市场竞争优势的重要手段之一。短信技术可以为电台、电视台提供高效、低成本的服务。现在,有很多电台、电视台已经开始利用短信举办互动节目,使得观众和听众大大增加,同时,广告效益也节节攀升,取得了良好的经济效益和社会效益。短信作为手机的一种业务、"第五媒体的一种介质",使本来具有语言传递功能的手机变成了电报式的工具,让文字展现了更大的作用。

短信作为文字传递信息和沟通的一种方式,使人们又增加了一种表达思想的途径。手机短信与现有的四种大众传播媒介相比,具有传播范围更广、传播速度更快、反馈更及时等传播优势,但同时也存在着种种传播问题和发展瓶颈,如可能造成的信息污染以及技术和产业缺陷等,需要积极探索其发展的途径,以便更好地发挥在传播新闻信息等方面的潜力。

(2)彩信:多媒体手机信息

彩信的英文名 MMS 是 Multimedia Messaging Service 的缩写,意为多媒体手机信息服务。它最大的特点就是支持多媒体功能,能够传递功能全面的内容和信息,这些信息包括文字、图像、声音、数据等各种多媒体格式的信息。例如:中国移动的彩信和中国联通的彩 E。彩信在技术上实际上并不是一种短信,而是在 GPRS 网络的支持下,以 WAP 无线应用协议为载体,传送图片、声音和文字等信息。彩信业务可实现即时的手机终端到终端、手机终端到互联网或者互联网到手机终端的多媒体信息传送。就好像收音机到电视机的发展一样,彩信与原有的普通短信比较,除了基本的文字信息以外,更配有丰富的彩色图片、声音、动画等多媒体的内容。

彩信还有一大特色就是与手机摄像头的结合,用户只要拥有带摄像头的彩信手机,就可以随时随地拍照,并把照片保存到手机,或者作为待机图片或动态屏保,或是通过GPRS 发送出去,与亲人、朋友共同分享。

(3)彩铃:"我的手机,听我的!"

彩铃的英文名 CRBT 是 Coloring Ring Back Tone 的缩写,意指多彩回铃音业务,是由被叫用户为呼叫自己移动电话的其他主叫用户设定的特殊音效(如音乐、歌曲、人物对话等)的回铃音,而不再是单纯的"嘟……嘟……"的提示音。

彩铃是由主叫方定制的一种个性化语音增值服务,还有集团彩铃,它是专门根据集团客户的需求定制的与该集团有关的铃音,开通集团彩铃,其员工的手机均可具有相同的铃音,可达到宣传企业形象的目的,是一种较好的企业宣传方式。

（4）声讯:"你好:这里是⋯⋯"

声讯的英文名 IVR 是 Interactive Voice Response,即互动式语音应答,是基于手机的无线语音增值业务的统称。手机用户只要拨打指定号码,就可以根据操作提示收听语音信息、点送歌曲或参与聊天、交友等互动式服务,如各地生活热线、订票电话等。

使用 IVR 很简单,无线注册,不用更改手机设置,手机用户只要拨打提供的 IVR 业务号码即可随时随地地使用 IVR 业务。IVR 可以取代或减少话务员的操作,达到提高效率、节约人力、实现 24 小时服务的目的,同时也可以方便用户,减少用户等候时间,降低电话转接次数。实际上,IVR 业务主要是复制以前声讯台的业务模式,同时也提供了虚拟身份的主题聊天和点对点信息业务。而且,IVR 在终端设备上不受任何限制,任何一部通话的手机都可以使用。

（5）流媒体:影像传播新平台

流媒体的英文名 SM 是 Streaming Media 的缩写,指在数据网络上按时间先后次序传输和播放的、连续的音频和视频数据流,可以让用户一边下载一边观看、收听。以前人们在网络上观看电影、电视或收听音乐时,必须先将整个影音文件全部下载并存储在本地计算机上,然后才可以观看。与传统的播放方式不同,流媒体在播放前并不下载整个文件,而只是将部分内容缓存,使流媒体数据流边送边播放,这样就节省了下载等待时间和存储空间。

使用流媒体的前提是使用者必须事先安装播放软件,网络上就有很多提供多媒体播放的软件,如我们常用的 Realplayer、Storm 等,可免费下载使用。流媒体具有三大特点:连续性、实时性和时序性,即数据流具有严格的前后时序关系。

常见的流媒体应用主要有视频点播、视频会议、远程教学、互动游戏等。移动视频流媒体业务是通过移动网络和移动终端为移动用户实时传输数据的新型移动业务,它可以为移动用户分享经历和情感、获取信息、娱乐以及与他人交流提供新的通信方式和业务享受。流媒体将成为未来手机媒体的重要载体,流媒体应用将是未来手机媒体的主流应用。

（6）WAP 手机上网:世界在掌上

WAP,简单来讲就是手机上网,是 Wireless Application Protocol 的缩写,意为无线应用协议,它是在数字移动电话、互联网或 PDA(个人数字助理机)、计算机应用之间进行通信的全球开放标准。WAP 的目标就是通过 WAP 技术,将因特网上大量的信息及各种各样的业务引入到手机、PDA 等移动终端之中,使手机用户也能够享受到互联网服务。

WAP 其实就是一个小互联网,互联网能实现的功能,在 WAP 上一样能够实现,如浏览新闻、天气预报、股市动态、网上银行业务等。WAP 提供了通过手机访问互联网的途径,只要有支持 WAP 的手机,就可以随时随地地访问互联网。因此,WAP 实现了"世界在掌上"的美好理想。

WAP 网站是一种基于小型移动设备应用的网站,传统的网站主要是面向个人电脑,而 WAP 网站主要面向手机、PAD 之类的小型移动设备。

（7）WAP PUSH：给你想要的信息

所谓推（PUSH）技术是一种基于客户服务器机制，由服务器主动将信息发往客户端的技术，其传送的信息通常是用户事先预订的。同传统的拉（PULL）技术相比，最主要的区别在于前者是由服务器主动向客户机发送信息，而后者是由客户机主动请求信息。

WAP PUSH 技术结合了 PUSH 技术的优势和移动通信服务的特性，产生许多电信增值业务，这包括移动中收发电子邮件，随时获取股价信息、天气预报、新闻以及其他相关服务。

WAP 像是因特网，是一个丰富的站点，而 WAP PUSH 可以将某一点或某一业务的链接通过短信发送到支持 WAP PUSH 功能的手机上，这样用户只需要阅读这条短信，打开短信中的链接，就可以直接访问该业务了。这些短信、彩信、IVR、流媒体、WAP 等多媒体功能，都为手机媒体的发展打下了很好的基础。在这个基础之上，像文字、图片、音频、视频、Web 页、电子邮件等功能均可以一一实现，而把这些传统的、新颖的功能结合在一起，所带来的不仅仅是集中发力的强劲冲击，而且更能为不同要求、不同终端的用户提供不同的内容，满足他们各种各样的需要，也可通过多种形式形成一定的互补和替代，确保同一类内容在手机媒体中能以不同的形式实现最广泛的传播。

2. 手机媒体的传播内容

在媒体传播中，媒体传播的形态即内容的传播方式对内容也有着很大的影响，从某种角度来说，往往都是特定的内容形态决定着传播内容的构建。从传播学的角度来说，媒体传播的内容主要包括信息内容本身及其表现形态，前者是内容系统中所包含的特定意义，而后者则是内容的传播方式，二者共同构成了传播活动的内容环节。

（1）内容激发传播

传统媒体有一种限制，这种限制表现为只能为一点到多点传播，而手机媒体可以做到多点到多点。在手机媒体传播中，传播者和接收者为同一角色，发起因素是信息内容本身，传播能否发生的关键因素在于内容能否激发接受者向传播者身份转变的主动意识。如果该信息内容不能引起接受者想与其他人分享的欲望，那么该接受者就不会发生向传播者的身份转变，于是后续的传播就无法发生。信息只有有效地激发大量接受者主动向传播者转化，有效的传播才会发生，在这种模式中，传播者和接受者合二为一。信息内容对传播者身份转变的激发是手机媒体传播发生的先决条件。

（2）内容的可传播性

在现阶段，媒介经济被人们形象地称为注意力经济、影响力经济及"眼球"经济，虽然表述不同，但是都是基于其内容为王、吸引大众的本质诉求。内容是手机移动服务中的关键因素，"内容为王"这条传统广告业中的金科玉律同样适用于手机媒体。要想获得预期的传播效果，手机媒体就必须能够满足消费者个人的媒体目标，也就是满足个人在使用手机时所期望达到的目标。

手机媒体内容的可传播性包括两个方面：一是内容如何吸引受众的注意力，二是内容自身的可传播性问题。衡量内容是否具备可传播的特性，首先，要看这种内容为大众所认知的程度以及与大众兴趣点的重合度，只有对大众有价值、大众认知并感兴趣的内容，才会引起大众的关注和兴趣,才能够由大众主动传播;其次,内容的传播形式也非常重要,如果仅有大众关心的信息,但是表达方式晦涩难懂,毫无趣味,有效的传播也不会进行;最后,内容本身的符号化也是一个重要方面,因为只有可以符号化的内容才可以方便大众传播,才会使他们有主动承担传播者的意愿。如彩铃的传播就是内容激发用户之间相互传播的过程,你听了我的彩铃觉得好听,你去下载,他听了我的彩铃也去下载,这就使彩铃像信息一样,在用户之间进行互动传播。它便是信息的接收者对传播的信息内容感兴趣,主动参与到信息发布这一信息传播过程中。

再以报纸为例,传统的新闻有标题,有导语,有倒金字塔的写作手法,这些都是在很多年的摸索和发展中总结出来的经验。而手机媒体的屏幕小,功能强大,如何让手机充分实现媒体的意愿,如何掌握文章长度及语言习惯,如何让受众容易接受、便于阅读,这都属于内容的可传播性问题。

(3) 内容形态的转变

在内容激发传播的过程中,手机媒体传播的内容形态需要针对媒介特点进行改变,传统内容的形态并不能简单平移。以手机电视为例,因为手机的屏幕比较小,仅仅把电视节目简单地移植到手机上显然不行,这就需要对节目进行改造。例如,一些从事手机电视内容制作的公司,通过把传统内容重新编排、转码,剪辑成 30 秒的短片,去掉了大部分元素,只留一个爆发点,做成了专供手机播放的短片,取得了很好的口碑。在视频新闻方面,新华社与中国联通合作专门为手机量身打造电视节目——新华视讯,节目形式为 30 秒以内的口播新闻、近景镜头为主,字幕字号更大,适合在手机上播放。手机的屏幕小、伴随性的特点决定了内容需要都是短小精悍的节目。如今随着与传统媒体业务的结合,手机媒体现在可以和电视直播节目进行相互补充,例如,体育比赛等传统电视已经播放过的内容可以通过手机回放,特别是在一些关键点进行回放,可以有效补充传统电视媒体的不足,能够让消费者感觉到参与其中的乐趣。

在现在的技术支持下,传播内容的形态容易改变,但什么是最适合手机媒体业务的形态,则需要用户达到一定规模基础才能认清。因此目前手机媒体的内容大部分还处在重新编排传统节目的基础上,这样的好处是成本低,在手机媒体发展的初期可以控制成本,进行试水。但由于商业用途的不成熟,现在大规模制作手机媒体节目很难一时有回报,一些公司拍摄的手机电视短片,仍然要通过传统的渠道进行发行,这一业务还需要时间加以改善和成熟。

(4) 新生活方式宣言

传播大师马歇尔·麦克卢汉认为:媒介的发展史同时也是人的感官能力由"统合"—"分化"—"再统合"的历史,这一过程也是人体的信息功能日益向外扩展的过程。手机作为全新的大众媒体已经实现了移动电话身份的突破,正在以人的随身独立信息终端演绎着麦克卢汉的观点,它作为数字技术发展的一个直接应用对象,具有得天独厚的传播平台,而且手机的普及将进一步推动多维化的信息传递,并使其成为一种新的生活方式。手机已经不再仅仅是一个简单的通信工具,它的快速发展改变着人们的日常生活方式,成为传播、整合信息的设备,甚至是个人数字娱乐中心。也可以说,手机媒体的出现也是已有的多种媒介形态相互融合、相互演进的结果。

（5）手机短信与人际传播

从最初的通话、短信业务到不断丰富的增值业务，经济、实用、方便、快捷一直都是手机媒体主要的立足点。以前必须见面才能解决的问题，而今可能只要一条信息就可以轻松解决，并实现多人共享，它使即时的沟通更加方便快捷。最具代表性的则是手机短信为用户提供的短信群发功能，手机用户可以直接选择接收者并通过一次按键，将一条短信发给多个人，多用于手机用户之间通知事情、年节问候及其他信息共享的情境，它不仅给用户带来方便也提升了传播消息的到达率。它使手机用户在获得方便的同时更加喜欢这种传播方式所带来的新体验及行为方式，并已经成为目前人际沟通中的一种重要的交流传播方式。手机短信的方式还满足了在快节奏社会中无暇看报、看电视的人们，让他们在繁忙的工作与生活中仍能时刻把握信息，增强了受众获取信息的时空自由度，可以随时随地进行人际传播。

传播大师麦克卢汉曾说："每一种新媒介都创造了自己的环境，这个环境对人的各种感知施加影响，这种影响是完全的和无情的。"伴随着手机的大众化以及手机媒体独特的传播特性，"短信息文化"正在手机用户中兴起，人们已经习惯用短信息来互通消息、表达问候。大型门户网站中手机短信息、铃声、图案下载的点击频率也居高不下，成为一种新的时尚，并已产生了独特的手机文化。

手机作为一种新型的传播媒体，以其自身所特有的传播方式与特点，有效地提高了人际传播的效果，也带来了人际传播的新时代。同时，手机媒体的短信传播技术日益发达，它使社会信息流程变得更加复杂，从而稀释了大众传播媒介在社会信息流程中的绝对主导地位，它与互联网技术的融合更使传统的信息传播格局受到了挑战。在手机短信传播时代，各种信息几乎都可以随心所欲地游弋于人际传播网络和大众传播网络中。由于人际传播对社会信息传播的干预增多，在手机短信时代，大众传播作为社会信息的主要"把关人"的功能在弱化，社会信息的控制越来越难。例如，当与公众生活密切相关的社会信息暂时无法进入大众传播渠道时，这些信息自然会通过手机短信很快进入人际传播网络，这比口口相传的人际传播速度更快、范围更广、影响更大。

（6）手机广告与移动营销

由于手机传播信息的便利性、精准性和快捷度都超越了以往的大众媒体，现如今，手机媒体已经成为人们日常生活中获取信息的重要手段。这种新媒体的出现，给企业带来了全新的角度和视野，其精准、即时和互动的特点使企业看到了降低营销成本、提升营销效果的曙光。

庞大的手机用户消费群体有着巨大的营销空间，因而创造出手机广告这一新的消费领域。通过手机广告的链接，手机用户可实现和企业的信息互动，直接获取相关信息，随时反馈意见和建议，这些反馈信息和客户访问记录既能帮助企业完善售后服务体系，还能为企业精准分析客户构成、制定市场营销策略提供信息来源。以手机为传播平台的移动营销颠覆了传统营销模式，成为现代营销方式的发展和应用趋势，受到越来越多企业的认可。当然，这也需要企业了解和掌握一些相关的产品和技术，如短信网址、商务短信和WAP 网站等。

3. 手机媒体的传播受众

在人类社会的生存体验中,每个人都有着与他人共享快乐、分担痛苦、互相鼓励和互相支持的潜在心理需求,手机媒体的受众研究就是要挖掘这种需求,分析信息如何激发个体产生这些社会性的需求和体验,从而引导传播的发生。根据传播学家 E.卡茨等人在1974 年发表的《个人对大众传播的使用》一文中提出的"使用与满足"理论,该理论将受众与媒介的接触行为概括为这样一种心理期待:"社会因素+心理因素→媒介期待→媒介接触→需求满足"。对于手机用户来说,他们可以更随意和安全地把手机作为满足自己特定需求的媒介,现在的大部分手机都具有上网功能,这标志着随着资讯时代的到来,手机可以根据其消费习惯和个性化需求,提供独具特色的服务。在手机上传播的任何资讯,都需要根据用户各种各样的个性需求,做到主动、精准、即时,以满足不同用户的特殊需求。

以无线搜索为例,《iResearch 艾瑞 2007—2008 年中国无线互联网搜索调查报告》显示,2007 年中国手机网民年龄集中在 20～25 岁,占调查人数的 48.9%(见图 6-11)。

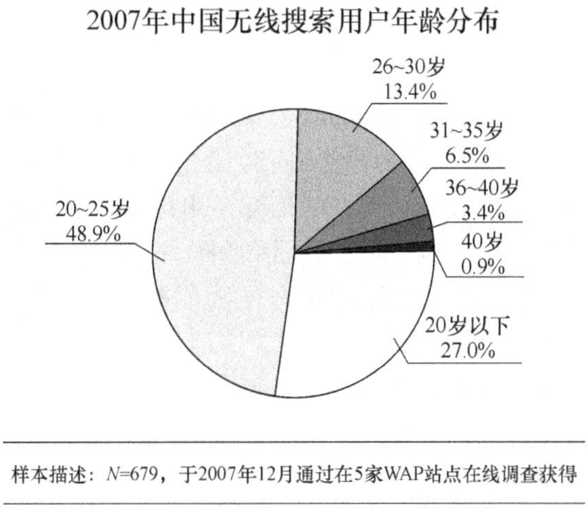

2007年中国无线搜索用户年龄分布

样本描述: $N=679$,于2007年12月通过在5家WAP站点在线调查获得

图 6-11　年龄调查

目前的年轻群体占据了无线搜索用户中近一半的比例,其次是 20 岁以下的群体,26岁以上的用户只占 24%。可以看出,低年龄用户仍是无线搜索的主要使用者,但从数据可以看出,26 岁以上的用户比例在缓慢地上升,随着无线网络使用的推广,这部分用户将会逐渐增多。其次,无线搜索用户中的男性群体大于女性群体 32%,男性占 68%,要比网民中的男性比例高 10%,从互联网网民性别变化趋势来看,男性比例在持续下降,预计无线搜索用户中男性比例也会呈下降趋势,但仍可以占据超过半数的主要份额。

无线搜索在中国出现时间不长,使用者中以对新生事物感兴趣,追求时尚的年轻人居多,他们中包括了一部分学生和刚工作不久的年轻群体,这种特性决定了目前无线搜索用户的平均收入不高。在调查中,月收入在 2000 元以下的用户占 63%,2001～4000 元的用户占25.9%,4000 元以上的只占 11%,这与用户的低年龄特征形成相互印证(见图 6-12)。但随着年龄增长,这部分初始用户的收入水平会逐渐提高,也会从中培养出手机媒体无线搜索的忠诚用户。

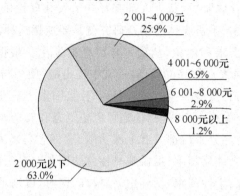

图 6-12　收入调查

（1）融合与改变

当代媒介景象日趋复杂，与传统受众相比，今天的受众所处的情境更为特殊——媒介影像消费泛滥，日常生活出现商品化的趋势，同时媒介影像也与商业相结合，不断辗转重复出现于不同类型的媒介之中；因而，受众的媒介使用行为更是千姿百态，各有不同。"凭借新的传播技术，受众对于媒介的使用更加灵活多样，并将新、旧媒介有机地融入了其日常生活之中。"于是，新媒体与传统媒体的结合使我们有了手机电视、手机报纸、手机小说等。

手机媒体还使受众与传播者之间的界限变得更加模糊。传统意义上的大众传播者是指受过专门训练并具有专门知识、掌握专门技术的职业工作者。手机媒体出现后，由于手机短信的技术优势及群发功能，传统媒介便开始开辟手机短信平台，通过这个平台，受众可以通过手机短信向这些媒体发送新闻线索，更可以直接发送新闻，因为有了手机媒体，任何公众都有可能成为大众传播媒介的传播者。这样便符合了新媒体传播的 UGC 模式，即用户创造内容（Users Generate Content），它与传统媒体不同的是，用户所发送的内容不再是传统的"专业的内容"，而是"原生态的内容"、"思想的直接反应"、"中间言语的加工环节是少之又少"。

手机媒体的传播互动打破了原有信息源的主动传播地位，传播受众已从被动式的接收传播信息变为主动的信息传播者，这样受众直接参与大众传播的门槛大大降低，由公众流向大众传播的信息数量和机会将大大增加。在这样的社会信息传播网络中，受众不再是信息的被动接受者，受众的角色也在从"被动的收听者、消费者、接受者或目标对象"向"搜寻者、咨询者、浏览者、反馈者、对话者、交谈者"转变。这也正是由媒介传播技术进步带来的社会变革，手机媒体进一步模糊了传统的大众传播者和受众的角色地位。

（2）人人都是自媒体

伴随着互联网、手机媒体的兴起与迅速发展，特别是所谓 Web 2.0 时代的到来，社会以及媒介景象正在经历着深刻的变革。"媒介无处不在，影像大量充斥于受众的四周。"由于媒介影像大量渗透,入侵人们的日常生活,因而在当代社会,无人能够逃脱受众的位置,人人都直接或间接地成为受众。

在现如今媒介饱和的文化环境中,生活在社会之中的人们都无法避免媒介影像的触碰,受众的面貌也在发生相应的变化。由于手机媒体进一步模糊了传者和受者的界限,传播信息内容的生产者与接收者融为一体,使"人人都是自媒体"成了可能。它改变了"自上而下"的传播方式,是"面对面"的"自媒体"。美国《连线》杂志把此喻为"由所有人面对所有人进行的传播"。这也正如麦奎尔在《受众分析》一书中所总结的那样:"纵观受众研究的历史,可以看到,各种不同目的的受众研究正沿着从受众控制到受众自治的方向不断前进。受众理论的发展,也清晰地描绘出一条从媒介传播者视角向接收者视角转变的路径,受众研究趋向于强调对人的'再发现'。"

在传播学中,活跃在人际传播网络中,经常为他人提供信息、观点或建议并对他人施加个人影响的人物,称为"意见领袖"。意见领袖作为媒介信息和影响中的中继和过滤环节,对大众传播效果产生重要影响。当手机拥有者通过某种渠道得知了某一信息,然后再把这一信息通过手机媒体转发给别人时,这一过程就是传播学中的"二次传播"。"二次传播"通常是由"意见领袖"完成的。那么手机媒体就强化了"二次传播"中"意见领袖"的作用,壮大了"意见领袖"的队伍。因为有些手机用户经常把一些自己知道的、认为对方也感兴趣或者是有用的信息,以短信的方式告知其他人。手机媒体的这种"去中心化"的传播模式,缺少了传统媒体的"守门人",增多了"意见领袖",每个人既是信源,又是信宿,使得传播活动处于一种"自发组织"的随机状态,任何一个传播系统内的个体既能是受众又可以成为传播者,使传播实现了个性化,加强受众对于新闻信息的选择性和主动性,并加快了信息的再次传播,这便是对传统传播模式的颠覆。

"用户即媒体"强调用户具有塑造媒介的能力,或者说用户需求决定媒体内容,强调交互性的媒体尤其如此。在手机媒体时代,人人都是自媒体。

6.2.3 手机媒体的传播负效应

日益成为大众媒体的手机,迅速地改变着中国社会的传播格局,重塑着人们传播信息的习惯,它促进社会的传播和互动,带给人们从没有过的便捷和自由,作为新媒介,虽然手机媒体有着其他传统媒体都无法比拟的优势,但它在发展过程也难免会产生许多不容忽视的负面影响,其中,手机的产业属性与传播特性就是不良信息产生和扩散的关键技术性因素。总的来说,媒介就是一种工具,犯罪分子也可以使用其来危害社会,更何况手机媒体的传播主体主要是个人的手机用户,能影响其传播行为的因素是多方面的,如性格爱好、宗教信仰、文化背景、价值观念等,受制于这些根本因素,手机传播的信息必然会良莠不齐。

1. 信息污染

尽管手机短信只是手机媒体的初级形式,但是暴露出来的问题却不容忽视。手机作为个人化移动多媒体终端,内容由个人选择使用,用户享有充分自主权,若违背这一特性,不经用户同意,肆意用信息骚扰用户,必然会对整个手机媒体行业带来结构性的负面影响。数以亿计的短信,创造了可观的经济利益,但从其产生的社会效果看,却并不全是积极的、正面的,相反,不计其数的负面短信引起了各种程度不一的负面效应,情况可大概分为以下几类。

（1）虚假与不良信息传播

手机媒体的快速传播信息是一把双刃剑,它既可以促使健康信息的快速传播,也可以促成不良信息的迅速扩散,甚至危害社会的安定。手机媒体中的虚假与不良信息大致可分为以讹传讹类、违法乱纪类、破坏社会安定团结类、病毒类、黄色、低俗等几类,这些信息的来源可以是新闻网站或门户网站新闻中心、新闻频道。那些向网站订制新闻资讯的手机用户收到虚假及不良信息,他们再把这些信息以手机短信的方式发送到亲朋好友那里,然后再通过手机一圈一圈地传播开去。因传播这类新闻的信源具有一定的权威性,故一旦这类虚假新闻被传播开去,其影响力相当广泛。

（2）信息垃圾

现在的大量商业性广告也以短信和彩信形式侵入手机媒体,成为手机用户删不完、除不尽的垃圾信息。虽然它们不会直接造成用户的物质损失或精神伤害,但却强占了用户的手机存储空间,浪费了用户的时间和精力。如果这条信息并不适合用户,则会发生很大的反作用。信息垃圾的危害巨大,因此需对手机媒体的信息传播予以规范,否则极易导致手机媒体的受众因不堪忍受无效信息的困扰而对手机媒体失去信心,应采取各种可能的方式予以抵制。

（3）信息安全

手机媒体的信息功能越是强大,其在信息安全方面越是不容出现任何纰漏。当各类网络病毒满天飞的时候,手机媒体同样潜伏着危机,而相对于网络媒体,手机媒体的病毒信息传播得更方便、更迅速、危害也更大。

2. 噪音污染

手机铃声正在成为城市生活中的新生噪音污染源。在我国,在图书馆、剧院、音乐厅、教室等公共场合,手机铃声常常乍然响起,某些人不顾他人在意与否,拿起手机就开始大声吆喝,实在让人难以容忍。在一些会议和课堂上,尽管主持人或老师事先就要求大家关掉手机或调成震动,但手机铃声仍然此起彼伏。在一些高雅的音乐会上,当全场观众屏声聆听优美的音乐时,时而也会有刺耳的手机铃声响起,大煞风景。

对于手机铃声或手机通话在公共场合造成噪音污染,完全是一个使用者使用习惯和公德意识的问题。除了在一些公共场合招贴醒目的标示,提醒人们降低手机铃声或调动成震动,并不要在公共场合大声通话以外,还应加强公众的自律意识,养成公共场合文明通话的习惯。

3. 隐私权问题

未来的传播结构中,手机短信传播充当着各种社会信息的交换器,兼任人际传播和大众传播的部分功能。作为一种个人信息终端,手机媒体成了个人的信息中心,个人接收和传递信息都要经过这一信息枢纽,传播者和受众之间的角色地位更加模糊,社会信息的流向沿着每一个手机用户的社会关系网络迅速延伸,信息传播的社会影响将变得更加复杂和难以控制。因此,一旦手机媒体中的信息遭到侵犯,会对个人造成沉重的打击,有关个人信息的安全问题由此凸显。因此人们在不断发出对"绿色手机文化"的呼唤。

当前影响最深、争议最大的是拍照手机的偷拍问题。拥有拍照手机的用户几乎能够随时随地进行拍摄,而且可以马上将所拍摄到的内容利用彩信功能发送到其他手机或互联网上,于是出现了不少用户有意无意侵犯隐私权、肖像权或偷拍国家、企业机密等的负面事件。与此同时,手机的录音功能如果使用不当,也很让人担忧。手机的普及以及带来相关的法律问题已经与人们的生活、工作息息相关,在经意与不经意中,你或许已经侵犯了别人的或者被别人侵犯了你的合法权益。实践证明,我国现阶段采用的间接保护隐私权的方法,是不完备、不周密的。如果说隐私在以前只需靠道德约束和生活习惯就能有效地受到有意或无意的保护,那么在社会急剧变化尤其是经济利益强烈冲击原有道德屏障的今天,隐私权利义务关系则需要法律的进一步介入。手机短信的隐私权与信件、电子邮件等具有同样的法律效应,应该受到直接的法律保护。

为保护信息消费领域内个人隐私不受侵犯,避免企业在互联网用户或手机用户不知情的情况下利用用户的个人资料谋取商业利益,欧盟 2002 年制定了"保护私人信息数据"行为准则,按此准则,欧洲用户被动接收企业"短信广告"的现象也将成为过去。准则规定,信息领域内消费者的姓名、电话号码、地址、电子信箱、网址等个人资料不容侵犯。只有在互联网用户或手机用户同意的情况下,企业才有权向他们发送电邮或 SMS 信息。我们应根据我国国情,理清保护隐私权思路,借鉴国外隐私权保护的经验与成果,对我国隐私权保护加以立法,同时在条文中将手机短信与信件、电子邮件等单列出来,以明确其隐私权保护的价值取向和具体法律法规等。

本 章 小 结

主导移动媒体发展的两大因素仍然是互联网媒体发展的制胜因素,同时,产业链的博弈也会影响发展的方向。互联网媒体的发展仍然是移动媒体发展的前提与保障,移动媒体的发展必须从高角度来定位。总揽全局,将移动媒体与互联网媒体联系,互联网的发展使得移动媒体有了可能性,这是产业发展的必须关联。如果移动媒体的发展与传统媒体以及互联网媒体互相配合,那么这一产业就会得到持久的动力。从深层含义上来讲,多媒体时代的到来是多种媒介形式融合在一起的发展时代,移动媒体也是其中非常重要的一员,多媒体在技术、内容、平台上都是互相联系的。在中国发展移动媒体,一定要结合中国的国情,向发达国家学习的同时还要照顾到中国受众的消费习惯以及惯性心理;在尊重媒体发展客观规律的基础上,要认真冷静分析当今形势,必须将移动媒体引入到正确的发展路途上;媒介融合是最终的发展趋势,多媒体时代使得一切都成为可能,但是任何元素的位置和作用我们都要一一辨清。人类正进入"移动社会",流动的个体倾向以求新、求变为追求,当传统信息传播已经不能满足人们时,当纸质媒体甚至广播电视媒体已经不能吸引人们时,当整个社会都在一种高速流通的信息时空中运转时,移动媒体必然发挥起它的独特作用,移动化是必然趋势:点开纸媒移动转型之门,让手机成为信息平台,公交地铁飞机均为人类信息服务平台。移动社会需要移动媒体,当然我们更需要一种媒介融合的新战略:移动化。

思 考 题

1. 什么是移动互联网？
2. 手机媒体的特点。
3. 手机媒体的传媒模式是什么？
4. 交通移动媒体的传播载体有哪些？

参考文献

[1] 匡文波.手机媒体概论[M].北京:中国人民大学出版社,2006.

[2] [美]保罗·莱文森.手机:挡不住的呼唤[M].何道宽,译.北京:中国人民大学出版社,2004.

[3] 王菲.媒介大融合——数字新媒体时代下的媒介融合论[M].广州:南方日报出版社,2007.

[4] [美]尼葛洛庞帝.数字化生存[M].胡泳,译.海口:海南出版社,1997.

[5] [美]罗杰·菲德勒.媒介形态变化:认识新媒介[M].明安香,译.北京:华夏出版社,2000.

[6] 闵大洪.数字媒体概要[M].上海:复旦大学出版社,2003.

[7] 冯广超.数字媒体概论[M].北京:中国人民大学出版社,2004.

[8] 朱海松.第五媒体——无线营销下的分众传播与定向传播[M].广州:广东经济出版社,2005.

[9] 张咏华.媒介分析:传播技术神话的解读[M].上海:复旦大学出版社,2002.

[10] [美]约书亚·梅罗维茨.消失的地域:电子媒介对社会行为的影响[M].肖志军,译.北京:清华大学出版社,2002.

[11] [美]约瑟夫·斯特劳巴哈,罗伯特·拉罗斯.今日媒介:信息时代的传播媒介[M].熊澄宇,译.北京:清华大学传播出版社,2002.

[12] 熊澄宇.新媒介与创新思维[M].北京:清华大学出版社,2001.

[13] [美]阿尔温·托勒夫.第三次浪潮[M].黄明坚,译.北京:中信出版社,2006.

[14] [加]哈罗德·伊尼斯.帝国与传播[M].黄明坚,译.北京:中国人民大学出版社,2003.

[15] [加]哈罗德·伊尼斯.传播的偏向[M].何道宽,译.北京:中国人民大学出版社,2003.

[16] 曹禺.从传播学视角解读手机报纸发展潜力[J].传媒观察,2008(7).

[17] 车轮.论手机媒体与传统媒体的互动融合[D].吉林大学,2009.

［18］　陈仁新.试论我国手机媒体的经营策略与发展模式［D］.硕士学位论文,华东师范大学,2008.

［19］　方志鑫,蔡莉白.从传播学角度看微信的兴起［J］.科教导刊,2012(2).

［20］　顾翔.手机媒体营销模式研究［D］.重庆大学,2009.

［21］　郭琳.中国手机报的现状与发展趋势［J］.现代阅读,2010(8).

［22］　韩丽婷.手机媒体的现状及发展趋势研究［D］.山西大学,2011.

［23］　刘熠.3G 时代基于产业价值链的手机媒体盈利模式研究［D］.暨南大学,2010.

［24］　彭健.手机媒体大众传播功能探析［D］.华中科技大学,2005.

［25］　王笑笑.手机媒体对大学生思想政治教育的影响及对策研究［D］.河北农业大学,2012.

［26］　杨航.传播范畴内的手机媒体研究［D］.上海社会科学院,2008.

［27］　杨戈.手机媒体与未成年人全面发展研究［D］.浙江大学,2011.